JA全農ミートフーズ株式会社

国産銘柄豚肉〔ご案内〕

産地：国 産
豊穣豚
取扱部署
東日本営業本部

生産地：北海道
北海麦豚
取扱部署
東日本営業本部

生産地：青森県
奥入瀬ガーリックポーク
取扱部署
東日本営業本部

産地：秋田県
十和田湖高原ポーク桃豚
取扱部署
東日本営業本部

生産地：秋田県
八幡平ポーク
取扱部署
東日本営業本部

生産地：岩手県
八幡平ポークあい
取扱部署
東日本営業本部

産地：山形県
庄内グリーンポーク ぶーみん
取扱部署
東日本営業本部

生産地：茨城県
ローズポーク
取扱部署
東日本営業本部

生産地：茨城県
茨城県産いも豚 紫峰ポーク
取扱部署
東日本営業本部

産地：埼玉県
彩の国黒豚
取扱部署
東日本営業本部

生産地：千葉県
房総ポーク
取扱部署
東日本営業本部

生産地：神奈川県
やまゆりポーク
取扱部署
東日本営業本部

産地：愛媛県
ふれ愛・媛ポーク
取扱部署
西日本営業本部

生産地：福岡県
こめ豚
取扱部署
九州営業本部

生産地：福岡県
糸島玄海ポーク
取扱部署
九州営業本部

産地：佐賀県
佐賀天山高原豚
取扱部署
九州営業本部

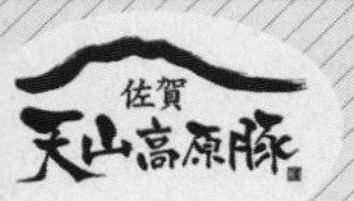

生産地：長崎県
大西海SPF豚
取扱部署
九州営業本部

長崎県産
大西海SPF豚
麦類で育った美味しい豚肉

生産地：熊本県
熊本県産りんどうポーク
取扱部署
九州営業本部

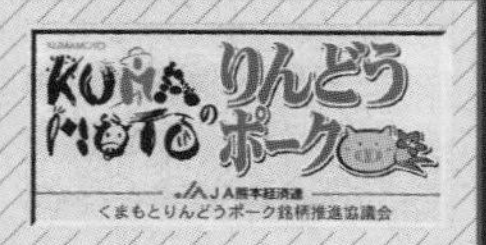

産地：鹿児島県
鹿児島県産黒豚
取扱部署
東日本営業本部
西日本営業本部

生産地：沖縄県
沖縄県産あぐ～豚
取扱部署
九州営業本部

JA全農ミートフーズ株式会社

本社食肉事業戦略室	TEL:03-5783-9717
東日本営業本部 豚肉営業部	TEL:048-421-4124
西日本営業本部 豚肉・加工品営業部	TEL:0798-43-2055
高崎ハム営業本部	TEL:027-347-4433
中部営業本部	TEL:0568-76-5316
九州営業本部	TEL:092-928-4214

本書で紹介する銘柄豚肉は、全国のすべての銘柄を網羅するものではありませんが、各都道府県畜産課や生産組合等にアンケートを実施して集まった銘柄について掲載しております。

項目の中で説明が必要なものを下記に記します。

●品種

14 ～ 16 ページを参照して下さい。

●交雑種交配様式

日本で肉用に飼育されている豚は、その多数が複数の品種を掛け合わせた「交雑種」です。交配様式は、その掛け合わせの内容を示します。

たとえば、「(ランドレース×大ヨークシャー) ×デュロック」とあるのは、ランドレースの雌に大ヨークシャーの雄を掛け、生まれた雌にデュロックの雄を掛けたことを示します。

系統造成豚の指定がある場合は、それを示しました。

●品質規格

食肉処理施設では、(公社) 日本食肉格付協会の格付員が、生産された豚肉について格付を行っています。それは「日格協枝肉取引規格」(略称「日格協規格」) と呼ばれ、豚肉の品質に対して極上・上・中・並・等外の５段階評価をしたものです。

各銘柄説明の品質規格で、「上」、「中」などカギカッコで示したものは、この等級を示します。

●出荷形態

「枝肉」とは、豚をと畜したあと放血、剥皮、内臓摘出し、頭部、四肢端および尾などを除いたものを言い、背骨で左右を半分に切断した「半丸枝肉」の形で取引単位としているものです。

「部分肉」とは、枝肉を部位ごとに大分割したものを指します。

●出荷量

年間の出荷頭数を指します。

●掲載された銘柄豚肉の種類の推移

平成 12 年３月　１７９銘柄
平成 15 年３月　２０８銘柄
平成 17 年３月　２５５銘柄
平成 21 年８月　３１２銘柄
平成 24 年６月　３８０銘柄
平成 26 年４月　３９８銘柄
平成 28 年４月　４１５銘柄
平成 30 年４月　４４１銘柄
令和２年４月　４２６銘柄
令和４年６月　４２５銘柄
令和６年３月　４０７銘柄

銘柄豚肉ガイドブック 2024　目次

《銘柄別索引》

（五十音順）

豚の主な品種

㈳全国養豚協会「新養豚全書」より
写真は㈳日本種豚登録協会より

●大ヨークシャー種（Large Yorkshire または Large White）

ヨークシャー種は、イギリスのヨークシャー州地方において、在来種に中国種、ネアポリタン種およびレスター種などを交配して成立した優良な白色豚で大、中、小の３型ある。

大ヨークシャー種は、ベーコンタイプの代表的な品種として知られており、白色大型の豚で、頭はやや長く、顔面は若干しゃくれている。耳は薄くて大きく、やや前方に向って立ち、背が高く、胴伸びがよく、胸は広く深く、肋張りもよく、背は平直かやや弓状で、腹部は充実して緊りがある。後躯は広く長いが下腿部の充実にやや欠けるようである。

体重は生後６カ月で約 90kg、１年で 160 ～ 190kgに達し、成豚では 350 ～ 380 kgになる。

現在、イギリス、アメリカ、スウェーデン、オランダ等において生肉用豚を生産するための交雑用として広く飼育されており、わが国においても、イギリス、アメリカから輸入され、主として繁殖豚として利用されている。

●バークシャー種（Berkshire）

イギリスのバークシャーとウィルッシャー地方の在来種にシアメース種、中国種およびネオポリタン種などを交雑して成立したもので、1820 年頃品種として固定し、1851 年以降純粋繁殖が行われている。

体は全体が黒色であるが、顔、四肢端および尾端が白く、いわゆる“六白”を特徴としている。体重、体型ともヨークシャー種に似ているが、顔のしゃくれはヨークシャー種よりややゆるく、耳は直立するかわずかに前方に向って立っており、体型は幾分伸びに欠け、やや骨細である。

本種は強健で、産子数はやや劣るが、哺育は巧みであり、ロースの芯が大きく、肉質が良好で生肉用に適している。体重は7カ月齢で約90kg、1年で135〜150kg、成豚で200〜250kg程度のものが多い。

●ランドレース種（Landrace）

デンマークの在来種に大ヨークシャー種を交配して成立した秀れた加工用の豚である。白色大型の豚で、頭部は比較的小さく、頬も軽く、顔のしゃくれも殆んどなく、耳は大きく前方に垂れている。体型は胴伸びがよく、前・中・後躯の釣合いがよく、流線型の豚で、背線はややアーチ状を呈し、腿はよく充実している。

本種は産子数多く、泌乳量も多くて育成率高く、繁殖能力がすぐれている。また、産肉能力についても発育が早く、飼料要求率低く、背脂肪もうすくてすぐれている。

体重は6カ月齢で約90kg、1年で170〜190kg、成豚で350〜380kgに達する。

デンマークはもちろんイギリス、オランダ、スウェーデン等において多く飼育されており、わが国にもイギリス、オランダ、スウェーデン、アメリカから輸入され増殖されて、純粋種では最も多く飼育され、種雄豚としても種雌豚としても広く利用されている。

●デュロック種（Duroc）

ニューヨーク州のデュロックと称する赤色豚とニュージャージー州のジャージーレッドとが交配されて成立したもので、従来、デュロック・ジャージー種と呼ばれ

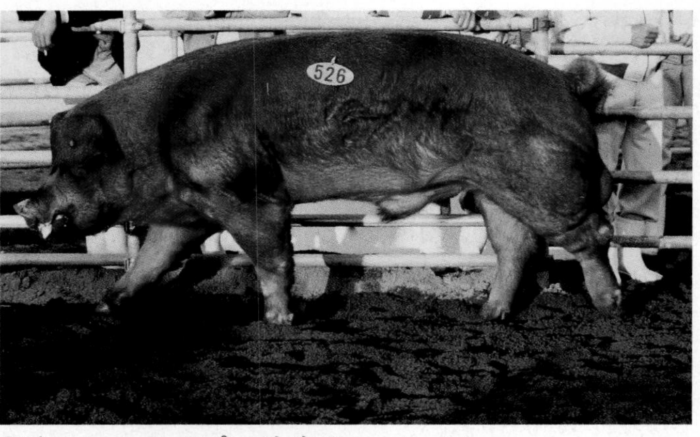

ていたが、現在ではデュロック種と単称されている。

体は赤色（個体により濃淡あり）で、腹部、四肢などに黒斑の出ることがある。顔はわずかにしゃくれ、耳は垂れ、胴は広く深く、腿は深く充実しており、体重は300～380kgで、従来ラードタイプに属していたが、最近ミートタイプに改良されている。

本種は体質強健で産子数も多く、放牧に適し、アメリカにおいてはハンプシャー種とともに多数飼育されている。わが国には戦後最も早く輸入され、一部において草で飼育できると宣伝され、結果的にはあまり歓迎されなかったが、再び改良されたデュロック種が輸入され、飼育されている。

●ハンプシャー種（Hampshire）

アメリカのケンタッキー、マサチューセッツ州の原産で、初期にはスインリンド（Thin Rind）種と呼ばれていたが1904年にハンプシャー種と改名された。

体は黒色で、背から前肢にかけて10～30cm幅の帯状の白斑（サドルマーク）があり、頭の大きさは中等で、頬は軽く、耳は直立し、肩は軽く、体上線は弓状を呈し、もも肉は深く充実している。

本種は産子数はやや少ないが、哺育能力にすぐれ、発育、飼料効率もよく、屠体は背脂肪がうすく筋肉量が多く、もも肉も充実して肉質も良好である。

アメリカにおいては多数飼育されており（登録頭数が最も多い）、わが国において昭和39年頃より再び輸入され、主として交雑用の種雄豚としてかなり利用されている。

北　海　道

あさひやまぽーく

旭山ポーク

飼育管理

出荷日齢：170～185日齢

出荷体重：115～125kg

指定肥育地・牧場
：－

飼料の内容
：日本養豚事業協同組合指定配合飼料ゆめシリーズ

商標登録・GI登録・銘柄規約について

商標登録の有無：有
登録取得年月日：2017年3月31日

ＧＩ登録：－

銘柄規約の有無：－
規約設定年月日：－
規約改定年月日：－

農場HACCP・JGAPについて

農場HACCP：－
ＪＧＡＰ：－

交配様式

雌　大ヨークシャー、ランドレース
×
雄　デュロック

主な流通経路および販売窓口

◆主な畜場
：北海道畜産公社　上川事業所

◆主な処理場
：同上、自社処理工場

◆年間出荷頭数
：300頭

◆主要卸売企業
：自社販売・農場直送宅配

◆輸出実績国・地域
：－

◆今後の輸出意欲
：－

販売指定店制度について

指定店制度：－
販促ツール：シール、のぼり

特長

- 自社農場加工直販のため鮮度抜群、最短時短で生肉を全国へお届けしています。
- 純植物性飼料（とうもろこし、大豆粕）の指定配合飼料の給与と大雪山の伏流水により、健康に育った豚肉は深い味わいがあると絶賛されています。
- 生体選定のため事前予約が必要です。

概要

管理主体：㈲イートン
代表者：阿武　秀樹　代表取締役
所在地：上川郡当麻町字園別1区

電話：0166-36-1322
FAX：0166-74-7892
URL：asahiyamapork.jimdofree.com
メールアドレス：e-ton@opal.plala.or.jp

北　海　道

うまいとん

う米豚

北海道千歳産　う米(まい)豚(トン)

飼育管理

出荷日齢：－

出荷体重：－

指定肥育地・牧場
：おおやファーム

飼料の内容
：指定配合飼料、飼料米給与

商標登録・GI登録・銘柄規約について

商標登録の有無：有
登録取得年月日：－

ＧＩ登録：未定

銘柄規約の有無：有
規約設定年月日：2011年5月13日
規約改定年月日：－

農場HACCP・JGAPについて

農場HACCP：有（2018年12月25日）
ＪＧＡＰ：有（2019年5月18日）

交配様式

主な流通経路および販売窓口

◆主な畜場
：北海道畜産公社　早来工場

◆主な処理場
：同上

◆年間出荷頭数
：16,000頭

◆主要卸売企業
：ホクレン農業協同組合連合会

◆輸出実績国・地域
：香港

◆今後の輸出意欲
：有

販売指定店制度について

指定店制度：有
販促ツール：シール、のぼり

特長

- 国産食糧自給率向上の一環として、北海道産飼料米（道産米不足時は国産を使用）を15%配合した飼料を給与。

概要

管理主体：ホクレン農業協同組合連合会
代表者：篠原　末治　代表理事会長
所在地：札幌市中央区北千条西1-3

電話：011-232-6195
FAX：011-251-5173
URL：－
メールアドレス：－

北海道 青森県 岩手県 宮城県 秋田県 山形県 福島県 茨城県 栃木県 群馬県 埼玉県 千葉県 東京都 神奈川県 山梨県 長野県 新潟県 富山県 石川県 福井県 岐阜県 静岡県 愛知県 三重県 滋賀県 京都府 大阪府 兵庫県 奈良県 鳥取県 島根県 岡山県 広島県 山口県 徳島県 香川県 愛媛県 福岡県 佐賀県 長崎県 熊本県 大分県 宮崎県 鹿児島県 沖縄県 全国

北　海　道

うみのみねらるとん

海のミネラル豚

飼育管理

出荷日齢：162日齢

出荷体重：117kg

指定肥育地・牧場
：－

飼料の内容
：北海肉豚EX、ゆめ子豚クランブル

商標登録・GI登録・銘柄規約について

商標登録の有無：－
登録取得年月日：－

ＧＩ登録：－

銘柄規約の有無：－
規約設定年月日：－
規約改定年月日：－

農場HACCP・JGAPについて

農場HACCP：有（2018年5月2日）
ＪＧＡＰ：－

交配様式

雌 ケンボロー × 雄 PIC800

主な流通経路および販売窓口

◆主なと畜場
：スターゼンミートプロセッサー石狩工場、日高食肉センター

◆主な処理場
：スターゼンミートプロセッサー青森工場三沢ポークセンター

◆年間出荷頭数
：16,000頭

◆主要卸売企業
：伊藤ハム、エスフーズ

◆輸出実績国・地域
：シンガポール

◆今後の輸出意欲
：有

販売指定店制度について

指定店制度：－
販促ツール：シール、のぼり

特長

- 深海水のミネラルと岩塩を使用しています。
- 獣臭がなく、ヘルシーな豚肉です。

概要

管理主体	㈲中多寄農場（白山農場）	電話	0165-26-2010、0165-27-2229
代表者	廣田　則史　代表取締役	FAX	0165-26-2214、0165-27-2237
所在地	士別市温根別町南９線	URL	－
		メールアドレス	－

北　海　道

かみふらのじようとん

かみふらの地養豚

飼育管理

出荷日齢：165～180日齢

出荷体重：110～125kg

指定肥育地・牧場
：－

飼料の内容
：地養素を給与。仕上げ期の飼料は植物性原料を給与。麦類を10%以上給与

商標登録・GI登録・銘柄規約について

商標登録の有無：－
登録取得年月日：－

ＧＩ登録：－

銘柄規約の有無：－
規約設定年月日：－
規約改定年月日：－

農場HACCP・JGAPについて

農場HACCP：－
ＪＧＡＰ：－

交配様式

雌（大ヨークシャー雌 × ランドレース雄）
×
雄 デュロック

主な流通経路および販売窓口

◆主なと畜場
：かみふらの工房

◆主な処理場
：同上

◆年間出荷頭数
：13,000頭

◆主要卸売企業
：プリマハム

◆輸出実績国・地域
：－

◆今後の輸出意欲
：－

販売指定店制度について

指定店制度：－
販促ツール：－

特長

- 仕上げ期の飼料は 10%以上麦類を給与することで、しまりのある肉に仕上がります。
- また地養素を給与し、豚を健康に育てていることもおいしさにつながっています。
- 仕上げ期の飼料は植物性原料のみを給与しています。

概要

管理主体	㈲かみふらの牧場	電話	0167-45-5100
代表者	倉谷　能啓　代表取締役	FAX	0167-45-5559
所在地	空知郡上富良野町旭野３	URL	－
		メールアドレス	－

北海道

かみふらのぽーく

かみふらのポーク

飼育管理

出荷日齢：165～180日齢

出荷体重：110～125kg

指定肥育地・牧場
：－

飼料の内容
：仕上げ期の飼料は10%以上麦類を給与

商標登録・GI登録・銘柄規約について

商標登録の有無：－
登録取得年月日：－

GI登録：－

銘柄規約の有無：－
規約設定年月日：－
規約改定年月日：－

農場HACCP・JGAPについて

農場HACCP：－
JGAP：－

交配様式

	雌	雄
雌	（ランドレース × 大ヨークシャー）× デュロック	
雄		

雌（ランドレース × 大ヨークシャー）× 雄 デュロック

雌（大ヨークシャー × ランドレース）× 雄 デュロック

主な流通経路および販売窓口

◆主なと畜場
：かみふらの工房

◆主な処理場
：同上

◆年間出荷頭数
：57,000頭

◆主要卸売企業
：プリマハム

◆輸出実績国・地域
：－

◆今後の輸出意欲
：－

販売指定店制度について

指定店制度：－
販促ツール：－

特長

● 仕上げ期の飼料は10%以上麦類を給与することで、締まりのあるおいしい豚肉に仕上げています。

概要

管理主体：上富良野産豚肉販売推進協議会
代表者：会長　大邨　弘一
所在地：空知郡上富良野町旭野3
電話：0167-45-5100
FAX：0167-45-5559
URL：－
メールアドレス：－

北海道

さくせすもりさんえすぴーえふとん

サクセス森産SPF豚

飼育管理

出荷日齢：166日齢

出荷体重：110～115kg

指定肥育地・牧場
：－

飼料の内容
：ＳＰＦ豚専用飼料

商標登録・GI登録・銘柄規約について

商標登録の有無：－
登録取得年月日：－

GI登録：－

銘柄規約の有無：－
規約設定年月日：－
規約改定年月日：－

農場HACCP・JGAPについて

農場HACCP：－
JGAP：－

交配様式

W（雌）× L（雄）× D（雄）
W：ハマナスW２
L：ゼンノーL１
D：ゼンノーD02

主な流通経路および販売窓口

◆主なと畜場
：北海道畜産公社　函館工場

◆主な処理場
：同上

◆年間出荷頭数
：8,200頭

◆主要卸売企業
：ホクレン農業協同組合連合会

◆輸出実績国・地域
：－

◆今後の輸出意欲
：－

販売指定店制度について

指定店制度：－
販促ツール：シール、のぼり

特長

● 日本ＳＰＦ豚協会認定農場であるサクセス森農場のＳＰＦ豚肉です。
● 豚特有のくさみがありません。
● 肉質のきめ細かく、軟らかな食感です。
● 冷めてもおいしく食べられます。

概要

管理主体：㈲サクセス森
代表者：高瀬　瑞生
所在地：茅部郡森町字石倉613-1
電話：01374-7-3939
FAX：同上
URL：－
メールアドレス：s-mori@siren.ocn.ne.jp

北　海　道

しれとこぽーく

知床ポーク

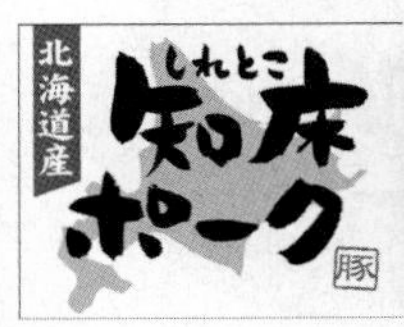

飼育管理

出荷日齢：平均180日齢
出荷体重：110～120kg前後
指定肥育地・牧場
　：北海道
飼料の内容
　：指定配合飼料
　仕上げ期に指定のガーリック粉末を添加

商標登録・GI登録・銘柄規約について

商標登録の有無：－
登録取得年月日：－

G　I　登　録：－

銘柄規約の有無：有
規約設定年月日：1995年11月 1日
規約改定年月日：2008年 4月 1日

農場 HACCP・JGAP について

農場 HACCP：－
J　G　A　P：－

交配様式

雌 × 雄
ハイポー × デュロック
ハイポー × ハイポー

主な流通経路および販売窓口

◆主 な と 畜 場
　：日本フードパッカー　道東工場
◆主 な 処 理 場
　：同上
◆年 間 出 荷 頭 数
　：29,700 頭
◆主 要 卸 売 企 業
　：－
◆輸出実績国・地域
　：－
◆今後の輸出意欲
　：－

販売指定店制度について

指定店制度：－
販促ツール：シール、のぼり

特長

- ガーリック粉末を仕上げ期に添加しております。
- ＳＱＦ認証を取得しており、一貫した管理体制を行っています。

概要

管理主体	日本クリーンファーム㈱知床事業所	電話	0152-46-2290
代表者	吉原　洋明　代表取締役社長	FAX	0152-46-2351
所在地	網走市豊郷 229-5	URL	－
		メールアドレス	－

北　海　道

だいせつさんろくささぶた

大雪さんろく笹豚

飼育管理

出荷日齢：170～185日齢
出荷体重：120kg前後
指定肥育地・牧場
　：－
飼料の内容
　：日本養豚事業協同組合指定配合飼料ゆめシリーズ

商標登録・GI登録・銘柄規約について

商標登録の有無：有
登録取得年月日：2010年 9 月10日

G　I　登　録：－

銘柄規約の有無：－
規約設定年月日：－
規約改定年月日：－

農場 HACCP・JGAP について

農場 HACCP：－
J　G　A　P：－

交配様式

雌　大ヨークシャー、ランドレース
×
雄　デュロック

主な流通経路および販売窓口

◆主 な と 畜 場
　：北海道畜産公社　上川事業所
◆主 な 処 理 場
　：大雪山麓社
◆年 間 出 荷 頭 数
　：125 頭
◆主 要 卸 売 企 業
　：大雪山麓社
◆輸出実績国・地域
　：－
◆今後の輸出意欲
　：－

販売指定店制度について

指定店制度：－
販促ツール：シール、のぼり

特長

- 葉緑体や多糖体、リグニンなどを多く含んだ笹葉の配合された添加物を与え、免疫力アップした豚肉。
- 笹の持つ成分作用でくさみの少ない肉となり、本来のうま味を引き立たせた、軟らかな食感とプロの調理人からも好評です。

概要

管理主体	㈲イートン	電話	0166-36-1322
代表者	阿武　秀樹　代表取締役	FAX	同上
所在地	上川郡当麻町字園別１区	URL	www.daisetsu-sanroku.com
		メールアドレス	info@daisetsu-sanroku.com

北　海　道

たくみのぶた　さちくむぎおう
匠の豚　サチク麦王

飼育管理

出荷日齢：190日齢
出荷体重：115kg
指定肥育地・牧場
：－
飼料の内容
：大麦主体

商標登録・GI登録・銘柄規約について

商標登録の有無：有
登録取得年月日：2013年10月

GI登録：取得済

銘柄規約の有無：－
規約設定年月日：－
規約改定年月日：－

農場HACCP・JGAPについて

農場HACCP：－
JGAP：－

交配様式

雌（大ヨークシャー（雌）×ランドレース（雄））
×
雄 デュロック

主な流通経路および販売窓口

◆主なと畜場
：北海道畜産公社　道東事業所　北見工場
◆主な処理場
：同上
◆年間出荷頭数
：5,000頭
◆主要卸売企業
：ホクレン農業協同組合連合会
◆輸出実績国・地域
：－
◆今後の輸出意欲
：－

販売指定店制度について

指定店制度：－
販促ツール：シール、のぼり

特長

- 「真っ白で甘みの強い脂肪」と「非常に高い保水力をもった赤身」を両立させ、調理用途を問わず最高にジューシーな食感を提供します。

概要

管理主体	㈲佐々木種畜牧場	電話	0152-23-0429
代表者	佐々木 隆　代表取締役	FAX	0152-23-2908
所在地	斜里郡斜里町字美咲69	URL	www.sachiku.jp/
		メールアドレス	－

北　海　道

とうべつあさののうじょう
とうべつ浅野農場

飼育管理

出荷日齢：約160日齢
出荷体重：約120kg
指定肥育地・牧場
：－
飼料の内容
：道産小麦使用

商標登録・GI登録・銘柄規約について

商標登録の有無：－
登録取得年月日：－

GI登録：未定

銘柄規約の有無：－
規約設定年月日：－
規約改定年月日：－

農場HACCP・JGAPについて

農場HACCP：有（2017年12月22日）
JGAP：有（2019年9月24日）

交配様式

雌（大ヨークシャー（雌）×ランドレース（雄））
×
雄（デュロック×バークシャー）

主な流通経路および販売窓口

◆主なと畜場
：北海道畜産公社　早来工場
◆主な処理場
：同上
◆年間出荷頭数
：3,800頭
◆主要卸売企業
：浅野農場スマイルポーク直売所
◆輸出実績国・地域
：－
◆今後の輸出意欲
：有

販売指定店制度について

指定店制度：有
販促ツール：パンフレット、シール、のぼり

特長

- 北海道初！氷温熟成豚肉製造設備導入。
- 飲料水がアルカリイオン水。
- 当別町産小麦を30%、飼料に使用。
- バイオベット飼育で豚にストレスをかけず、健康で伸びやかに成長させている。
- 豚特有の臭みがない。肉質がきめ細かく、軟らかな食感。

概要

管理主体	㈲浅野農場	電話	0133-22-4129
代表者	浅野 政輝　代表取締役	FAX	0133-27-5180
所在地	石狩郡当別町上当別2190	URL	www.asanofarm.com
		メールアドレス	info@kitanokaze.com

北海道
青森県
岩手県
宮城県
秋田県
山形県
福島県
茨城県
栃木県
群馬県
埼玉県
千葉県
東京都
神奈川県
山梨県
長野県
新潟県
富山県
石川県
福井県
岐阜県
静岡県
愛知県
三重県
滋賀県
京都府
大阪府
兵庫県
奈良県
鳥取県
島根県
岡山県
広島県
山口県
徳島県
香川県
愛媛県
福岡県
佐賀県
長崎県
熊本県
大分県
宮崎県
鹿児島県
沖縄県
全国

北海道

とかちくろぶた

十勝黒豚

飼育管理

出荷日齢：200～220日齢

出荷体重：約120kg

指定肥育地・牧場
：宮本農場、阿部農場

飼料の内容
：ー

商標登録・GI登録・銘柄規約について

商標登録の有無：ー
登録取得年月日：ー

G I 登 録：未定

銘柄規約の有無：ー
規約設定年月日：ー
規約改定年月日：ー

農場HACCP・JGAPについて

農場HACCP：ー
JGAP：ー

交配様式

バークシャー

主な流通経路および販売窓口

◆主なと畜場
：北海道畜産公社　十勝工場

◆主な処理場
：北海道畜産公社　十勝工場

◆年間出荷頭数
：1,200頭

◆主要卸売企業
：ー

◆輸出実績国・地域
：ー

◆今後の輸出意欲
：ー

販売指定店制度について

指定店制度：ー
販促ツール：ー

特長

- 北海道バークシャー協会認定。
- 日本種豚登録協会の黒豚生産指定農場です。
- 肉自体が甘くコクがあり、脂肪が白く独特のうまみがあります。

概要

管理主体：やまさミート㈱
代表者：佐々木　章哲　代表取締役
所在地：帯広市西24条南1-1
電話：0155-37-4711
FAX：0155-37-4103
URL：ー
メールアドレス：ー

北海道

とかちのぽーく

十勝野ポーク

飼育管理

出荷日齢：180日齢

出荷体重：120kg前後

指定肥育地・牧場
：ー

飼料の内容
：十勝野ポーク専用飼料

商標登録・GI登録・銘柄規約について

商標登録の有無：有
登録取得年月日：2005年4月8日

G I 登 録：ー

銘柄規約の有無：有
規約設定年月日：2004年2月
規約改定年月日：ー

農場HACCP・JGAPについて

農場HACCP：有（2018年10月23日）
JGAP：有（2019年4月12日）

交配様式

雌（L1020×L1010）
×
雄 PIC800

主な流通経路および販売窓口

◆主なと畜場
：日本フードパッカー、北海道畜産公社、スターゼンミートプロセッサー

◆主な処理場
：同上

◆年間出荷頭数
：30,000頭

◆主要卸売企業
：ー

◆輸出実績国・地域
：ー

◆今後の輸出意欲
：ー

販売指定店制度について

指定店制度：ー
販促ツール：シール、のぼり

特長

- きめ細かく、軟らかな赤肉、しっとりと甘みとコクのある脂身。
- けもの臭がきわめて少ない。
- 自家指定配合飼料を給餌している。

概要

管理主体：㈱十勝野ポーク
代表者：渡邉　広大
所在地：河西郡中札内村元札内東1線414-2
電話：0155-69-4129
FAX：0155-69-4127
URL：www.tokachinopork.com
メールアドレス：ishigaki@tokachinopork.com

北海道

とかちまくべつさんくろぶた

十勝幕別産黒豚

飼育管理

出荷日齢：200日齢
出荷体重：110kg
指定肥育地・牧場
：－
飼料の内容
：－

商標登録・GI登録・銘柄規約について

商標登録の有無：－
登録取得年月日：－

G　I　登　録：－

銘柄規約の有無：－
規約設定年月日：－
規約改定年月日：－

農場HACCP・JGAPについて

農場HACCP：－
J　G　A　P：－

交配様式

バークシャー

主な流通経路および販売窓口

◆主なと畜場
：北海道畜産公社　道東事業所
十勝工場
◆主な処理場
：同上
◆年間出荷頭数
：150頭
◆主要卸売企業
：ホクレン
◆輸出実績国・地域
：－
◆今後の輸出意欲
：－

販売指定店制度について

指定店制度：－
販促ツール：－

特長

- 肉質に優れ、筋繊維が細かく、ジューシーな味わい。
- 脂肪は白く、良質でほのかな甘みがある。
- 年間150頭程度の出荷頭数のため、希少価値が高い。

概要

管理主体：宮本種豚場	電話：0155-56-2982
代表者：宮本　信	FAX：同上
所在地：幕別町千住556	URL：－
	メールアドレス：－

北海道

とかちももはなぶた

とかち桃花豚

とかち桃花豚®
TOKACHI MOMOHANABUTA

飼育管理

出荷日齢：165日齢
出荷体重：112kg
指定肥育地・牧場
：青木ピッグファーム
飼料の内容
：ＳＰＦ豚専用

商標登録・GI登録・銘柄規約について

商標登録の有無：有
登録取得年月日：2018年6月8日

G　I　登　録：－

銘柄規約の有無：－
規約設定年月日：－
規約改定年月日：－

農場HACCP・JGAPについて

農場HACCP：－
J　G　A　P：－

交配様式

雌（大ヨークシャー（雌）×ランドレース（雄））
×
雄　デュロック

主な流通経路および販売窓口

◆主なと畜場
：北海道畜産公社　十勝工場
◆主な処理場
：－
◆年間出荷頭数
：7,000頭
◆主要卸売企業
：ホクレン農業協同組合連合会
◆輸出実績国・地域
：－
◆今後の輸出意欲
：－

販売指定店制度について

指定店制度：－
販促ツール：シール、のぼり

特長

- 日本ＳＰＦ豚協会認定農場のＳＰＦ豚肉です。
- 豚特有の臭みがありません。
- 肉質きめ細かく、軟らかな食感です。
- 冷めてもおいしく食べられます。

概要

管理主体：青木ピッグファーム	電話：0156-63-2588
代表者：青木　賢一	FAX：0156-63-2119
所在地：上川郡清水町字御影北1-87	URL：－
	メールアドレス：－

北　海　道

とようらうまみむぎぶた

とようら旨み麦豚

飼育管理

出荷日齢：－
出荷体重：－
指定肥育地・牧場
：フロイデ農場

飼料の内容
：麦類を40%配合した専用飼料

商標登録・GI登録・銘柄規約について

商標登録の有無：－
登録取得年月日：－

ＧＩ登録：－

銘柄規約の有無：－
規約設定年月日：－
規約改定年月日：－

農場 HACCP・JGAP について

農場 HACCP：－
ＪＧＡＰ：－

交配様式

雌 （大ヨークシャー × ランドレース）
×
雄 デュロック

主な流通経路および販売窓口

◆主なと畜場
：北海道畜産公社　早来工場

◆主な処理場
：同上

◆年間出荷頭数
：3,500 頭

◆主要卸売企業
：ホクレン農業協同組合連合会

◆輸出実績国・地域
：－

◆今後の輸出意欲
：－

販売指定店制度について

指定店制度：－
販促ツール：シール

特長

● 麦類を 40%配合した専用飼料を肥育後期に給与した豚。

概要

管理主体：ホクレン農業協同組合連合会
代表者：篠原　末治　代表理事会長
所在地：札幌市中央区北４条西 1-3
電話：011-232-6195
FAX：011-251-5173
URL：－
メールアドレス：－

北　海　道

とようらぽーく

とようらポーク

飼育管理

出荷日齢：約165日齢
出荷体重：約115kg
指定肥育地・牧場
：ゲズント農場（虻田郡豊浦町字美和31）、フロイデ農場（虻田郡豊浦町字新山梨768）
飼料の内容
：指定配合飼料

商標登録・GI登録・銘柄規約について

商標登録の有無：有
登録取得年月日：2018 年 5 月 18 日

ＧＩ登録：－

銘柄規約の有無：－
規約設定年月日：－
規約改定年月日：－

農場 HACCP・JGAP について

農場 HACCP：－
ＪＧＡＰ：－

交配様式

雌 （ランドレース × 大ヨークシャー）
×
雄 デュロック

雌 （大ヨークシャー × ランドレース）
×
雄 デュロック

主な流通経路および販売窓口

◆主なと畜場
：北海道畜産公社　早来工場

◆主な処理場
：同上

◆年間出荷頭数
：約 50,000 頭

◆主要卸売企業
：ホクレン農業協同組合連合会

◆輸出実績国・地域
：－

◆今後の輸出意欲
：－

販売指定店制度について

指定店制度：－
販促ツール：シール、のぼり

特長

● 麦類0%以上を配合した飼料を食べて健康に育った、安全、安心な豚肉。
● 肉質はきめ細やかで、やわらかく、冷めても硬くなりにくい。
● 豚特有のにおいが無く、あっさりしている。

概要

管理主体：とうや湖農業協同組合
代表者：髙井　一英　代表理事組合長
所在地：虻田郡洞爺湖町香川 55-7
電話：0142-89-2468
FAX：0142-87-2505
URL：－
メールアドレス：－

北海道

どろぶた

どろぶた

十勝の森　放牧育ち

飼育管理

出荷日齢：240日齢
出荷体重：180kg
指定肥育地・牧場
：－
飼料の内容
：－

商標登録・GI登録・銘柄規約について

商標登録の有無：有
登録取得年月日：2011年4月15日

GI登録：－

銘柄規約の有無：－
規約設定年月日：－
規約改定年月日：－

農場HACCP・JGAPについて

農場HACCP：－
JGAP：－

交配様式

ケンボロー

主な流通経路および販売窓口

◆主なと畜場
：北海道畜産公社　道東事業所　十勝工場
◆主な処理場
：－
◆年間出荷頭数
：1,000頭
◆主要卸売企業
：－
◆輸出実績国・地域
：－
◆今後の輸出意欲
：－

販売指定店制度について

指定店制度：－
販促ツール：－

特長

- 8カ月飼育、と畜後1週間熟成出荷。

概要

管理主体	㈱エルパソ	電話	0155-34-3493
代表者	平林　英明	FAX	0155-34-3494
所在地	幕別町忠類中当45-1	URL	－
		メールアドレス	hirabayashi@elpaso.co.jp

北海道

なかしべつみるきーぽーく

なかしべつミルキーポーク

飼育管理

出荷日齢：195～210日齢
出荷体重：110～115kg
指定肥育地・牧場
：－
飼料の内容
：哺乳期～110日齢（日本配合飼料、協同飼料）、以降は自家配合飼料

商標登録・GI登録・銘柄規約について

商標登録の有無：有
登録取得年月日：2009年3月19日

GI登録：未定

銘柄規約の有無：－
規約設定年月日：－
規約改定年月日：－

農場HACCP・JGAPについて

農場HACCP：－
JGAP：－

交配様式

雌　（ランドレース（雌）×大ヨークシャー（雄））
×
雄　デュロック

主な流通経路および販売窓口

◆主なと畜場
：北海道畜産公社　北見事業所
◆主な処理場
：同上
◆年間出荷頭数
：1,000頭
◆主要卸売企業
：ホクレン農業協同組合連合会
◆輸出実績国・地域
：－
◆今後の輸出意欲
：－

販売指定店制度について

指定店制度：－
販促ツール：シール、のぼり

特長

- とくに脂肪に特徴があり、ホエー粉やチーズなどを自家配合飼料に加えています。

概要

管理主体	ピックファーム肉の大山	電話	0153-72-4247
代表者	大山　陽介	FAX	同上
所在地	標津郡中標津町緑ヶ丘8-1	URL	www.milkypork.com
		メールアドレス	info@milkypork.com

北　海　道

なよろさんすずきびびっどふぁーむ　えすぴーえふとん

名寄産鈴木ビビッドファームSPF豚

飼育管理

出荷日齢：約165日齢
出荷体重：約115kg
指定肥育地・牧場
　：鈴木ビビッドファーム
飼料の内容
　：ＳＰＦ豚専用飼料

商標登録・GI 登録・銘柄規約について

商標登録の有無：―
登録取得年月日：―

ＧＩ登録：未定

銘柄規約の有無：―
規約設定年月日：―
規約改定年月日：―

農場 HACCP・JGAP について

農場 HACCP：―
ＪＧＡＰ：―

交配様式

雌　（大ヨークシャー（雌）×ランドレース（雄））
×
雄　デュロック

主な流通経路および販売窓口

◆主なと畜場
　：北海道畜産公社　上川工場
◆主な処理場
　：同上
◆年間出荷頭数
　：7,200 頭
◆主要卸売企業
　：ホクレン農業協同組合連合会
◆輸出実績国・地域
　：香港
◆今後の輸出意欲
　：有

販売指定店制度について

指定店制度：有
販促ツール：シール、のぼり

特長

- 日本ＳＰＦ豚協会認定農場であり、日本で最北のＳＰＦ豚生産農場です。
- 「ビビッド」は英語で「いきいき、元気な」という意味です。
- 鈴木ビビッドファームは、その名のとおり「人もいきいき、豚もいきいき」元気を与える豚肉を届けています。

概要

管理主体	ＪＡ道北なよろ	電話	01654-3-2546
代表者	鈴木　康裕　代表取締役社長	FAX	01654-2-6518
所在地	名寄市日進 495	URL	―
		メールアドレス	―

北　海　道

びーわんとんちゃん

B1とんちゃん

飼育管理

出荷日齢：180日齢
出荷体重：110〜115kg
指定肥育地・牧場
　：ポーク・アイランド・オノデラ
飼料の内容
　：小麦、大麦、米粉15%
　　乳酸菌、食用炭３%

商標登録・GI 登録・銘柄規約について

商標登録の有無：―
登録取得年月日：―

ＧＩ登録：未定

銘柄規約の有無：有
規約設定年月日：1992 年 4 月11日
規約改定年月日：―

農場 HACCP・JGAP について

農場 HACCP：準備中
ＪＧＡＰ：―

交配様式

雌　（ランドレース（雌）×デュロック（雄））
×
雄　バークシャー

主な流通経路および販売窓口

◆主なと畜場
　：北海道畜産公社　早来工場
◆主な処理場
　：同上
◆年間出荷頭数
　：300 頭
◆主要卸売企業
　：ポーク・アイランド・オノデラ
◆輸出実績国・地域
　：―
◆今後の輸出意欲
　：―

販売指定店制度について

指定店制度：有
販促ツール：シール、のぼり

特長

- 抗生物質などに頼らない乳酸菌と食用炭を与え、肥育豚１頭あたり 3.6 ㎡。
- 広いスペースでゆったり飼育し、大麦、小麦、米粉などを 15%ほど与え仕上げた。
- 脂肪のおいしさ、安全・安心な豚肉です。
- 主要販売：北海道・道の駅ウトナイ湖内（直販所取り扱い：0144-58-2677）

概要

管理主体	ポーク・アイランド・オノデラ	電話	0144-58-2301
代表者	小野寺　邦彰	FAX	同上
所在地	苫小牧市植苗 96	URL	―
		メールアドレス	―

北　　海　　道

ひだかのほえーぶた

日高のホエー豚

飼育管理

出荷日齢：190～210日齢
出荷体重：125～140kg
指定肥育地・牧場
：—
飼料の内容
：ホエーを１頭あたり200ℓ以上与える

商標登録・GI登録・銘柄規約について

商標登録の有無：—
登録取得年月日：—

GI登録：—

銘柄規約の有無：—
規約設定年月日：—
規約改定年月日：—

農場HACCP・JGAPについて

農場HACCP：—
JGAP：—

交配様式

—

主な流通経路および販売窓口

◆主なと畜場
：日高食肉センター
◆主な処理場
：同上
◆年間出荷頭数
：50頭
◆主要卸売企業
：—
◆輸出実績国・地域
：—
◆今後の輸出意欲
：—

販売指定店制度について

指定店制度：—
販促ツール：—

特長

- ホエーを１頭あたり200ℓ与え、健康な豚の生産を心がけている。
- 飼料は動物性油脂を含まない植物性で、とくに脂身がやさしく、おいしい豚肉との評判が高い。

概要

管理主体	㈲ひだかポーク	電話	0146-43-2322
代表者	阿部　幸男　代表取締役	FAX	0146-42-3416
所在地	日高郡新ひだか町静内こうせい町1-9-6	URL	—
		メールアドレス	hidakapork@energy.ocn.ne.jp

北　　海　　道

びらとりくろぶた

びらとり黒豚

飼育管理

出荷日齢：240日齢
出荷体重：115kg
指定肥育地・牧場
：—
飼料の内容
：肥育後半に大麦を添加している指定配合飼料「びらとりポーク」を給与

商標登録・GI登録・銘柄規約について

商標登録の有無：—
登録取得年月日：—

GI登録：未定

銘柄規約の有無：—
規約設定年月日：—
規約改定年月日：—

農場HACCP・JGAPについて

農場HACCP：有（推進農場・2018年12月28日）
JGAP：—

交配様式

バークシャー

主な流通経路および販売窓口

◆主なと畜場
：北海道畜産公社　道央事業所
◆主な処理場
：同上
◆年間出荷頭数
：1,000頭
◆主要卸売企業
：ホクレン農業協同組合連合会
◆輸出実績国・地域
：—
◆今後の輸出意欲
：—

販売指定店制度について

指定店制度：—
販促ツール：のぼり、ポスター

特長

- 原種豚をイギリスから輸入しており、その系統でファミリーをつくっている。
- 黒豚独特のコクのある味わい。

概要

管理主体	びらとり農業協同組合	電話	01457-2-2211
代表者	仲山　浩	FAX	01457-2-3792
所在地	沙流郡平取町本町40-1	URL	—
		メールアドレス	—

北海道

ふるかわぽーく

古川ポーク

飼育管理

出荷日齢：180日齢

出荷体重：115kg前後

指定肥育地・牧場
：古川農場

飼料の内容
：NON-GMOとうもろこしを使用した指定配合飼料

商標登録・GI 登録・銘柄規約について

商標登録の有無：有（登録第5522515号）
登録取得年月日：2012 年 9 月 21 日

G I 登 録：未定

銘柄規約の有無：有
規約設定年月日：2006 年 1 月
規約改定年月日：－

農場 HACCP・JGAP について

農場 HACCP：－
J G A P：－

交配様式

雌 （大ヨークシャー（雌） × ランドレース（雄））
×
雄 デュロック

主な流通経路および販売窓口

◆主な と 畜 場
：北海道畜産公社　早来工場

◆主 な 処 理 場
：同上

◆年間出荷頭数
：1,600 頭

◆主要卸売企業
：ホクレン農業協同組合連合会

◆輸出実績国・地域
：－

◆今後の輸出意欲
：－

販売指定店制度について

指定店制度：－
販促ツール：－

特長

- NON-GMO とうもろこしを使用した仕上げ飼料の給与。
- 生後 90 日以降の肥育豚に対する無投薬飼育。
- 麦 10%配合により、良質な肉に仕上がっています。

概要

管理主体：㈲古川農場
代表者：古川　貴朗　代表取締役
所在地：札幌市南区豊滝 115

電話：011-596-4759
FAX：同上
URL：www.instagram.com/furukawapork/
メールアドレス：fp-farms@amber.plala.or.jp

北海道

ほっかいどうあかんぽーく

北海道阿寒ポーク

飼育管理

出荷日齢：185日齢

出荷体重：110～120kg

指定肥育地・牧場
：釧路市阿寒町当社農場、鶴居村当社農場

飼料の内容
：麦類と、数種の当社指定ハーブ抽出物を配合した肉豚専用飼料

商標登録・GI 登録・銘柄規約について

商標登録の有無：有
登録取得年月日：2004 年 3 月 29 日

G I 登 録：－

銘柄規約の有無：－
規約設定年月日：－
規約改定年月日：－

農場 HACCP・JGAP について

農場 HACCP：無
J G A P：無

交配様式

雌 （ランドレース（雌） × 大ヨークシャー（雄））
×
雄 デュロック

主な流通経路および販売窓口

◆主な と 畜 場
：北海道畜産公社　十勝工場・北見工場

◆主 な 処 理 場
：自社処理施設

◆年間出荷頭数
：17,500 頭

◆主要卸売企業
：福原（釧路地区フクハラ）

◆輸出実績国・地域
：－

◆今後の輸出意欲
：－

販売指定店制度について

指定店制度：－
販促ツール：－

特長

- 阿寒連峰、阿寒湖を源とした伏流水を飲ませ、厳選したハーブ類と麦類を配合した飼料を給与。
- 食べ応えある赤肉と甘さを感じる脂肪を楽しめる豚肉です。
- 自社農場から自社加工、自社販売を行う、地産地消体制。

概要

管理主体：大栄フーズ㈱
代表者：中島　太郎
所在地：釧路市星が浦南 1-3-14

電話：0154-52-6300
FAX：0154-52-5445
URL：akanpork.com
メールアドレス：daieifds@jasmine.ocn.ne.jp

北海道

ほっかいどうそだち　ひこまぶた

北海道育ち　ひこま豚

飼育管理

出荷日齢：170日前後

出荷体重：115kg前後

指定肥育地・牧場
：道南アグロ牧場

飼料の内容
：麦類や米を独自の割合で肥育用飼料に配合

商標登録・GI登録・銘柄規約について

商標登録の有無：有
登録取得年月日：2012年3月1日

GI登録：未定

銘柄規約の有無：ー
規約設定年月日：ー
規約改定年月日：ー

農場HACCP・JGAPについて

農場HACCP：有（2014年3月28日）
JGAP：有（2018年12月17日）

交配様式

雌　（ランドレース（雌）×大ヨークシャー（雄））
×
雄　デュロック

主な流通経路および販売窓口

◆主なと畜場
：日本フードパッカー道南工場、北海道畜産公社函館工場

◆主な処理場
：同上

◆年間出荷頭数
：21,000頭

◆主要卸売企業
：日本フードパッカー道南工場、ホクレン

◆輸出実績国・地域
：香港

◆今後の輸出意欲
：有

販売指定店制度について

指定店制度：有
販促ツール：シール、のぼり、ポスター

特長

- 「地理」「飼育」「衛生」を３大条件に、徹底的にこだわった高品質な雌豚のみを販売。
- 特徴はきめが細かく、軟らかい肉質で、腸内に善玉菌が多いため、くさみがない。
- オレイン酸を高めるような飼料を与えて生産している。
- SPF豚認定農場、農場HACCP認証農場。

概要

管理主体	㈲道南アグロ	電話	01374-7-1456
代表者	日浅　順一	FAX	01374-7-1457
所在地	茅部郡森町姫川121-45	URL	www.hikomabuta.com
		メールアドレス	info@hikomabuta.com

北海道

めむろさんえすぴーえふとん

芽室産SPF豚

飼育管理

出荷日齢：165日齢

出荷体重：約110kg

指定肥育地・牧場
：ササキSPFファーム

飼料の内容
：ＳＰＦ豚専用飼料

商標登録・GI登録・銘柄規約について

商標登録の有無：ー
登録取得年月日：ー

GI登録：ー

銘柄規約の有無：ー
規約設定年月日：ー
規約改定年月日：ー

農場HACCP・JGAPについて

農場HACCP：ー
JGAP：ー

交配様式

雌→（大ヨークシャー（雌）×ランドレース（雄））
×
雄――――→デュロック
（W：ハマナスW２、L：ゼンノーＬ１、D：サクラ201）

主な流通経路および販売窓口

◆主なと畜場
：北海道畜産公社　十勝工場

◆主な処理場
：同上

◆年間出荷頭数
：650頭

◆主要卸売企業
：ホクレン農業協同組合連合会

◆輸出実績国・地域
：ー

◆今後の輸出意欲
：ー

販売指定店制度について

指定店制度：ー
販促ツール：シール

特長

- 日本ＳＰＦ豚協会認定農場であるササキＳＰＦファーム豚肉。
- 肉質はきめ細やかで、軟らかな食感。
- 豚特有のくさみがない。

概要

管理主体	ササキＳＰＦファーム	電話	0155-62-1272
代表者	佐々木　啓隆	FAX	0155-62-8550
所在地	河西郡芽室町祥栄	URL	ー
		メールアドレス	ー

北海道

ゆめのだいち

ゆめの大地

飼育管理

出荷日齢：175 日齢
出荷体重：117kg
指定肥育地・牧場
[繁殖農場]赤井川農場、千歳農場、羽幌農場、えりも農場
[肥育農場]十勝中央農場、豊頃中央農場、はなはなファーム、金丸ファーム、杉本ファーム、カーサ、ドリームグランド、サバイファーム、くれないファーム
飼料の内容：麦類、いも類などの穀物を主原料とした飼料

商標登録・GI 登録・銘柄規約について

商標登録の有無：有
登録取得年月日：2010 年12月10日

ＧＩ登録：未定

銘柄規約の有無：ー
規約設定年月日：ー
規約改定年月日：ー

農場 HACCP・JGAP について

農場 HACCP：ー
ＪＧＡＰ：構築中

交配様式

ランドレース、大ヨークショーをベースにした雌に雄（デュロック×バークシャー）を掛け合わせたハイブリッドポーク

主な流通経路および販売窓口

◆主なと畜場
：日高食肉センター

◆主な処理場
：同上

◆年間出荷頭数
：210,000 頭

◆主要卸売企業
：エスフーズ

◆輸出実績国・地域
：シンガポール、香港、タイ

◆今後の輸出意欲
：有

販売指定店制度について

指定店制度：
販促ツール：

特長

- 仕上げ飼料には、25%以上の麦類、植物由来の原料を配合することによりオレイン酸が多くなり肉にうまみが出る。
- 飼育方法は北海道の広大な土地を利用し、子豚生産農場（赤井川・千歳・羽幌・えりも）、肥育農場を旭川、三笠、真狩、豊頃に分散し肥育（防疫のため）
- 肉質は軟らかくヘルシーに仕上がっている。

概要

管理主体：㈱北海道中央牧場
代表者：出田　純治　代表取締役
所在地：北広島市北進町 1-2-2
電話：011-372-0073
FAX：011-372-0121
URL：hokkaido-chuobokujo.com/
メールアドレス：ー

北海道

わかまつぽーくまん

若松ポークマン

飼育管理

出荷日齢：150日齢
出荷体重：112～118kg
指定肥育地・牧場
：せたな町
飼料の内容
：ＳＰＦ専用ペレット、自社専用配合飼料

商標登録・GI 登録・銘柄規約について

商標登録の有無：有
登録取得年月日：ー

ＧＩ登録：

銘柄規約の有無：ー
規約設定年月日：ー
規約改定年月日：ー

農場 HACCP・JGAP について

農場 HACCP：有（2018 年 6 月 4 日）
ＪＧＡＰ：有（2018 年 11 月 5 日）

交配様式

（大ヨークシャー（雌）× ランドレース（雄））雌
×
デュロック 雄
×
ハイコープ豚 雄

主な流通経路および販売窓口

◆主なと畜場
：北海道畜産公社　函館工場

◆主な処理場
：同上

◆年間出荷頭数
：4,200 頭

◆主要卸売企業
：新はこだて農協、ホクレン

◆輸出実績国・地域
：ー

◆今後の輸出意欲
：ー

販売指定店制度について

指定店制度：ー
販促ツール：シール

特長

- SPF 管理により、衛生的な環境で育てた、安全でおいしい豚肉です。
- 循環型農業により、地元の米をブレンドした飼料を与え、飼育することで、脂身に甘みのある赤身のうまみとバランスのとれた豚肉に仕上がりました。

概要

管理主体：㈲高橋畜産
代表者：高橋　洋平　代表取締役
所在地：久遠郡せたな町北桧山区松岡 343
電話：0137-84-6325
FAX：同上
URL：porkman.jp/
メールアドレス：y.takahashi@porkman.jp

青　　森　　県

あおもりけんこうぶた

青森けんこう豚

飼育管理

出荷日齢：184日齢前後

出荷体重：122kg前後

指定肥育地・牧場
：ー

飼料の内容
：麦類15％以上の指定配合飼料。
仕上げ期にハーブ抽出物を添加

商標登録・GI登録・銘柄規約について

商標登録の有無：ー
登録取得年月日：ー

G　I　登　録：ー

銘柄規約の有無：有
規約設定年月日：2000年4月1日
規約改定年月日：ー

農場HACCP・JGAPについて

農場HACCP：ー
J　G　A　P：ー

交配様式

雌（大ヨークシャー×ランドレース）
×
雄 デュロック

大ヨークシャー×ランドレース

大ヨークシャー

主な流通経路および販売窓口

◆主なと畜場
：日本フードパッカー　青森工場

◆主な処理場
：同上

◆年間出荷頭数
：21,500頭

◆主要卸売企業
：ー

◆輸出実績国・地域
：ー

◆今後の輸出意欲
：ー

販売指定店制度について

指定店制度：ー
販促ツール：ー

特長

- 仕上げ期にハーブ抽出物を添加しております。
- ＳＱＦ認証を取得しており、一貫した管理体制を行っています。

概要

管理主体：インターファーム㈱東北事業所
代表者：吉原　洋明　代表取締役社長
所在地：上北郡おいらせ町松原1-73-1020
電話：0178-52-4182
FAX：0178-52-4187
URL：ー
メールアドレス：ー

青　　森　　県

あおもりじようとん

青森地養豚

飼育管理

出荷日齢：175日齢

出荷体重：115kg

指定肥育地・牧場
：ー

飼料の内容
：60日以上指定配合飼料給与

商標登録・GI登録・銘柄規約について

商標登録の有無：有
登録取得年月日：2006年

G　I　登　録：未定

銘柄規約の有無：ー
規約設定年月日：ー
規約改定年月日：ー

農場HACCP・JGAPについて

農場HACCP：取り組み中
J　G　A　P：認証済

交配様式

雌（大ヨークシャー×ランドレース）
×
雄 デュロック

主な流通経路および販売窓口

◆主なと畜場
：十和田食肉センター

◆主な処理場
：同上

◆年間出荷頭数
：12,000頭

◆主要卸売企業
：伊藤ハム

◆輸出実績国・地域
：ー

◆今後の輸出意欲
：有

販売指定店制度について

指定店制度：ー
販促ツール：ー

特長

- ＨＡＣＣＰ推進とトレーサビリティへの取り組み。
- 肉質は脂にもくさみがなく、甘みがあります。

概要

管理主体：㈲みのる養豚
代表者：中野渡　稔　社長
所在地：十和田市東十四番町17-28
電話：0176-25-2211
FAX：0176-25-1129
URL：ー
メールアドレス：yoton@xg7.so-net.ne.jp

青森県

おいらせがーりっくぽーく
奥入瀬ガーリックポーク

飼育管理

出荷日齢：180日齢

出荷体重：110～115kg

指定肥育地・牧場
：十和田市

飼料の内容
：指定配合飼料、ガーリック粉末

商標登録・GI登録・銘柄規約について

商標登録の有無：有
登録取得年月日：2004年3月26日

GI登録：未定

銘柄規約の有無：有
規約設定年月日：2010年4月1日
規約改定年月日：2021年8月1日

農場HACCP・JGAPについて

農場HACCP：—
JGAP：—

交配様式

雌（ランドレース（雌）×大ヨークシャー（雄））
×
雄 デュロック
など

主な流通経路および販売窓口

◆主なと畜場
：十和田食肉センター

◆主な処理場
：同上

◆年間出荷頭数
：8,000頭

◆主要卸売企業
：ＪＡ全農あおもり、八幡平ほか

◆輸出実績国・地域
：—

◆今後の輸出意欲
：—

販売指定店制度について

指定店制度：有
販促ツール：シール、のぼり

特長

- 肉質はビタミンＢ群を豊富に含みます。
- かつお節に代表されるうま味成分のイノシン酸が多く含まれています。
- 脂に甘みがあり、食味のよい豚肉です。

概要

管理主体：十和田おいらせ農業協同組合
代表者：畠山　一男　代表理事組合長
所在地：十和田市西十三番町4-28
電話：0176-23-0332
FAX：0176-24-3250
URL：—
メールアドレス：tikusan01@jatowada-o.or.jp

青森県

こめっこじようとん
こめっこ地養豚

飼育管理

出荷日齢：175日齢

出荷体重：115kg

指定肥育地・牧場
：—

飼料の内容
：60日以上指定配合飼料

商標登録・GI登録・銘柄規約について

商標登録の有無：有
登録取得年月日：2015年9月18日

GI登録：未定

銘柄規約の有無：—
規約設定年月日：—
規約改定年月日：—

農場HACCP・JGAPについて

農場HACCP：取り組み中
JGAP：認証済

交配様式

雌（大ヨークシャー（雌）×ランドレース（雄））
×
雄 デュロック

主な流通経路および販売窓口

◆主なと畜場
：十和田食肉センター

◆主な処理場
：同上

◆年間出荷頭数
：4,200頭

◆主要卸売企業
：コープあおもり

◆輸出実績国・地域
：—

◆今後の輸出意欲
：有

販売指定店制度について

指定店制度：有
販促ツール：シール

特長

- ＨＡＣＣＰ推進とトレーサビリティへの取り組み。
- 地域循環型農畜産業への取り組み（地産地消）
- 飼料米を与えることで甘みがある（一般豚と比べて還元糖値が約２倍）

概要

管理主体：㈲みのる養豚
代表者：中野渡　稔　社長
所在地：十和田市東十四番町17-28
電話：0176-25-2211
FAX：0176-25-1129
URL：—
メールアドレス：yoton@xg7.so-net.ne.jp

青　森　県

つがるぶた
つがる豚

つがる豚

飼育管理

出荷日齢：180日齢
出荷体重：112kg
指定肥育地・牧場
：木村牧場
飼料の内容
：自家配合飼料、液餌（エコフィード）

商標登録・GI登録・銘柄規約について

商標登録の有無：有
登録取得年月日：2010年10月1日

GI登録：ー

銘柄規約の有無：ー
規約設定年月日：ー
規約改定年月日：ー

農場HACCP・JGAPについて

農場HACCP：有（2017年3月9日）
JGAP：有（2018年3月30日）

交配様式

ハイポー

主な流通経路および販売窓口

◆主なと畜場
：日本フードパッカー津軽、スターゼンミートプロセッサー青森工場
三沢ポークセンター
◆主な処理場
：同上
◆年間出荷頭数
：33,000頭
◆主要卸売企業
：日本フードパッカー津軽
◆輸出実績国・地域
：香港
◆今後の輸出意欲
：有

販売指定店制度について

指定店制度：ー
販促ツール：のぼり、チラシ、シール

特長

- 飼料用米を4割以上と食品リサイクル原料をかけ合わせて液状にしたエコフィードの飼料を給与し、飼育しています。
- さっぱりとした良質の脂のうまみと、軟らかくてジューシーな食感のバランスが絶妙です。
- 健康な体を維持するために必要なビタミンB_1とオレイン酸が一般の豚肉よりも豊富で、うまみ成分であるグルタミン酸は通常の豚肉の2倍含まれています。

概要

管理主体：㈱木村牧場
代表者：木村　洋文
所在地：つがる市木造丸山竹鼻118-5
電話：0173-26-4177
FAX：0173-26-3688
URL：www.kimurafarm.jp
メールアドレス：tsugarubuta@kmfarm.co.jp

青　森　県

とわだがーりっくぽーく
十和田ガーリックポーク

飼育管理

出荷日齢：175日齢
出荷体重：115kg
指定肥育地・牧場
：県内
飼料の内容
：60日以上指定配合飼料給与

商標登録・GI登録・銘柄規約について

商標登録の有無：有
登録取得年月日：2014年7月11日

GI登録：未定

銘柄規約の有無：ー
規約設定年月日：ー
規約改定年月日：ー

農場HACCP・JGAPについて

農場HACCP：取り組み中
JGAP：認証済

交配様式

雌　（大ヨークシャー（雌）×ランドレース（雄））
×
雄　デュロック

主な流通経路および販売窓口

◆主なと畜場
：十和田食肉センター
◆主な処理場
：同上
◆年間出荷頭数
：16,000頭
◆主要卸売企業
：自社を含む
◆輸出実績国・地域
：ー
◆今後の輸出意欲
：有

販売指定店制度について

指定店制度：有
販促ツール：シール

特長

- ＨＡＣＣＰ推進とトレーサビリティへの取り組み。
- 地域循環型農畜産業への取り組み（地産地消）

概要

管理主体：㈲みのる養豚
代表者：中野渡　稔　社長
所在地：十和田市東十四番町17-28
電話：0176-25-2211
FAX：0176-25-1129
URL：ー
メールアドレス：yoton@xg7.so-net.ne.jp

青　森　県

はせがわのしぜんじゅくせいとん

長谷川の自然熟成豚

飼育管理

出荷日齢：300日齢

出荷体重：90～110kg

指定肥育地・牧場
：長谷川自然牧場

飼料の内容
：自家配合飼料

商標登録・GI登録・銘柄規約について

商標登録の有無：有
登録取得年月日：2013年10月25日

G　I　登　録：未定

銘柄規約の有無：－
規約設定年月日：－
規約改定年月日：－

農場HACCP・JGAPについて

農場HACCP：申請中
JGAP：－

交配様式

雌　（ランドレース（雌）×大ヨークシャー（雄））
×
雄　デュロック

主な流通経路および販売窓口

◆主な と畜場
：十和田食肉センター

◆主な処理場
：自社

◆年間出荷頭数
：800～960頭

◆主要卸売企業
：伊藤ハム、十和田ミート

◆輸出実績国・地域
：－

◆今後の輸出意欲
：－

販売指定店制度について

指定店制度：－
販促ツール：シール

特長

- 自家配合による薬品（ホルモン剤、抗生物質など）投与なしの、安全で安心して食べられる肉です。
- 通常より長く飼育し、放牧と同様の扱いをして、肉質、味などは昔の味を思い起こす、コクのあるおいしい豚肉です。
- 発酵菌を培養し、炭、木酢をフル活用した豚肉です。

概要

管理主体：長谷川自然牧場㈱
代表者：長谷川　光司
所在地：西津軽郡鰺ヶ沢町大字北浮田30
電話：0173-72-6579
FAX：0173-72-3180
URL：－
メールアドレス：－

岩　手　県

あいこーぷとん

アイコープ豚

飼育管理

出荷日齢：180日齢

出荷体重：105～120kg

指定肥育地・牧場
：紫波町・矢巾町の契約農場

飼料の内容
：指定配合飼料（IPとうもろこし・国産飼料米ほか）

商標登録・GI登録・銘柄規約について

商標登録の有無：－
登録取得年月日：－

ＧＩ登録：未定

銘柄規約の有無：有
規約設定年月日：1990年11月１日
規約改定年月日：－

農場HACCP・JGAPについて

農場HACCP：－
ＪＧＡＰ：－

交配様式

雌（ランドレース（雌）×大ヨークシャー（雄））
×
雄　デュロック

雌（大ヨークシャー×ランドレース）
×
雄　デュロック

＜ゼンノーハイコープＳＰＦ豚＞

主な流通経路および販売窓口

◆主なと畜場
：いわちく

◆主な処理場
：同上

◆年間出荷頭数
：15,000頭

◆主要卸売企業
：全農岩手県本部

◆輸出実績国・地域
：－

◆今後の輸出意欲
：－

販売指定店制度について

指定店制度：有
販促ツール：－

特長

● より安全・安心・おいしい豚肉を追求し、出荷までの４カ月間は抗生物質や抗菌剤は与えず、非遺伝子組み換えIPとうもろこしを使用し、タンパク質源として良質な植物性原料のみを使用しているため、おいしい赤身と脂に仕上がっている。

概要

管理主体	アイコープ豚生産者の会	電話	019-676-3512
代表者	七木田　一也	FAX	019-672-1595
所在地	紫波郡紫波町桜町上野沢38-1（ＪＡいわて中央畜産課内）	URL	－
		メールアドレス	－

岩　手　県

いさわえすぴーえふじようとん

いさわSPF地養豚

飼育管理

出荷日齢：180日齢

出荷体重：115kg

指定肥育地・牧場
：－

飼料の内容
：生後120日齢より小麦20%給与
天然素材豚用地養素

商標登録・GI登録・銘柄規約について

商標登録の有無：－
登録取得年月日：－

ＧＩ登録：－

銘柄規約の有無：－
規約設定年月日：－
規約改定年月日：－

農場HACCP・JGAPについて

農場HACCP：－
ＪＧＡＰ：－

交配様式

雌（ランドレース（雌）×大ヨークシャー（雄））
×
雄　デュロック

主な流通経路および販売窓口

◆主なと畜場
：宮城県食肉流通公社、東京食肉市場

◆主な処理場
：同上

◆年間出荷頭数
：5,700頭

◆主要卸売企業
：伊藤ハム米久ホールディングス、東京食肉市場

◆輸出実績国・地域
：－

◆今後の輸出意欲
：－

販売指定店制度について

指定店制度：－
販促ツール：シール、のぼり

特長

● 生後120日齢より飼料に天然素材（豚用地養素）と小麦20%を添加し、豚の体質を改善。
● 脂肪が白く豚肉特有の臭みがなく、コクとうま味に富んだ豚肉。
● 日本ＳＰＦ豚協会認定農場。

概要

管理主体	㈲胆沢養豚	電話	0197-52-6537
代表者	高橋　渉　代表取締役	FAX	0197-52-6536
所在地	奥州市胆沢区小山萩森149	URL	－
		メールアドレス	－

岩手県

いわちゅうぽーく

岩中ポーク

飼育管理

出荷日齢：180日齢

出荷体重：110〜120kg

指定肥育地・牧場
：岩手県

飼料の内容
：専用指定配合飼料

商標登録・GI登録・銘柄規約について

商標登録の有無：有
登録取得年月日：2005年3月8日

G I 登 録：未定

銘柄規約の有無：有
規約設定年月日：1995年4月1日
規約改定年月日：ー

農場 HACCP・JGAPについて

農場 HACCP：無
J G A P：北上農場で認定

交配様式

雌 （ランドレース（雌）×大ヨークシャー（雄））
×
雄 デュロック
<SPF管理>

主な流通経路および販売窓口

◆主なと畜場
：東京都食肉市場、いわちく、仙台市食肉市場

◆主な処理場
：同上

◆年間出荷頭数
：28,000頭

◆主要卸売企業
：伸越商事、石橋ミート、仙台市食肉市場、いわちく

◆輸出実績国・地域
：ー

◆今後の輸出意欲
：有

販売指定店制度について

指定店制度：有
販促ツール：シール、のぼり、ポスター

特長

- 種豚と飼料にこだわり、全国的に「岩中ブランド」として評価の高い豚肉。
- 麦、ビタミン、ミネラル類の選択的強化により抜群の鮮度保持を保ち、まろやかなうま味を引き出す。

概要

管理主体：ケイアイファウム
代表者：宮地 博史
所在地：北上市二子町明神218
電話：0197-66-2534
FAX：0197-66-2767
URL：www.ki-farm.co.jp
メールアドレス：kifarm@piano.ocn.ne.jp

岩手県

いわてさんろくけんこうとん　こまくさとちゅうちゃぽーく

岩手山麓健康豚
コマクサ杜仲茶ポーク

飼育管理

出荷日齢：170日齢

出荷体重：108〜120kg

指定肥育地・牧場
：八幡平市

飼料の内容
：指定配合飼料

商標登録・GI登録・銘柄規約について

商標登録の有無：有
登録取得年月日：ー

G I 登 録：未定

銘柄規約の有無：有
規約設定年月日：1992年2月29日
規約改定年月日：2006年10月30日

農場 HACCP・JGAPについて

農場 HACCP：ー
J G A P：ー

交配様式

雌 （ランドレース（雌）×大ヨークシャー（雄））
×
雄 デュロック

主な流通経路および販売窓口

◆主なと畜場
：庄内食肉公社、仙台市食肉市場、いわちく、三沢畜産公社

◆主な処理場
：太田産商、いわちく、肉の横沢、スターゼン

◆年間出荷頭数
：70,000頭

◆主要卸売企業
：太田産商、いわちく、肉の横沢、スターゼン

◆輸出実績国・地域
：ー

◆今後の輸出意欲
：ー

販売指定店制度について

指定店制度：ー
販促ツール：ー

特長

- 35 kgから出荷まで、杜仲茶葉を微粉末にして、飼料に混ぜ食べさせている。

概要

管理主体：㈲コマクサファーム
代表者：遠藤 勝哉
所在地：八幡平市大更1-238-1
電話：0195-76-4719
FAX：0195-75-2167
URL：ー
メールアドレス：ー

岩手県

いわてじゅんじょうぶた

岩手純情豚

飼育管理

出荷日齢：約170日齢
出荷体重：約115kg
指定肥育地・牧場
：八幡平ファームほか
飼料の内容
：指定配合飼料。特殊プレミックス

商標登録・GI 登録・銘柄規約について

商標登録の有無：ー
登録取得年月日：ー
G I 登録：未定
銘柄規約の有無：ー
規約設定年月日：ー
規約改定年月日：ー

農場 HACCP・JGAP について

農場 HACCP：ー
J G A P：ー

交配様式

雌 （ランドレース[雌] × 大ヨークシャー[雄]）
×
雄 デュロック

雌 （大ヨークシャー × ランドレース）
×
雄 デュロック
が主体

主な流通経路および販売窓口

◆主なと畜場
：久慈食肉処理場、いわちく
◆主な処理場
：同上
◆年間出荷頭数
：40,000 頭
◆主要卸売企業
：全農岩手県本部、全農ミートフーズ
◆輸出実績国・地域
：ー
◆今後の輸出意欲
：ー

販売指定店制度について

指定店制度：有
販促ツール：シールほか

特長

- 優秀な系統豚による斉一性の高い豚肉。
- 天然ミネラル給与により肉質が優れ、豚肉の食味に優れた肉に仕上げられている。

概要

管理主体	八幡平ファームほか	電話	ー
代表者	阿部　正樹	FAX	ー
所在地	九戸郡洋野町阿子木第 12 地割 33-127	URL	ー
		メールアドレス	ー

岩手県

おりつめさんげんとんさすけ

折爪三元豚「佐助」

飼育管理

出荷日齢：180日齢前後
出荷体重：120kg
指定肥育地・牧場
：軽米町・自社農場
飼料の内容
：配合飼料、仕上げ期はオリジナル指定配合飼料を給与

商標登録・GI 登録・銘柄規約について

商標登録の有無：有
登録取得年月日：ー
G I 登録：未定
銘柄規約の有無：ー
規約設定年月日：ー
規約改定年月日：ー

農場 HACCP・JGAP について

農場 HACCP：ー
J G A P：ー

交配様式

雌 （ランドレース[雌] × 大ヨークシャー[雄]）
×
雄 デュロック

主な流通経路および販売窓口

◆主なと畜場
：三沢食肉センター
◆主な処理場
：自社
◆年間出荷頭数
：9,000 頭
◆主要卸売企業
：ー
◆輸出実績国・地域
：ー
◆今後の輸出意欲
：有

販売指定店制度について

指定店制度：ー
販促ツール：シール、のぼり、POPなど

特長

- 久慈ファームの創設者「久慈佐助」にちなんで付けられた名前。
- 肉質は獣臭さがまったくなく、脂は低い温度でも溶けやすく、いったん冷めた肉も、脂が口に残らない。口溶けの良い脂が特長。
- トレーサビリティーができた内臓も出荷できる。

概要

管理主体	久慈ファーム㈲	電話	0195-23-3491
代表者	久慈　剛志　取締役社長	FAX	0195-23-3490
所在地	二戸市下斗米字十文字 50-12	URL	www.sasukebuta.co.jp
		メールアドレス	info@sasukebuta.co.jp

北海道
青森県
岩手県
宮城県
秋田県
山形県
福島県
茨城県
栃木県
群馬県
埼玉県
千葉県
東京都
神奈川県
山梨県
長野県
新潟県
富山県
石川県
福井県
岐阜県
静岡県
愛知県
三重県
滋賀県
京都府
大阪府
兵庫県
奈良県
鳥取県
島根県
岡山県
広島県
山口県
徳島県
香川県
愛媛県
福岡県
佐賀県
長崎県
熊本県
大分県
宮崎県
鹿児島県
沖縄県
全　国

岩　手　県

たてがもりこうげんぶた
館ヶ森高原豚

Ark館ヶ森

飼育管理

出荷日齢：180日齢前後

出荷体重：120kg

指定肥育地・牧場
：アーク藤沢農場

飼料の内容
：指定配合飼料

商標登録・GI登録・銘柄規約について

商標登録の有無：有
登録取得年月日：1997年10月3日

GI登録：未定

銘柄規約の有無：有
規約設定年月日：ー
規約改定年月日：ー

農場HACCP・JGAPについて

農場HACCP：有（2013年4月25日）
JGAP：有（2017年10月20日）

交配様式

雌　バブコック・スワイン（ランドレース・大ヨークシャー）
×
雄　デュロック

主な流通経路および販売窓口

◆主な畜場
：いわちく、宮城県食肉流通公社

◆主な処理場
：同上

◆年間出荷頭数
：24,000頭

◆主要卸売企業
：ー

◆輸出実績国・地域
：ベトナム

◆今後の輸出意欲
：有

販売指定店制度について

指定店制度：ー
販促ツール：ラベル、ポスターなど

特長

- バブコック・スワイン種は米国肉質格付協会で、初めて肉質の特許を取得している品種。
- 肥育飼料の主原料は非遺伝子組換原料を使用し、マイロ、麦類、米、ハーブを配合したオリジナル飼料を給餌。また、動物性由来の原料を使用していないため、肉の臭みも少ない。
- 農場HACCP+JGAP認証農場。

概要

管理主体：㈱アーク【Ark館ヶ森】
代表者：橋本　晋栄
所在地：一関市藤沢町黄海字上中山89
電話：0191-63-5151
FAX：0191-63-5083
URL：www.arkfarm.co.jp
メールアドレス：tategamori@arkfarm.co.jp

岩　手　県

たてがもりこうげんぶたのあ
館ヶ森高原豚ノア

Ark館ヶ森

飼育管理

出荷日齢：170〜180日齢前後

出荷体重：120kg

指定肥育地・牧場
：アーク坂の上農場、黒木の沢農場

飼料の内容
：指定配合飼料

商標登録・GI登録・銘柄規約について

商標登録の有無：ー
登録取得年月日：ー

GI登録：未定

銘柄規約の有無：有
規約設定年月日：ー
規約改定年月日：ー

農場HACCP・JGAPについて

農場HACCP：有（2013年4月25日）
JGAP：有（2017年10月20日）

交配様式

雌　ダンブレッド（ランドレース・大ヨークシャー）
×
雄　デュロック

主な流通経路および販売窓口

◆主な畜場
：宮城県食肉流通公社

◆主な処理場
：いわちく、栗食、日本フードパッカー青森工場

◆年間出荷頭数
：110,000頭

◆主要卸売企業
：ー

◆輸出実績国・地域
：ー

◆今後の輸出意欲
：有

販売指定店制度について

指定店制度：ー
販促ツール：ラベル、ポスターなど

特長

- デンマークで畜種改良された品種であり、赤身の濃さ、うまみが特徴的。
- 肥育飼料の主原料は非遺伝子組換原料を使用し、マイロ、麦類、飼料米、ハーブを配合したオリジナル飼料を給餌。
- 動物性由来原料を使用していないため肉の臭みも少ない。
- 農場HACCPやJGAP認証農場。

概要

管理主体：㈱アーク【Ark館ヶ森】
代表者：橋本　晋栄
所在地：一関市藤沢町黄海字上中山89
電話：0191-63-5151
FAX：0191-63-5083
URL：www.arkfarm.co.jp
メールアドレス：tategamori@arkfarm.co.jp

岩　手　県

とおのほっぷとん
遠野ホップ豚

飼育管理

出荷日齢：平均165日齢

出荷体重：100～126kg

指定肥育地・牧場
：いわて清流ファーム

飼料の内容
：遠野産ホップ使用のビール粕を含む専用飼料

商標登録・GI 登録・銘柄規約について

商標登録の有無：有
登録取得年月日：2017 年 9 月15日

G　I　登　録：未定

銘柄規約の有無：有
規約設定年月日：2017 年12月13日
規約改定年月日：ー

農場 HACCP・JGAP について

農場 HACCP：有（2019年4月16日）
J　G　A　P：ー

交配様式

ピクア

主な流通経路および販売窓口

◆主 な と 畜 場
：三沢食肉処理センター

◆主 な 処 理 場
：スターゼンミートプロセッサー

◆年 間 出 荷 頭 数
：33,600 頭

◆主 要 卸 売 企 業
：スターゼンミートプロセッサー

◆輸出実績国・地域
：ー

◆今後の輸出意欲
：ー

販売指定店制度について

指定店制度：ー
販促ツール：シール、ポスターなど

特長

● ホップが持つ抗酸化作用により鮮度が長持ちし、ドリップが少なく、肉のうまみをしっかりとキープしたジューシーな味わい。

概要

管 理 主 体：㈱いわて清流ファーム
代 表 者：伊藤　仁一　代表取締役
所 在 地：気仙郡住田町上有住字新田 94-143
電　話：0192-48-3251
F A X：0192-48-3010
U R L：seiryufarm.co.jp
メールアドレス：iwateseiryuufarm@gmail.com

岩　手　県

なんぶふくぶた
南部福来豚

飼育管理

出荷日齢：145～175日齢

出荷体重：約110kg

指定肥育地・牧場
：第1肥育農場

飼料の内容
：指定配合飼料（系統）。海藻、ゴマ（胡麻）

商標登録・GI 登録・銘柄規約について

商標登録の有無：有
登録取得年月日：2008 年 3 月11日

G　I　登　録：ー

銘柄規約の有無：有
規約設定年月日：1986 年11月26日
規約改定年月日：ー

農場 HACCP・JGAP について

農場 HACCP：ー
J　G　A　P：ー

交配様式

雌（雌 ランドレース × 雄 大ヨークシャー）× 雄 デュロック

雌（大ヨークシャー × ランドレース）× 雄 デュロック

＜ゼンノーハイコープＳＰＦ豚＞

主な流通経路および販売窓口

◆主 な と 畜 場
：いわちく、久慈食肉処理場

◆主 な 処 理 場
：いわちく久慈工場

◆年 間 出 荷 頭 数
：10,000 頭

◆主 要 卸 売 企 業
：ＪＡ全農岩手県本部

◆輸出実績国・地域
：ー

◆今後の輸出意欲
：ー

販売指定店制度について

指定店制度：ー
販促ツール：ー

特長

● 血統が明確で、SPF豚種を利用したおいしい豚肉。
● 海藻粉末を利用した天然ミネラルの給与により風味、甘みを強化。ヘルシー穀物ごまの添加により、抗酸化作用を増強。
● 大麦、キャッサバ配合により、良質な脂、肉質を保持。
● 疲れによく効くクエン酸給与により腸内が酸性化され、善玉菌の発育促進。
● 動物タンパクとして、魚粉・肉骨粉の未使用により、獣臭排除。

概要

管 理 主 体：㈱のだファーム
代 表 者：平谷　東英　代表取締役
所 在 地：九戸郡野田村 20-10
電　話：0194-71-1179
F A X：0194-75-3127
U R L：ー
メールアドレス：youton@bejge.plala.or.jp

岩手県

にっぽんのぶた　やまとぶた

日本の豚　やまと豚

飼育管理

出荷日齢：170日齢
出荷体重：115kg
指定肥育地・牧場
：－
飼料の内容
：とうもろこしを主体とした自社設計配合飼料

商標登録・GI登録・銘柄規約について

商標登録の有無：有
登録取得年月日：2003年5月30日

G　I　登　録：－

銘柄規約の有無：有
規約設定年月日：2001年6月1日
規約改定年月日：2003年6月1日

農場 HACCP・JGAP について

農場 HACCP：－
J　G　A　P：有（2021年4月27日、団体認証更新）

交配様式

（ランドレース×大ヨークシャー）
×
デュロック

主な流通経路および販売窓口

◆主なと畜場
：神奈川食肉センター、いわちく、福島県食肉流通センター
◆主な処理場
：神奈川ミートパッカー、いわちくほか
◆年間出荷頭数
：250,000頭（フリーデングループ）
◆主要卸売企業
：フリーデン
◆輸出実績国・地域
：－
◆今後の輸出意欲
：－

販売指定店制度について

指定店制度：－
販促ツール：－

特長

- 「日本の豚やまと豚」として岩手県、群馬県、秋田県など広域で生産している。
- とうもろこしを主体とした純植物性の自社設計の配合飼料で肥育。
- 脂肪に甘味があり、きめ細かい軟らかな肉質。
- 日本の畜産業として初めてとなるJGAP認証を取得（現在は団体認証）

概要

管理主体：㈱フリーデン
代表者：小俣　勝彦
所在地：神奈川県平塚市南金目227
電話：0463-58-0123
FAX：0463-58-6314
URL：www.frieden.jp
メールアドレス：info@frieden.co.jp

岩手県

にっぽんのぶた　やまとぶたまいらぶ

日本の豚　やまと豚米らぶ

飼育管理

出荷日齢：170日齢
出荷体重：110～120kg
指定肥育地・牧場
：－
飼料の内容
：とうもろこしと粉砕した飼料米を主原料とした自社設計配合飼料

商標登録・GI登録・銘柄規約について

商標登録の有無：有
登録取得年月日：－

G　I　登　録：

銘柄規約の有無：有
規約設定年月日：2008年1月
規約改定年月日：－

農場 HACCP・JGAP について

農場 HACCP：－
J　G　A　P：有（2021年4月27日、団体認証更新）

交配様式

（ランドレース×大ヨークシャー）
×
デュロック

主な流通経路および販売窓口

◆主なと畜場
：神奈川食肉センターほか
◆主な処理場
：自社加工場
◆年間出荷頭数
：20,000頭
◆主要卸売企業
：フリーデン
◆輸出実績国・地域
：－
◆今後の輸出意欲
：－

販売指定店制度について

指定店制度：－
販促ツール：－

特長

- 大東地域の農家が栽培した飼料米を与え、品質の高さを売りにブランド化。
- 肥育段階で米を食べた豚は、悪玉コレステロール値を下げる働きをするといわれるオレイン酸が増加し、一方で過剰に摂取すると善玉コレステロールを減らしてしまうといわれるリノール酸が少なくなるなど、肉質が向上する。

概要

管理主体：㈱フリーデン
代表者：小俣　勝彦
所在地：神奈川県平塚市南金目227
電話：0463-58-0123
FAX：0463-58-6314
URL：www.frieden.jp
メールアドレス：info@frieden.co.jp

岩手県

はちまんたいぽーくあい

八幡平ポークあい

飼育管理

出荷日齢：150〜160日齢

出荷体重：105〜115kg

指定肥育地・牧場
：ー

飼料の内容
：指定配合飼料（系統）

商標登録・GI 登録・銘柄規約について

商標登録の有無：有
登録取得年月日：2005年3月28日

GI登録：ー

銘柄規約の有無：ー
規約設定年月日：ー
規約改定年月日：ー

農場 HACCP・JGAP について

農場 HACCP：ー
JGAP：ー

交配様式

雌（大ヨークシャー（雌）×ランドレース（雄））× 雄 デュロック

雌（ランドレース×大ヨークシャー）× 雄 デュロック

<ゼンノーハイコープＳＰＦ豚>

主な流通経路および販売窓口

◆主なと畜場
：いわちく、久慈広域食肉処理場

◆主な処理場
：いわちく

◆年間出荷頭数
：40,000頭

◆主要卸売企業
：ＪＡ全農岩手県本部

◆輸出実績国・地域
：ー

◆今後の輸出意欲
：ー

販売指定店制度について

指定店制度：ー
販促ツール：ー

特長

- SPF 認定農場として、疾病に対して厳格な防疫管理をしています。
- 家畜診療所を持ち、専属獣医師が日々、豚の健康管理をしています。
- EU先進技術による空調・温度管理コンピュータシステムを取り入れ、快適な飼育環境です。
- 北日本くみあい飼料による完全配合飼料を使用し、自主調達原料は一切使いません。

概要

管理主体：農事組合法人八幡平ファーム
代表者：阿部　正樹
所在地：九戸郡洋野町阿子木 12-33-127
電話：0194-77-5348
FAX：0194-77-5349
URL：ー
メールアドレス：yohton.ohno@cup.ocn.ne.jp

岩手県

はっきんとんぷらちなぽーく

白金豚プラチナポーク

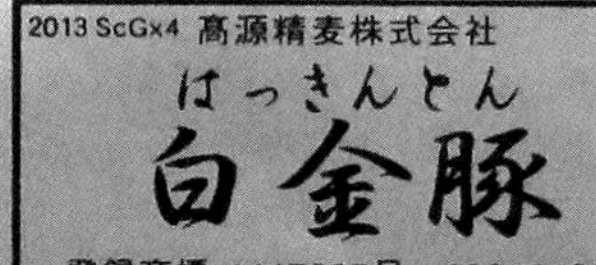

飼育管理

出荷日齢：220日齢

出荷体重：105〜130kg

指定肥育地・牧場
：花巻市内３農場

飼料の内容
：NON-GMO穀物、国産コーン、SGS米ほか

商標登録・GI 登録・銘柄規約について

商標登録の有無：有
登録取得年月日：2001年1月28日

GI登録：ー

銘柄規約の有無：有
規約設定年月日：1999年4月2日
規約改定年月日：ー

農場 HACCP・JGAP について

農場 HACCP：ー
JGAP：ー

交配様式

雌（ランドレース（雌）×大ヨークシャー（雄））× 雄 バークシャー

主な流通経路および販売窓口

◆主なと畜場
：岩手畜産流通センター

◆主な処理場
：自社工場

◆年間出荷頭数
：10,700頭

◆主要卸売企業
：自社

◆輸出実績国・地域
：香港（2021年1月から休止）

◆今後の輸出意欲
：有

販売指定店制度について

指定店制度：ー
販促ツール：ー

特長

- きめ細かな肉質で、やさしい歯ごたえがあり、ひとかみで口いっぱいにうま味が広がります。
- 花巻の風土、水と空気が育んだうま味がコンセプト。
- 名前の由来は、地元の偉人、宮沢賢治の作品から引用している。
- 2013年より香港への輸出開始（CSF ワクチンのため現在休止）

概要

管理主体：高源精麦㈱
代表者：高橋　誠　代表取締役
所在地：花巻市大通り 1-21-1
電話：0198-22-2811
FAX：0198-22-2600
URL：www.meat.co.jp
メールアドレス：takagen@meat.co.jp

岩　手　県

りゅうぜんどうくろぶた

龍泉洞黒豚

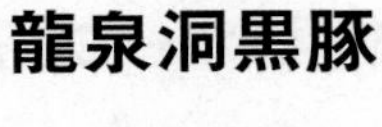

飼育管理

出荷日齢：210日齢

出荷体重：115kg

指定肥育地・牧場
：下閉伊郡岩泉町

飼料の内容
：仕上げ期に専用飼料

商標登録・GI 登録・銘柄規約について

商標登録の有無：有
「黒豚真二郎」のみ登録
（いわちくが取得）

登録取得年月日：ー

G I 登　録：未定

銘柄規約の有無：ー
規約設定年月日：ー
規約改定年月日：ー

農場 HACCP・JGAP について

農場 HACCP：ー
J G A P：ー

交配様式

バークシャー

主な流通経路および販売窓口

◆主なと畜場
：いわちく

◆主な処理場
：同上

◆年間出荷頭数
：1,600 頭

◆主要卸売企業
：全農岩手県本部

◆輸出実績国・地域
：ー

◆今後の輸出意欲
：ー

販売指定店制度について

指定店制度：有
販促ツール：ー

特長

- 仕上げ期の飼料は黒豚専用飼料で黒豚独自の脂肪のうま味を強調するため、トウモロコシの量を抑え、マイロと大麦を増量。
- キャッサバ（イモ類）を増量し、脂肪の質を向上させ、木酢液、よもぎ粉末、海藻を添加し獣臭をなくしている。
- 210 日以上飼育し、肉のうま味にこだわっている。種豚は育成期も放牧し、足腰を鍛えてから種豚に用いている。

概要

管理主体：㈲龍泉洞黒豚ファーム
代表者：高橋　雅子
所在地：下閉伊郡岩泉町上有芸字向平 91

電話：0194-27-2222
FAX：0194-27-2850
URL：www.ryusendokurobuta.com
メールアドレス：info@ryusendokurobuta.com

宮城県

しもふりれっど

しもふりレッド

飼育管理

出荷日齢：約180日齢

出荷体重：110～120kg

指定肥育地・牧場
：宮城県内

飼料の内容
：

商標登録・GI登録・銘柄規約について

商標登録の有無：有
登録取得年月日：2003年6月20日

G I 登 録：ー

銘柄規約の有無：ー
規約設定年月日：ー
規約改定年月日：ー

農場 HACCP・JGAP について

農場 HACCP：ー
JGAP：ー

交配様式

デュロック

主な流通経路および販売窓口

◆主なと畜場
：宮城県食肉流通公社、仙台市食肉市場

◆主な処理場
：同上

◆年間出荷頭数
：1,100頭

◆主要卸売企業
：ー

◆輸出実績国・地域
：ー

◆今後の輸出意欲
：ー

販売指定店制度について

指定店制度：ー
販促ツール：シール

特長

- アメリカ原産のデュロック種という赤毛の品種を名前の由来とし、「霜降り」にこだわり、肉のおいしさを求めて7世代かけて改良された豚の肉。
- 一般的な同品種（改良前）に比べて1％程度ロース内の脂肪含有量が高く、軟らかさと弾力性に富み、食肉のうまみ成分の1つとして知られている「オレイン酸」を多く含んでいる。

概要

管理主体	しもふりレッド等銘柄推進連絡会議	電話	022-211-2853
代表者	宮城県農政部畜産課　鈴木　秀彦	FAX	022-211-2859
所在地	仙台市青葉区本町 3-8-1	URL	ー
		メールアドレス	ー

宮城県

じゃぱんえっくす

JAPAN X

飼育管理

出荷日齢：150日齢

出荷体重：115kg

指定肥育地・牧場
：宮城県刈田郡蔵王町・蔵王ファーム

飼料の内容
：指定配合飼料

商標登録・GI登録・銘柄規約について

商標登録の有無：有
登録取得年月日：2012年9月21日

G I 登 録：未定

銘柄規約の有無：ー
規約設定年月日：ー
規約改定年月日：ー

農場 HACCP・JGAP について

農場 HACCP：ー
JGAP：ー

交配様式

雌 （大ヨークシャー［雌］×ランドレース［雄］）
×
雄 デュロック

主な流通経路および販売窓口

◆主なと畜場
：仙台市食肉市場

◆主な処理場
：同上

◆年間出荷頭数
：70,000頭

◆主要卸売企業
：丸山

◆輸出実績国・地域
：ー

◆今後の輸出意欲
：有

販売指定店制度について

指定店制度：ー
販促ツール：パネル、シール、のぼり、小冊子

特長

- 豚特有の呼吸器疾患を排除した環境で、WLD の三元豚を種豚から自社で生産し、種豚から肉豚までを一貫して、衛生的で安全な生産システムを構築しています。
- 健康な豚肉の為、肉のアミノ酸が旨味成分に変わり、臭いのないしっかりした甘味が特長です。
- ゆったりとしたストレスの少ない飼育管理を心がけ、健康的で発育の早い生産を実現しています。
- 枝肉重量平均 75kg 基準とし、その正肉歩留まりも 74％基準で実現しています。

概要

管理主体	農事組合法人蔵王ファーム	電話	0224-33-3550
代表者	佐藤　義則	FAX	0224-33-2088
所在地	刈田郡蔵王町塩沢字神前 201	URL	www.japanx.co.jp
		メールアドレス	tomoyuki@maruyama.biz

宮城県

じゅくせいびとん
熟成美豚

飼育管理

出荷日齢：210日齢

出荷体重：約115kg

指定肥育地・牧場
：—

飼料の内容
：指定配合飼料

商標登録・GI登録・銘柄規約について

商標登録の有無：有
登録取得年月日：2012年4月2日

GI登録：

銘柄規約の有無：有
規約設定年月日：2012年
規約改定年月日：—

農場HACCP・JGAPについて

農場HACCP：—
JGAP：—

交配様式

雌（ランドレース×バークシャー）× 雄 デュロック

主な流通経路および販売窓口

◆主な畜場
：宮城県食肉流通公社

◆主な処理場
：同上

◆年間出荷頭数
：1,000頭

◆主要卸売企業
：ＢＢカンパニー、マルハチ

◆輸出実績国・地域
：—

◆今後の輸出意欲
：—

販売指定店制度について

指定店制度：—
販促ツール：シール、のぼり

特長

- 豚特有の臭みがなく、保水性に優れ、日持ちが良い。

概要

管理主体	㈲久保畜産	電話	0220-55-2029
代表者	久保　勇	FAX	0220-55-2901
所在地	登米市米山町中津山字三方江120	URL	—
		メールアドレス	—

宮城県

しわひめぽーく
志波姫ポーク

飼育管理

出荷日齢：172日齢

出荷体重：112kg

指定肥育地・牧場
：—

飼料の内容
：指定配合飼料

商標登録・GI登録・銘柄規約について

商標登録の有無：—
登録取得年月日：—

GI登録：

銘柄規約の有無：—
規約設定年月日：—
規約改定年月日：—

農場HACCP・JGAPについて

農場HACCP：—
JGAP：—

交配様式

雌（ランドレース×大ヨークシャー）× 雄 デュロック

主な流通経路および販売窓口

◆主な畜場
：宮城県食肉流通公社、仙台中央食肉卸売市場

◆主な処理場
：同上

◆年間出荷頭数
：6,000頭

◆主要卸売企業
：全農宮城県本部

◆輸出実績国・地域
：—

◆今後の輸出意欲
：—

販売指定店制度について

指定店制度：—
販促ツール：—

特長

- 豚特有の臭みがなく、きめ細かな肉質で軟らかい。
- 保水性がある。
- 冷めてもおいしく食べられる。

概要

管理主体	㈱しわひめスワイン	電話	0228-22-3817
代表者	石川　輝芳　代表取締役	FAX	0228-23-7219
所在地	栗原市志波姫刈敷上袋81-1	URL	—
		メールアドレス	suwain@mx51.et.tiki.ne.jp

宮城県

だてのじゅんすいあかぶた

伊達の純粋赤豚

飼育管理

出荷日齢：190日齢

出荷体重：115kg

指定肥育地・牧場
：宮城県内

飼料の内容
：伊達の純粋赤豚飼養基準

商標登録・GI登録・銘柄規約について

商標登録の有無：有
登録取得年月日：2002年9月13日

GI登録：未定

銘柄規約の有無：—
規約設定年月日：—
規約改定年月日：—

農場HACCP・JGAPについて

農場HACCP：—
JGAP：—

交配様式

デュロック

主な流通経路および販売窓口

◆主なと畜場
：宮城県食肉流通公社

◆主な処理場
：同上

◆年間出荷頭数
：2,000頭

◆主要卸売企業
：—

◆輸出実績国・地域
：香港

◆今後の輸出意欲
：—

販売指定店制度について

指定店制度：有
販促ツール：納品証明書（期限付き）

特長

- 子豚、肉豚用飼料は指定。
- 肉質は全頭食べて検査（検食）
- 自社農場をはじめ、契約農場で繁殖、飼育を行っている。

概要

管理主体	㈲伊豆沼農産	電話	0220-28-2986
代表者	伊藤　秀雄	FAX	0220-28-2987
所在地	登米市迫町新田字前沼149-7	URL	www.izunuma.co.jp
		メールアドレス	info@izunuma.co.jp

宮城県

まぼろしのしまぶた

幻の島豚

飼育管理

出荷日齢：300日齢

出荷体重：約115～125kg

指定肥育地・牧場
：—

飼料の内容
：育成期以降、飼料穀物非遺伝子組合育成期以降、抗菌性物質無添加

商標登録・GI登録・銘柄規約について

商標登録の有無：有
登録取得年月日：2009年11月10日

GI登録：—

銘柄規約の有無：有
規約設定年月日：1995年
規約改定年月日：—

農場HACCP・JGAPについて

農場HACCP：—
JGAP：—

交配様式

島豚

主な流通経路および販売窓口

◆主なと畜場
：宮城県食肉流通公社

◆主な処理場
：同上

◆年間出荷頭数
：—

◆主要卸売企業
：リヤンド松浦、全農宮城県本部

◆輸出実績国・地域
：—

◆今後の輸出意欲
：—

販売指定店制度について

指定店制度：—
販促ツール：—

特長

- 非遺伝子組み換えの穀物飼料を用いた安全な豚肉を生産しています。
- きめが細かく、軟らかく、脂肪が真っ白で甘みがある。

概要

管理主体	㈲久保畜産	電話	0220-55-2029
代表者	久保　勇	FAX	0220-55-2901
所在地	登米市米山町中津山字三方江120	URL	—
		メールアドレス	—

北海道 青森県 岩手県 宮城県 秋田県 山形県 福島県 茨城県 栃木県 群馬県 埼玉県 千葉県 東京都 神奈川県 山梨県 長野県 新潟県 富山県 石川県 福井県 岐阜県 静岡県 愛知県 三重県 滋賀県 京都府 大阪府 兵庫県 奈良県 鳥取県 島根県 岡山県 広島県 山口県 徳島県 香川県 愛媛県 福岡県 佐賀県 長崎県 熊本県 大分県 宮崎県 鹿児島県 沖縄県 全国

宮城県

みちのくもちぶた

みちのくもちぶた

飼育管理

出荷日齢：150～180日齢

出荷体重：115～125kg

指定肥育地・牧場
：－

飼料の内容
：グループ給餌基準に基づき必須アミノ酸を中心

商標登録・GI 登録・銘柄規約について

商標登録の有無：有
登録取得年月日：2007 年 8 月31日

ＧＩ登録：

銘柄規約の有無：有
規約設定年月日：1992 年 7 月 1 日
規約改定年月日：－

農場 HACCP・JGAP について

農場 HACCP：－
ＪＧＡＰ：－

交配様式

	雌		雄
雌	ＧＰクイーン	×	ＧＰキング＝（ランドレース×大ヨークシャー）
		×	
雄		デュロック	

主な流通経路および販売窓口

- ◆主なと畜場
  ：仙台市食肉市場、宮城県食肉流通公社
- ◆主な処理場
  ：加工連、諏訪食肉センター、宮城県食肉流通公社
- ◆年間出荷頭数
  ：14,800 頭
- ◆主要卸売企業
  ：ＪＡみやぎ仙南、全農宮城県本部
- ◆輸出実績国・地域
  ：－
- ◆今後の輸出意欲
  ：－

販売指定店制度について

指定店制度：－
販促ツール：－

特長

- ● 肉色は美しくつやのあるピンク色。キメが細かく滑らか。
- ● つきたてのもちのような弾力と歯切れの良い軟らかさ。
- ● 脂肪は白くあっさりしていて、甘みがある。
- ● 豚肉特有の臭みがない。保水性に優れ、日持ちが良い。

概要

管理主体	㈲東北畜研	電話	0224-52-2107
代表者	佐藤　克美　代表取締役	ＦＡＸ	0224-53-4861
所在地	柴田郡大河原町堤字五瀬 1-2	ＵＲＬ	－
		メールアドレス	－

宮城県

みやぎのぽーく

宮城野豚

飼育管理

出荷日齢：約180日齢

出荷体重：110～120kg

指定肥育地・牧場
：宮城県内

飼料の内容
：指定配合飼料

商標登録・GI 登録・銘柄規約について

商標登録の有無：有
登録取得年月日：1993 年 2 月26日

ＧＩ登録：未定

銘柄規約の有無：有
規約設定年月日：1994 年 6 月10日
規約改定年月日：2000 年 4 月 1 日

農場 HACCP・JGAP について

農場 HACCP：－
ＪＧＡＰ：－

交配様式

	雌		雄
雌	（ランドレース×大ヨークシャー）		
		×	
雄		デュロック	

ランドレース×デュロック

主な流通経路および販売窓口

- ◆主なと畜場
  ：宮城県食肉流通公社
- ◆主な処理場
  ：同上
- ◆年間出荷頭数
  ：14,000 頭
- ◆主要卸売企業
  ：全農宮城県本部
- ◆輸出実績国・地域
  ：－
- ◆今後の輸出意欲
  ：－

販売指定店制度について

指定店制度：有
販促ツール：ポスター、パネル、シール、のぼり、棚帯、リーフレット

特長

- ● 肉のキメが細かく、軟らかで風味がよい。
- ● 登録農家により生産を行っている。
- ● 「宮城野豚」の肥育後期に約２カ月間、飼料米を与えたのが「宮城野豚みのり」です。

概要

管理主体	宮城野豚銘柄推進協議会	電話	0229-35-2720
代表者	村井　嘉浩　宮城県知事	ＦＡＸ	0229-35-2677
所在地	遠田郡美里町北浦字生地 22-1	ＵＲＬ	－
		メールアドレス	－

宮城県

めぐみのぽーく
めぐみ野豚

飼育管理
出荷日齢：約180日齢
出荷体重：115kg
指定肥育地・牧場
：宮城県内
飼料の内容
：指定配合飼料、後期に飼料用米を給与

商標登録・GI登録・銘柄規約について
商標登録の有無：—
登録取得年月日：—

G I 登 録：—

銘柄規約の有無：—
規約設定年月日：—
規約改定年月日：—

農場 HACCP・JGAP について
農場 HACCP：—
J G A P：—

交配様式
雌（ランドレース×大ヨークシャー）
×
雄 デュロック

雌（ランドレース×デュロック）
×
雄 デュロック

主な流通経路および販売窓口
◆主なと畜場
：仙台市食肉市場、宮城県食肉流通公社
◆主な処理場
：仙台市食肉市場、ＩＨミートパッカー
◆年間出荷頭数
：約 18,000 頭
◆主要卸売企業
：—
◆輸出実績国・地域
：—
◆今後の輸出意欲
：—

販売指定店制度について
指定店制度：有
販促ツール：シール、のぼり

特長
- 指定配合飼料で肉豚後期に飼料用米を配合。
- 止め雄に宮城県畜産試験場で開発した「しもふりレッド」を使用し、脂肪交雑の多い肉質。

概要
管理主体：めぐみ野豚肉生産協議会
代表者：佐々木 繁孝 会長
所在地：仙台市泉区八乙女 4-2-2
電話：022-373-1222
FAX：022-218-2457
URL：www.miyagi.coop
メールアドレス：—

宮城県

ろいやるぷりんすぽーく
ロイヤルプリンスポーク

飼育管理
出荷日齢：180日齢
出荷体重：約115kg
指定肥育地・牧場
：—
飼料の内容
：指定配合飼料

商標登録・GI登録・銘柄規約について
商標登録の有無：有
登録取得年月日：—

G I 登 録：未定

銘柄規約の有無：—
規約設定年月日：—
規約改定年月日：—

農場 HACCP・JGAP について
農場 HACCP：—
J G A P：—

交配様式
雌（大ヨークシャー×ランドレース）
×
雄 デュロック

主な流通経路および販売窓口
◆主なと畜場
：宮城県食肉流通公社
◆主な処理場
：同上
◆年間出荷頭数
：5,000 頭
◆主要卸売企業
：サイボクミート
◆輸出実績国・地域
：—
◆今後の輸出意欲
：有

販売指定店制度について
指定店制度：有
販促ツール：シール、パンフレット

特長
- 筋線維が細かく、上品な口ざわりと適度なマーブリング。
- 専用飼料により、オレイン酸が多く、甘みのある脂肪。

概要
管理主体：㈱サイボクミート
代表者：笹﨑 浩一 社長
所在地：登米市米山町桜岡今泉 314
電話：0220-55-4313
FAX：0220-55-2730
URL：—
メールアドレス：—

秋田県

あきたじゅんすいとん

秋田純穂豚

飼育管理

出荷日齢：170日齢

出荷体重：115kg

指定肥育地・牧場
：森吉牧場

飼料の内容
：専用飼料

商標登録・GI登録・銘柄規約について

商標登録の有無：有
登録取得年月日：2015年3月27日

GI登録：未定

銘柄規約の有無：有
規約設定年月日：2015年3月27日
規約改定年月日：—

農場HACCP・JGAPについて

農場HACCP：—
JGAP：有（2019年5月16日）

交配様式

雌（ランドレース（雌）×大ヨークシャー（雄））× 雄 デュロック

雌（大ヨークシャー×ランドレース）× 雄 デュロック

主な流通経路および販売窓口

◆主なと畜場
：三沢市食肉処理センター

◆主な処理場
：スターゼンミートプロセッサー・青森工場三沢ポークセンター

◆年間出荷頭数
：26,000頭

◆主要卸売企業
：スターゼンミートプロセッサー国産ポーク部

◆輸出実績国・地域
：—

◆今後の輸出意欲
：有

販売指定店制度について

指定店制度：—
販促ツール：シール、パネル

特長

- 肥育後期に米粉用多収量米を10％配合することにより、脂肪が白く甘みのある豚肉。
- 循環型農業により、地域農業の維持発展に寄与している。

概要

管理主体	㈲森吉牧場	電話	0186-60-7474
代表者	佐藤　文法	FAX	0186-60-7475
所在地	北秋田市阿仁前田字惣内滝ノ上58-1	URL	—
		メールアドレス	—

秋田県

あきたしるくぽーく

秋田シルクポーク

飼育管理

出荷日齢：178日齢

出荷体重：120kg

指定肥育地・牧場
：自社農場

飼料の内容
：—

商標登録・GI登録・銘柄規約について

商標登録の有無：—
登録取得年月日：—

GI登録：—

銘柄規約の有無：有
規約設定年月日：1993年10月
規約改定年月日：—

農場HACCP・JGAPについて

農場HACCP：—
JGAP：—

交配様式

雌（大ヨークシャー（雌）×ランドレース（雄））× 雄 デュロック

主な流通経路および販売窓口

◆主なと畜場
：秋田県食肉流通公社

◆主な処理場
：同上

◆年間出荷頭数
：7,900頭

◆主要卸売企業
：—

◆輸出実績国・地域
：—

◆今後の輸出意欲
：—

販売指定店制度について

指定店制度：—
販促ツール：シール、のぼり

特長

- 全農安心システム認定の自社農場で育った豚肉のため安心・安全な豚肉。
- 甘みがあり、軟らかくジューシーな豚肉です。
- 特殊飼料配合のため臭いがなく、日持ちのする豚肉です。

概要

管理主体	㈱フカサワ	電話	0182-24-0100
代表者	深澤　重史　代表取締役社長	FAX	0182-24-2999
所在地	横手市平鹿町樽見内字扇田126	URL	silkpork.com
		メールアドレス	info@silkpork.com

秋田県

あきたびとん
あきた美豚

飼育管理

出荷日齢：170日齢

出荷体重：112kg

指定肥育地・牧場
：有

飼料の内容
：オリジナル配合飼料

商標登録・GI 登録・銘柄規約について

商標登録の有無：有
登録取得年月日：2010年8月6日

GI登録：未定

銘柄規約の有無：—
規約設定年月日：—
規約改定年月日：—

農場 HACCP・JGAP について

農場 HACCP：有（2013年5月31日、バイオランドのみ2016年5月2日）
JGAP：有（2018年5月10日）

交配様式

雌（ランドレース雌 × 大ヨークシャー雄）
×
雄 デュロック

主な流通経路および販売窓口

◆主なと畜場
：ミートランド、秋田県食肉流通公社

◆主な処理場
：同上

◆年間出荷頭数
：45,000頭

◆主要卸売企業
：ＪＡ全農ミートフーズ

◆輸出実績国・地域
：—

◆今後の輸出意欲
：有

販売指定店制度について

指定店制度：有
販促ツール：シール、のぼり、パネルなど

特長

- 豚を健康に育てるために飲み水からつくり、腸内細菌を整えることで、飼料の消化吸収を良くし、体の内側から強くなるように飼育。
- オリジナル配合飼料には、仕上期に秋田県産飼料用米を40％添加。
- 肉質は軟らかく、良質な脂肪で甘みがある。

概要

管理主体：ポークランドグループ
代表者：豊下　勝彦
所在地：鹿角郡小坂町小坂字坂ノ影１
電話：0186-29-4000
FAX：0186-29-4002
URL：www.momobuta.co.jp
メールアドレス：momobuta@ink.or.jp

秋田県

えこのもり　えこぶー
エコの森　笑子豚

飼育管理

出荷日齢：140日齢

出荷体重：約115kg

指定肥育地・牧場
：菅与、サンライズ

飼料の内容
：—

商標登録・GI 登録・銘柄規約について

商標登録の有無：有
登録取得年月日：2008年10月3日

GI登録：未定

銘柄規約の有無：—
規約設定年月日：—
規約改定年月日：—

農場 HACCP・JGAP について

農場 HACCP：—
JGAP：—

交配様式

ケンボロー

主な流通経路および販売窓口

◆主なと畜場
：秋田食肉流通公社、日本フードパッカー青森工場、庄内食肉公社

◆主な処理場
：肉のわかば、長沼商店

◆年間出荷頭数
：31,000頭

◆主要卸売企業
：—

◆輸出実績国・地域
：—

◆今後の輸出意欲
：—

販売指定店制度について

指定店制度：有
販促ツール：シール、のぼり、名刺

特長

- エコフィードで飼育。
- 食味は軟らかく、甘みがありカロリーも他の豚に比べ３分の１低い。

概要

管理主体：㈱菅与
代表者：菅原　一範　代表取締役社長
所在地：横手市平鹿町下鍋倉字下六ツ段132-1
電話：0182-24-3298
FAX：0182-24-3299
URL：www.sugayo.co.jp
メールアドレス：atb1@juno.ocn.ne.jp

北海道
青森県
岩手県
宮城県
秋田県
山形県
福島県
茨城県
栃木県
群馬県
埼玉県
千葉県
東京都
神奈川県
山梨県
長野県
新潟県
富山県
石川県
福井県
岐阜県
静岡県
愛知県
三重県
滋賀県
京都府
大阪府
兵庫県
奈良県
鳥取県
島根県
岡山県
広島県
山口県
徳島県
香川県
愛媛県
福岡県
佐賀県
長崎県
熊本県
大分県
宮崎県
鹿児島県
沖縄県
全　国

秋田県

とわだここうげんぽーく　ももぶた

十和田湖高原ポーク 桃豚

飼育管理

出荷日齢：170日齢

出荷体重：112kg

指定肥育地・牧場
：有

飼料の内容
：オリジナル配合飼料

商標登録・GI登録・銘柄規約について

商標登録の有無：有
登録取得年月日：2005年2月4日

GI登録：未定

銘柄規約の有無：—
規約設定年月日：—
規約改定年月日：—

農場HACCP・JGAPについて

農場HACCP：有(2013年5月31日、バイオランドのみ2016年5月2日)
JGAP：有(2018年5月10日)

交配様式

雌 (ランドレース(雌)×大ヨークシャー(雄))
×
雄 デュロック

主な流通経路および販売窓口

◆主なと畜場
：ミートランド、秋田県食肉流通公社

◆主な処理場
：同上

◆年間出荷頭数
：100,000頭

◆主要卸売企業
：ＪＡ全農ミートフーズ

◆輸出実績国・地域
：香港、シンガポール

◆今後の輸出意欲
：有

販売指定店制度について

指定店制度：有
販促ツール：シール、のぼり、パネル

特長

- 豚を健康に育てるために飲み水から作り、腸内細菌を整えることで飼料の消化吸収を良くし、体の内側から強くなるように飼育。
- オリジナル配合飼料には仕上期に飼料用米を30%添加。
- 肉質は軟らかく、良質な脂肪で甘みがある。

概要

管理主体：ポークランドグループ
代表者：豊下　勝彦
所在地：鹿角郡小坂町小坂字坂ノ影1

電話：0186-29-4000
FAX：0186-29-4002
URL：www.momobuta.co.jp
メールアドレス：momobuta@ink.or.jp

秋田県

にっぽんのぶた　やまとぶた

日本の豚　やまと豚

飼育管理

出荷日齢：170日齢

出荷体重：115kg

指定肥育地・牧場
：—

飼料の内容
：とうもろこしを主体とした自社設計配合飼料

商標登録・GI登録・銘柄規約について

商標登録の有無：有
登録取得年月日：2003年5月30日

GI登録：

銘柄規約の有無：有
規約設定年月日：2001年6月1日
規約改定年月日：2003年6月1日

農場HACCP・JGAPについて

JGAP：有(2021年4月27日、団体認証更新)

交配様式

(ランドレース×大ヨークシャー)
×
デュロック

主な流通経路および販売窓口

◆主なと畜場
：三沢食肉処理センター、茨城県食肉市場、秋田食肉流通センター

◆主な処理場
：同上

◆年間出荷頭数
：250,000頭(フリーデングループ)

◆主要卸売企業
：フリーデン

◆輸出実績国・地域
：—

◆今後の輸出意欲
：—

販売指定店制度について

指定店制度：—
販促ツール：—

特長

- 「日本の豚やまと豚」として岩手県、群馬県、秋田県など広域で生産している。
- とうもろこしを主体とした純植物性の自社設計の配合飼料で肥育。
- 脂肪に甘味があり、きめ細かい軟らかな肉質。
- 日本の畜産業として初めてとなるJGAP認証を取得（現在は団体認証）

概要

管理主体：㈱フリーデン
代表者：小俣　勝彦
所在地：神奈川県平塚市南金目227

電話：0463-58-0123
FAX：0463-58-6314
URL：www.frieden.jp
メールアドレス：info@frieden.co.jp

秋田県

はちまんたいぽーく

八幡平ポーク

飼育管理

出荷日齢：約165日齢

出荷体重：約113kg

指定肥育地・牧場
：自社農場

飼料の内容
：豚の発育ステージごとに合わせた最良の健康状態となるようにバランスのとれた配合飼料

商標登録・GI登録・銘柄規約について

商標登録の有無：有
登録取得年月日：2002年11月18日

GI登録：未定

銘柄規約の有無：有
規約設定年月日：1969年10月27日
規約改定年月日：2004年9月30日

農場HACCP・JGAPについて

農場HACCP：ー

JGAP：ー

交配様式

ハイポー

主な流通経路および販売窓口

◆主な と 畜 場
：ミートランド、秋田県食肉流通公社、岩手畜産流通センター

◆主な処理場
：同上

◆年間出荷頭数
：約37,500頭

◆主要卸売企業
：全農ミートフーズ、秋田県食肉流通公社

◆輸出実績国・地域
：ー

◆今後の輸出意欲
：ー

販売指定店制度について

指定店制度：ー
販促ツール：シール、のぼり、パネル、パンフレットほか

特長

- 「豚が健康に育つということは、おいしい豚肉の基本」をモットーに豚の健康管理、衛生管理を徹底して行っているので、均一性に富んだ安心安全な豚肉。
- 食感は軟らかく、くさみがない。
- 冷めてもおいしく食べられる。
- 「第17回銘柄ポーク好感度コンテスト」で最優秀賞受賞。

概要

管理主体：農事組合法人八幡平養豚組合
代表者：阿部　正樹　組合長理事
所在地：鹿角市八幡平字長川60-3

電話：0186-34-2204
FAX：0186-34-2178
URL：www.h-pork.com
メールアドレス：umai@h-pork.com

北海道
青森県
岩手県
宮城県
秋田県
山形県
福島県
茨城県
栃木県
群馬県
埼玉県
千葉県
東京都
神奈川県
山梨県
長野県
新潟県
富山県
石川県
福井県
岐阜県
静岡県
愛知県
三重県
滋賀県
京都府
大阪府
兵庫県
奈良県
鳥取県
島根県
岡山県
広島県
山口県
徳島県
香川県
愛媛県
福岡県
佐賀県
長崎県
熊本県
大分県
宮崎県
鹿児島県
沖縄県
全国

山形県

がっさんほうじゅんとん

月山芳醇豚

飼育管理

出荷日齢：210日齢

出荷体重：110kg

指定肥育地・牧場
：－

飼料の内容
：－

商標登録・GI登録・銘柄規約について

商標登録の有無：－
登録取得年月日：－

G I 登録：未定

銘柄規約の有無：－
規約設定年月日：－
規約改定年月日：－

農場 HACCP・JGAP について

農場 HACCP：－
J G A P：－

交配様式

雌 雌（ランドレース×大ヨークシャー）雄
×
雄 バークシャー

主な流通経路および販売窓口

◆主なと畜場
：山形県食肉公社

◆主な処理場
：同上

◆年間出荷頭数
：500頭

◆主要卸売企業
：－

◆輸出実績国・地域
：－

◆今後の輸出意欲
：－

販売指定店制度について

指定店制度：－
販促ツール：シール

特長

- ＬＷＢの品種で独自の配合飼料を与え、７カ月飼育し、黒豚の特徴を生かしたおいしい豚肉

概要

管理主体	山米商事㈱	電話	023-633-3305
代表者	小林　俊郎	FAX	023-631-9622
所在地	山形市流通センター 1-10-2	URL	www.yamabei.com
		メールアドレス	syokuhin@yamabei.com

山形県

こめのこぶた

米の娘ぶた

飼育管理

出荷日齢：155日齢

出荷体重：115kg

指定肥育地・牧場
：米の娘ファーム

飼料の内容
：とうもろこしが主原料

商標登録・GI登録・銘柄規約について

商標登録の有無：有
登録取得年月日：2011年6月17日

G I 登録：

銘柄規約の有無：－
規約設定年月日：－
規約改定年月日：－

農場 HACCP・JGAP について

農場 HACCP：有（2018年3月9日）
J G A P：有（2020年1月10日）

交配様式

ハイポー

ハイポーデュロック（人工授精）

主な流通経路および販売窓口

◆主なと畜場
：庄内食肉流通センター

◆主な処理場
：自社ミートセンター

◆年間出荷頭数
：15,500頭

◆主要卸売企業
：－

◆輸出実績国・地域
：－

◆今後の輸出意欲
：－

販売指定店制度について

指定店制度：－
販促ツール：－

特長

- 飼料は基礎配合飼料に30%の飼料用米、ホエイと食パンの切れ端を加え、リキッドフィーディングで給与している。
- 豚舎はＳＰＦ農場に準じるウインドレス豚舎でオールインオールアウト方式の採用など、防疫管理、衛生管理を万全に行っている。
- 安全な豚肉生産のため自家採取の精液を自家育成豚に全頭人工授精を行っている。

概要

管理主体	㈱大商金山牧場	電話	0234-43-8629
代表者	小野木　重弥　代表取締役社長	FAX	0234-45-1018
所在地	東田川郡庄内町家根合字中荒田 21-2	URL	www.taisho-meat.co.jp
		メールアドレス	info@taisho-meat.jp

山形県

「しょうないえすぴーえふとん」もがみがわぽーく

「庄内SPF豚」最上川ポーク

飼育管理

出荷日齢：175日齢

出荷体重：約115kg

指定肥育地・牧場
：最上川ファーム、庄内

飼料の内容
：指定配合飼料

商標登録・GI登録・銘柄規約について

商標登録の有無：—
登録取得年月日：—

G I 登 録：—

銘柄規約の有無：—
規約設定年月日：—
規約改定年月日：—

農場HACCP・JGAPについて

農場HACCP：—
JGAP：—

交配様式

雌 (ランドレース 雌 × 大ヨークシャー 雄)
×
雄 デュロック

主な流通経路および販売窓口

◆主 な と 畜 場
：庄内食肉流通センター

◆主 な 処 理 場
：太田産商

◆年 間 出 荷 頭 数
：13,500頭

◆主 要 卸 売 企 業
：太田産商

◆輸出実績国・地域
：—

◆今後の輸出意欲
：—

販売指定店制度について

指定店制度：有
販促ツール：シール、のぼり

特長

- 飼料はNON-GMO、ポストハーベストフリーのとうもろこし、大豆かすを使用。
- 飼料米も取り入れている。
- 毎日の飲水にもこだわり、トルマリン鉱石を通した水で健康に育てている。
- 肉質はキメが細かく、艶やか。特に脂肪にうまみがあり、白くあっさりしている。
- 調理時の豚肉特有の臭みはなく、とても食べやすい豚肉です。
- 日本SPF豚協会認定農場。
- 抗生物質はほとんど使用していないので、「安全」で「安心」して食べられる豚肉です。

概要

管理主体：㈲最上川ファーム	電話：0234-45-0365
代表者：太田 秀生	FAX：0234-45-0364
所在地：東田川郡庄内町古関字出川原22-74	URL：—
	メールアドレス：—

山形県

しょうない ぐりーん ぽーく ぶーみん

SHONAI GREEN PORK BOOMIN (庄内グリーンポークぶーみん)

飼育管理

出荷日齢：180〜190日齢

出荷体重：約110kg

指定肥育地・牧場
：庄内地域にて生産

飼料の内容
：生後120日齢まで標準給与体系、生後120日齢以降、指定配合飼料

商標登録・GI登録・銘柄規約について

商標登録の有無：有
登録取得年月日：2020年4月1日

G I 登 録：—

銘柄規約の有無：有
規約設定年月日：2001年4月1日
規約改定年月日：2019年4月1日

農場HACCP・JGAPについて

農場HACCP：—
JGAP：—

交配様式

雌 (ランドレース 雌 × 大ヨークシャー 雄)
×
雄 デュロック

主な流通経路および販売窓口

◆主 な と 畜 場
：庄内食肉流通センター

◆主 な 処 理 場
：同上

◆年 間 出 荷 頭 数
：24,000頭

◆主 要 卸 売 企 業
：有

◆輸出実績国・地域
：香港

◆今後の輸出意欲
：有

販売指定店制度について

指定店制度：検討中
販促ツール：シール、のぼり、ポスターほか

特長

- 品種の統一、専用飼料の給与などの飼養管理基準を遵守する養豚農家・農場の登録制による生産です。
- 専用飼料には、「お米」と「麦」も配合し、あっさりとした甘みのある脂肪と、軟らかく味わいのある赤身に仕上がっています。

概要

管理主体：全農山形県本部	電話：0234-45-0455
代表者：長谷川 直秀 県本部長	FAX：0234-45-0525
所在地：東田川郡庄内町家根合字中荒田21-2	URL：www.zennoh-yamagata.or.jp/
	メールアドレス：info01@zennoh-yamagata.or.jp

山形県

てんげんとん

天元豚

交配様式

ケンボロー種（黒豚25%）

飼育管理

出荷日齢：170日齢

出荷体重：約120kg

指定肥育地・牧場
：自社農場

飼料の内容
：指定配合飼料
バラ飼料は全て無投薬

商標登録・GI登録・銘柄規約について

商標登録の有無：有
登録取得年月日：2002年11月1日

G I 登 録：—

銘柄規約の有無：有
規約設定年月日：2005年3月8日
規約改定年月日：—

農場HACCP・JGAPについて

農場HACCP：—
J G A P：—

主な流通経路および販売窓口

◆主なと畜場
：山形県食肉公社、米沢食肉公社

◆主な処理場
：同上

◆年間出荷頭数
：約18,000頭

◆主要卸売企業
：山形県食肉公社、米沢食肉公社、住商フーズ

◆輸出実績国・地域
：—

◆今後の輸出意欲
：—

販売指定店制度について

指定店制度：—
販促ツール：シール

特長

- 「自分が食べたい、家族に食べさせたい」そんな思いで育てた豚肉です。
- 生後100日齢以降、予防・治療とも医薬品無投薬。休薬期間10日以上の残留性の高い医薬品は使用していません。
- 指定の仕上飼料により、さっぱりしていて、甘い脂質の味を実現しました。

概要

管理主体：㈲村上畜産
代表者：黒濱　武仁　代表取締役社長
所在地：米沢市南原笹野町2971-2
電話：0238-38-2258
FAX：0238-38-4790
URL：tengenton.jp
メールアドレス：kurohama@mbm.nifty.com

山形県

とざわぶたいちばんそだち

戸澤豚一番育ち

交配様式

雌（ランドレース（雌）×大ヨークシャー（雄））
×
雄 デュロック

飼育管理

出荷日齢：170日齢

出荷体重：120kg

指定肥育地・牧場
：戸沢農場

飼料の内容
：当社独自の指定配合

商標登録・GI登録・銘柄規約について

商標登録の有無：有
登録取得年月日：2021年6月22日

G I 登 録：未定

銘柄規約の有無：—
規約設定年月日：—
規約改定年月日：—

農場HACCP・JGAPについて

農場HACCP：未定
J G A P：申請中

主な流通経路および販売窓口

◆主なと畜場
：山形県食肉公社、米沢食肉公社

◆主な処理場
：同上

◆年間出荷頭数
：27,000頭

◆主要卸売企業
：—

◆輸出実績国・地域
：—

◆今後の輸出意欲
：有

販売指定店制度について

指定店制度：—
販促ツール：パンフレット、シール、のぼり、ミニのぼり

特長

- オリゴ糖を飼料に配合し、体の中から健康に育った豚で「肉にくさみがなく、脂身が甘い」と好評です。
- オールイン、オールアウトで清潔な環境の中で育てています。

概要

管理主体：㈱山形戸沢ファーム
代表者：室岡　賢司
所在地：最上郡戸沢村大字松坂字天ヶ沢4753
電話：0233-72-2202
FAX：0233-72-2203
URL：—
メールアドレス：yamagatatozawafarm2202@gmail.com

山形県

にほんのこめそだち ひらたぼくじょう きんかとん
日本の米育ち 平田牧場 金華豚

飼育管理
出荷日齢：約210日齢
出荷体重：90～100kg
指定肥育地・牧場
：山形県
飼料の内容
：指定配合飼料

商標登録・GI登録・銘柄規約について
商標登録の有無：—
登録取得年月日：—

GI登録：未定

銘柄規約の有無：有
規約設定年月日：2002年3月
規約改定年月日：—

農場HACCP・JGAPについて
農場HACCP：—
JGAP：—

交配様式
金華豚交配種
雌（ランドレース×デュロック）× 雄 金華豚

主な流通経路および販売窓口
◆主なと畜場
：庄内食肉流通センター
◆主な処理場
：自社工場
◆年間出荷頭数
：23,000頭
◆主要卸売企業
：—
◆輸出実績国・地域
：—
◆今後の輸出意欲
：有

販売指定店制度について
指定店制度：—
販促ツール：シール、のぼり、リーフレット、たて、パネルなど

特長
- 中華高級食材「金華ハム」で知られる浙江省金華地区の在来種「純粋金華豚」を1980年代に導入し独自の育種、交配技術で改良した独自品種です。
- 豚肉とは思えない格段の違いを実感できる優れた肉質、芳醇な味わいを持ちます。
- 脂は融点が低くしっとりとしていて、とても甘みがあり、肉質は絹のようにキメが細かくうまみが詰まっています。
- 飼料は日本のお米を中心に、食味アップと安全性（PHF・NON-GMO）に配慮した植物性の指定配合肥育飼料を与えています。

概要
管理主体：㈱平田牧場
代表者：新田　嘉七
所在地：酒田市みずほ2-17-8
電話：0234-22-8612
FAX：0234-22-8603
URL：www.hiraboku.info/
メールアドレス：info@hiraboku.com

山形県

にほんのこめそだち ひらたぼくじょう さんげんとん
日本の米育ち 平田牧場 三元豚

飼育管理
出荷日齢：180～200日齢
出荷体重：105～110kg
指定肥育地・牧場
：北海道、山形県、秋田県、岩手県、宮城県、福島県、栃木県
飼料の内容
：指定配合飼料

商標登録・GI登録・銘柄規約について
商標登録の有無：—
登録取得年月日：—

GI登録：未定

銘柄規約の有無：有
規約設定年月日：1974年10月
規約改定年月日：—

農場HACCP・JGAPについて
農場HACCP：—
JGAP：一部農場で取得（2019年8月28日）

交配様式
雌（雌 ランドレース×雄 デュロック）×雄 バークシャー
（ランドレース×大ヨークシャー）×バークシャー
（ランドレース×大ヨークシャー）×デュロック

主な流通経路および販売窓口
◆主なと畜場
：庄内食肉流通センターほか
◆主な処理場
：自社工場および提携工場
◆年間出荷頭数
：120,000頭
◆主要卸売企業
：—
◆輸出実績国・地域
：—
◆今後の輸出意欲
：有

販売指定店制度について
指定店制度：—
販促ツール：シール、のぼり、リーフレット、たて、パネルなど

特長
- （ランドレース×デュロック）×バークシャーの三元交配品種を中心とした自社規格豚です。
- 大麦配合の低カロリー飼料による長期肥育により、熟成された味わいを実現。
- 脂肪は白く甘く、肉のきめが細かく、もちもちした歯ごたえのあるもち豚です。
- 飼料は日本のお米を中心に、食味アップと安全性（PHF・NON-GMO）に配慮した植物性の指定配合肥育飼料を与えています。

概要
管理主体：㈱平田牧場
代表者：新田　嘉七
所在地：酒田市みずほ2-17-8
電話：0234-22-8612
FAX：0234-22-8603
URL：www.hiraboku.info/
メールアドレス：info@hiraboku.com

山形県

にほんのこめそだち ひらたぼくじょう じゅんすいきんかとん

日本の米育ち 平田牧場 純粋金華豚

飼育管理

出荷日齢：約240日齢

出荷体重：70～80kg

指定肥育地・牧場
：山形県、北海道

飼料の内容
：指定配合飼料

商標登録・GI登録・銘柄規約について

商標登録の有無：ー
登録取得年月日：ー

G I 登 録：未定

銘柄規約の有無：有
規約設定年月日：2002年3月
規約改定年月日：ー

農場 HACCP・JGAP について

農場 HACCP：ー
J G A P：ー

交配様式

主な流通経路および販売窓口

◆主な畜場
：庄内食肉流通センター

◆主な処理場
：自社工場

◆年間出荷頭数
：1,000頭

◆主要卸売企業
：ー

◆輸出実績国・地域
：ー

◆今後の輸出意欲
：有

販売指定店制度について

指定店制度：ー
販促ツール：シール、リーフレット、たて、パネルなど

特長

- 中華高級食材「金華ハム」で知られる浙江省金華地区の在来種「純粋金華豚」を1980年代に導入し独自の指定配合飼料で維持管理してきました。
- 和牛をしのぐ見事な霜降りと、甘みとコクが特徴で、豚肉とは思えない芳醇な味わいを持ちます。脂は融点が低く、しつこさを感じません。
- 飼料は日本のお米を中心に、食味アップと安全性（PHF・NON-GMO）に配慮した植物性の指定配合肥育飼料を与えています。
- 更に飼料の国産比率向上を目指し、北海道の農場では、国産トウモロコシの給餌を開始しています。

概要

管理主体：㈱平田牧場
代表者：新田 嘉七
所在地：酒田市みずほ2-17-8
電話：0234-22-8612
FAX：0234-22-8603
URL：www.hiraboku.info/
メールアドレス：info@hiraboku.com

山形県

にんていやまがたぶた

認定山形豚

認定 山形豚

飼育管理

出荷日齢：180日齢

出荷体重：110～120kg

指定肥育地・牧場
：県内

飼料の内容
：とうもろこし、麦類

商標登録・GI登録・銘柄規約について

商標登録の有無：ー
登録取得年月日：ー

G I 登 録：未定

銘柄規約の有無：ー
規約設定年月日：ー
規約改定年月日：ー

農場 HACCP・JGAP について

農場 HACCP：ー
J G A P：ー

交配様式

雌 （ランドレース（雌）× 大ヨークシャー（雄））
×
雄 デュロック

雌 （大ヨークシャー）×（ランドレース）
×
雄 デュロック

主な流通経路および販売窓口

◆主な畜場
：山形県食肉公社

◆主な処理場
：同上

◆年間出荷頭数
：30,000頭

◆主要卸売企業
：住商フーズ

◆輸出実績国・地域
：ー

◆今後の輸出意欲
：有

販売指定店制度について

指定店制度：有
販促ツール：シール、のぼり、パンフレット

特長

- 通常より長い肥育日数でしっかり飼い込むことで、きめ細かい締まりのある肉質となっています。
- 通常の格付基準のほかに「枝肉重量」「背脂肪厚」に独自の基準を設け、商品の品質安定に努めています。
- 「認定山形豚」は山形県が推奨するキャラクターマーク「ペロリン」を使用しています。

概要

管理主体：㈱山形県食肉公社
代表者：金澤 淳一
所在地：山形市大字中野字的場936
電話：023-684-5656
FAX：023-684-5659
URL：www.ysyokuniku.jp
メールアドレス：ー

山　形　県

まいまいとん
舞米豚

飼育管理

出荷日齢：200日齢

出荷体重：120kg

指定肥育地・牧場
：—

飼料の内容
：—

商標登録・GI 登録・銘柄規約について

商標登録の有無：有
登録取得年月日：2010 年

G　I　登　録：—

銘柄規約の有無：有
規約設定年月日：2010 年
規約改定年月日：—

農場 HACCP・JGAP について

農場 HACCP：—
J　G　A　P：—

交配様式

	雌	雄
雌	（ランドレース × 大ヨークシャー）	
	×	
雄	デュロック	

主な流通経路および販売窓口

◆主 な と 畜 場
：山形県食肉流通センター

◆主 な 処 理 場
：同上

◆年 間 出 荷 頭 数
：6,000 頭

◆主 要 卸 売 企 業
：東日本フード、山形県食肉公社

◆輸出実績国・地域
：—

◆今後の輸出意欲
：—

販売指定店制度について

指定店制度：—
販促ツール：シール、のぼり

特長

- 地元山辺町の米を 12%配合した地産地消を意識した飼料。
- 種豚の生産から独自に改良を進めた肉豚は脂のうまみが多く表現されている。
- 自然豊かな月山系の水を使って育てている。

概要

管 理 主 体：㈱山形ピッグファーム
代 表 者：阿部　秀顕
所 在 地：東村山郡山辺町大字根際 249
電 話：023-664-5280
F A X：023-664-7708
U R L：www.pigfarm.co.jp
メールアドレス：honjyo@pigfarm.co.jp

山　形　県

みちのく　はながさとん
陸奥 花笠豚

飼育管理

出荷日齢：200日齢

出荷体重：120kg

指定肥育地・牧場
：—

飼料の内容
：—

商標登録・GI 登録・銘柄規約について

商標登録の有無：有
登録取得年月日：2010 年

G　I　登　録：—

銘柄規約の有無：有
規約設定年月日：2010 年
規約改定年月日：—

農場 HACCP・JGAP について

農場 HACCP：—
J　G　A　P：—

交配様式

	雌	雄
雌	（ランドレース × 大ヨークシャー）	
	×	
雄	デュロック	

主な流通経路および販売窓口

◆主 な と 畜 場
：山形県食肉流通センター

◆主 な 処 理 場
：同上

◆年 間 出 荷 頭 数
：20,000 頭

◆主 要 卸 売 企 業
：東日本フード、山形県食肉公社

◆輸出実績国・地域
：—

◆今後の輸出意欲
：—

販売指定店制度について

指定店制度：—
販促ツール：—

特長

- 種豚の生産から独自に改良を進めた肉豚は脂のうまみが多く表現されている。
- 自然豊かな月山系の水を使って育てている。

概要

管 理 主 体：㈱山形ピッグファーム
代 表 者：阿部　秀顕
所 在 地：東村山郡山辺町大字根際 249
電 話：023-664-5280
F A X：023-664-7708
U R L：www.pigfarm.co.jp
メールアドレス：honjyo@pigfarm.co.jp

山形県

やまがたけいゆうのうじょうきんかとん

山形敬友農場金華豚

飼育管理

出荷日齢：240 日齢
出荷体重：約120kg
指定肥育地・牧場
：敬友農場
飼料の内容
：－

商標登録・GI 登録・銘柄規約について

商標登録の有無：有
登録取得年月日：2011 年 2 月18日

G I 登 録：未定

銘柄規約の有無：－
規約設定年月日：－
規約改定年月日：－

農場 HACCP・JGAP について

農場 HACCP：－
J G A P：－

交配様式

雌 雄
バークシャー× 金華豚

主な流通経路および販売窓口

◆主なと畜場
：宮城県食肉流通公社

◆主な処理場
：ＩＨハムミートパッカー

◆年間出荷頭数
：650 頭

◆主要卸売企業
：伊藤ハム

◆輸出実績国・地域
：－

◆今後の輸出意欲
：－

販売指定店制度について

指定店制度：－
販促ツール：シール、のぼり

特長

- バークシャーの雌に金華豚の雄をかけ合わせ、約240日の期間、最良質の飼料を制限給与。
- 甘みとうまみ成分に優れた豚肉。
- 日本で唯一の交配様式（バークシャー × 金華豚）
- 限定生産豚。

概要

管理主体	㈲敬友農場	電話	023-744-2625
代表者	内田雄一	FAX	同上
所在地	東根市大字猪野沢 5	URL	－
		メールアドレス	－

山形県

やまがたけいゆうのうじょうじゅんすいきんかとん

山形敬友農場純粋金華豚

飼育管理

出荷日齢：約300 日齢
出荷体重：約80kg
指定肥育地・牧場
：敬友農場
飼料の内容
：自社配合

商標登録・GI 登録・銘柄規約について

商標登録の有無：－
登録取得年月日：－

G I 登 録：未定

銘柄規約の有無：－
規約設定年月日：－
規約改定年月日：－

農場 HACCP・JGAP について

農場 HACCP：－
J G A P：－

交配様式

金華豚

主な流通経路および販売窓口

◆主なと畜場
：宮城県食肉流通公社

◆主な処理場
：ＩＨハムミートパッカー

◆年間出荷頭数
：約 60 頭

◆主要卸売企業
：－

◆輸出実績国・地域
：－

◆今後の輸出意欲
：－

販売指定店制度について

指定店制度：－
販促ツール：シール、のぼり

特長

- 中国原産の希少価値のある豚で、世界三大ハムの１つ「金華ハム」の原料としても知られる。
- 自社配合の飼料を制限給与して丹精込めて育てています。

概要

管理主体	㈲敬友農場	電話	023-744-2625
代表者	内田 雄一	FAX	同上
所在地	東根市大字猪野沢 5	URL	www.ku-farm.jp
		メールアドレス	k.u-farm@dune.ocn.ne.jp

山 形 県

よねざわぶたいちばんそだち

米澤豚一番育ち

飼育管理

出荷日齢：175日齢

出荷体重：130kg

指定肥育地・牧場
：川西農場、南陽農場

飼料の内容
：当社独自の指定配合（仕上60日間）。とうもろこし、麦主体

商標登録・GI登録・銘柄規約について

商標登録の有無：有（登録第5335400号）
登録取得年月日：2010年7月2日

GI登録：―

銘柄規約の有無：―
規約設定年月日：―
規約改定年月日：―

農場HACCP・JGAPについて

農場HACCP：―
JGAP：―

交配様式

雌 （ランドレース × 大ヨークシャー）
（雌 × 雄）
×
雄 デュロック

主な流通経路および販売窓口

◆主 な と 畜 場
：山形県食肉公社、米沢食肉公社

◆主 な 処 理 場
：同上

◆年 間 出 荷 頭 数
：27,000頭

◆主 要 卸 売 企 業
：―

◆輸出実績国・地域
：香港、タイ、台湾

◆今後の輸出意欲
：有

販売指定店制度について

指定店制度：―
販促ツール：パンフレット、シール、のぼり

特長

- 健康のすくすく育った一番育ちは自社独自のとうもろこし、麦主体の配合飼料で180日かけてじっくりと飼育されます。
- 飼育員は8割が女性で愛情かけて育てられます。
- サシの入りやすい系統を選抜し、飼料にはビタミンEを通常の2.7倍含みます。
- 農場の防疫を徹底して安心・安全な豚肉をお届けします。

概要

管理主体	㈲ピックファーム室岡	電話	0238-43-5655
代表者	室岡 修一 代表取締役	FAX	0238-43-3332
所在地	南陽市宮崎 527	URL	www.dewa.or.jp/~pfn-md
		メールアドレス	pfm-ms@dewa.or.jp

北海道
青森県
岩手県
宮城県
秋田県
山形県
福島県
茨城県
栃木県
群馬県
埼玉県
千葉県
東京都
神奈川県
山梨県
長野県
新潟県
富山県
石川県
福井県
岐阜県
静岡県
愛知県
三重県
滋賀県
京都府
大阪府
兵庫県
奈良県
鳥取県
島根県
岡山県
広島県
山口県
徳島県
香川県
愛媛県
福岡県
佐賀県
長崎県
熊本県
大分県
宮崎県
鹿児島県
沖縄県
全国

福島県

しらかわこうげんせいりゅうとん

白河高原清流豚

飼育管理

出荷日齢：180日齢

出荷体重：約120kg

指定肥育地・牧場
：白河市

飼料の内容
：穀類の多い飼料（とうもろこし、大麦）

商標登録・GI登録・銘柄規約について

商標登録の有無：有
登録取得年月日：2006年7月7日

GI登録：－

銘柄規約の有無：－
規約設定年月日：－
規約改定年月日：－

農場HACCP・JGAPについて

農場HACCP：有（2022年7月～）

JGAP：－

交配様式

雌（大ヨークシャー（雌）×バークシャー（雄））
×
雄 デュロック

主な流通経路および販売窓口

◆主な畜場
：福島県食肉流通センター

◆主な処理場
：同上

◆年間出荷頭数
：約1,200頭

◆主要卸売企業
：自社

◆輸出実績国・地域
：－

◆今後の輸出意欲
：有

販売指定店制度について

指定店制度：有
販促ツール：シール、のぼり、リーフレット

特長
- 飲み水はミネラル豊富な天然水を使用。
- 後期飼料にビタミンE強化の植物性タンパク質を与える。
- 脂の風味がよく、口溶けがよいのが特徴。
- 国産豚の標準値に対してリノレン酸は約1.8倍、リノール酸およびオレイン酸は約1.2倍の含有量がある（同社調べ）

概要

管理主体：㈲肉の秋元本店
代表者：秋元　幸一
所在地：白河市大信増見字北田82
電話：0248-46-2350
FAX：0248-46-2426
URL：www.nikunoakimoto.jp/
メールアドレス：jf-akimoto@m8.dion.ne.jp

福島県

はやまこうげんとん

麓山高原豚

飼育管理

出荷日齢：約180日齢

出荷体重：110～120kg

指定肥育地・牧場
：－

飼料の内容
：仕上げ専用飼料（約2カ月間）天然樹木エキス、亜麻仁油、エゴマ粕を添加。

商標登録・GI登録・銘柄規約について

商標登録の有無：有
登録取得年月日：－

GI登録：－

銘柄規約の有無：有
規約設定年月日：1990年4月10日
規約改定年月日：－

農場HACCP・JGAPについて

農場HACCP：－

JGAP：－

交配様式

雌（ランドレース（雌）×大ヨークシャー（雄））
×
雄 デュロック

主な流通経路および販売窓口

◆主な畜場
：福島県食肉流通センター

◆主な処理場
：同上

◆年間出荷頭数
：20,000頭

◆主要卸売企業
：－

◆輸出実績国・地域
：－

◆今後の輸出意欲
：－

販売指定店制度について

指定店制度：有
販促ツール：シール、のぼり、ポスター

特長
- 仕上げ専用飼料に飼料米を配合。
- 天然樹木エキス、亜麻仁油、エゴマ粕を添加。
- 豚肉を煮ると「アク」が出にくい。
- 脂肪もあっさりしてうまみがある。

概要

管理主体：麓山高原豚生産振興協議会
代表者：須藤　福男
所在地：郡山市富久山町久保田字古坦50
電話：024-956-2983
FAX：024-943-5377
URL：www.fs.zennoh.or.jp
メールアドレス：－

茨　城　県

あじわいぽーく

あじわいポーク

飼育管理

出荷日齢：160日齢

出荷体重：約115kg

指定肥育地・牧場
：ー

飼料の内容
：ー

商標登録・GI登録・銘柄規約について

商標登録の有無：有
登録取得年月日：ー

GI登録：未定

銘柄規約の有無：有
規約設定年月日：ー
規約改定年月日：ー

農場HACCP・JGAPについて

農場HACCP：ー
JGAP：ー

交配様式

雌 (ランドレース雌 × 大ヨークシャー雄)
×
雄 デュロック

雌 (ランドレース × 中ヨークシャー)
×
雄 デュロック

主な流通経路および販売窓口

◆主なと畜場
：竜ヶ崎食肉センター

◆主な処理場
：フィード・ワンフーズ

◆年間出荷頭数
：2,500頭

◆主要卸売企業
：ー

◆輸出実績国・地域
：ー

◆今後の輸出意欲
：ー

販売指定店制度について

指定店制度：ー
販促ツール：シール、のぼり、パンフレット

特長

- 親豚導入先を統一している。
- 飼料を統一し、いも類を配合している。

概要

管理主体：大里畜産
代表者：大里　武志
所在地：行方市青沼 300-3
電話：0299-73-2343
FAX：0299-73-0733
URL：ー
メールアドレス：ー

茨　城　県

いばらきじようとん

いばらき地養豚

飼育管理

出荷日齢：185日齢
出荷体重：115～120kg

指定肥育地・牧場
：県内限定

飼料の内容
：地養豚専用飼料、穀類82%以上(うち麦比率約30%)、地養素、グローリッチ。地養素(木酢精製液、ゼオライト、海藻粉、ヨモギ粉)

商標登録・GI登録・銘柄規約について

商標登録の有無：ー
登録取得年月日：ー

GI登録：未定

銘柄規約の有無：有
規約設定年月日：2003年4月1日
規約改定年月日：ー

農場HACCP・JGAPについて

農場HACCP：ー
JGAP：ー

交配様式

雌 (ランドレース雌 × 大ヨークシャー雄)
×
雄 デュロック

主な流通経路および販売窓口

◆主なと畜場
：茨城県中央食肉公社

◆主な処理場
：飯島畜産

◆年間出荷頭数
：4,500頭

◆主要卸売企業
：飯島畜産

◆輸出実績国・地域
：ー

◆今後の輸出意欲
：有

販売指定店制度について

指定店制度：有
販促ツール：シール、のぼり、リーフレット

特長

- 生産者を指定し、地養豚専用飼料と地養素とグローリッチを与えている。
- 仕上げの餌として麦含有量30%以上を与えているので肉質に甘みとコクがあり、豚肉特有の臭みが少ない。
- 肉質に甘みとコクがあり、豚肉特有の臭みが少ない。
- コレステロールが一般豚に比べて少なく、アク汁が出にくい。

概要

管理主体：飯島畜産㈱
代表者：飯島　俊明
所在地：鉾田市上沢 1746-4
電話：0291-39-2181
FAX：0291-39-2696
URL：www.iijima1129.co.jp/
メールアドレス：info@iijima1129.co.jp

茨城県

いもたろう

(ミラクルポーク)いも太郎

飼育管理

出荷日齢：180～200日齢
出荷体重：115～120kg
指定肥育地・牧場
：鉾田市勝下新田
飼料の内容
：3.5カ月～4カ月まで一般の配合飼料を使用。そのご発酵飼料（工場残さ）を熱処理し、さらに乳酸菌その他ビタミン、ミネラルを使用。特に地元さつまいもの加工副産物を大量に使用する。

商標登録・GI登録・銘柄規約について

商標登録の有無：有
登録取得年月日：2014年8月22日

GI登録：—

銘柄規約の有無：有
規約設定年月日：—
規約改定年月日：—

農場HACCP・JGAPについて

農場HACCP：—
JGAP：—

交配様式

雌（ランドレース（雌）×大ヨークシャー（雄））
×
雄 デュロック

主な流通経路および販売窓口

◆主なと畜場
：茨城県食肉市場

◆主な処理場
：茨城県中央食肉公社

◆年間出荷頭数
：1,600頭

◆主要卸売企業
：—

◆輸出実績国・地域
：—

◆今後の輸出意欲
：—

販売指定店制度について

指定店制度：—
販促ツール：—

特長

● 100%地元さつまいも（加熱）を使用しているため、食味は甘くドリップが少なく、あくが非常に少なくなっているのが特長。

概要

管理主体	田口畜産	電話	0291-37-2395
代表者	田口　十三弥	FAX	同上
所在地	鉾田市勝下新田27-1	URL	—
		メールアドレス	—

茨城県

きんぐぽーく

キング宝食

飼育管理

出荷日齢：180日齢
出荷体重：115kg
指定肥育地・牧場
：—
飼料の内容
：大麦15%、パン粉菓子粉25%、キャッサバ5%を配合

商標登録・GI登録・銘柄規約について

商標登録の有無：有
登録取得年月日：1999年5月14日

GI登録：—

銘柄規約の有無：有
規約設定年月日：1999年12月20日
規約改定年月日：—

農場HACCP・JGAPについて

農場HACCP：—
JGAP：—

交配様式

雌（ランドレース（雌）×大ヨークシャー（雄））
×
雄 デュロック

主な流通経路および販売窓口

◆主なと畜場
：神奈川食肉センター、本庄食肉センター

◆主な処理場
：同上

◆年間出荷頭数
：30,000頭

◆主要卸売企業
：中山畜産、米久（アイポーク）

◆輸出実績国・地域
：—

◆今後の輸出意欲
：—

販売指定店制度について

指定店制度：—
販促ツール：パンフレット、シール、のぼり

特長

● ランドレース、大ヨークシャー、デュロックの3品種を20年かけて独自に改良。
● とくにおいしい豚肉をつくる系統を保存。
● 飼料には大麦15%、パン粉菓子粉25%、キャッサバ5%を配合して、軟らかくおいしい豚肉にしている。

概要

管理主体	㈲キングポーク	電話	0296-21-7117
代表者	小菅　忠一	FAX	同上
所在地	筑西市小栗3487-2	URL	king-pork.jp/
		メールアドレス	info@king-pork.jp

茨　城　県

さんえもん
三右衛門

飼育管理

出荷日齢：180日齢

出荷体重：115kg

指定肥育地・牧場
：茨城県（自社農場）

飼料の内容
：配合飼料

商標登録・GI登録・銘柄規約について

商標登録の有無：有
登録取得年月日：2021年4月6日

ＧＩ登録：未定

銘柄規約の有無：—
規約設定年月日：—
規約改定年月日：—

農場HACCP・JGAPについて

農場HACCP：未定
ＪＧＡＰ：未定

交配様式

雌（ランドレース（雌）×大ヨークシャー（雄））
×
雄　デュロック

主な流通経路および販売窓口

◆主なと畜場
：土浦協同食肉、東京食肉市場

◆主な処理場
：大久保武商事、石橋ミート

◆年間出荷頭数
：11000〜12000頭

◆主要卸売企業
：—

◆輸出実績国・地域
：—

◆今後の輸出意欲
：有

販売指定店制度について

指定店制度：—
販促ツール：—

特長

概要

管理主体：㈱山西牧場
代表者：倉持　信宏
所在地：坂東市沓掛乙585-1

電話：0297-44-2195
FAX：0297-44-2732
URL：yamanishifarm.com
メールアドレス：—

茨　城　県

しほうもちぶた
紫峰もち豚

飼育管理

出荷日齢：170〜185日齢

出荷体重：115〜125kg

指定肥育地・牧場
：—

飼料の内容
：—

商標登録・GI登録・銘柄規約について

商標登録の有無：—
登録取得年月日：—

ＧＩ登録：—

銘柄規約の有無：—
規約設定年月日：—
規約改定年月日：—

農場HACCP・JGAPについて

農場HACCP：—
ＪＧＡＰ：—

交配様式

雌（ランドレース（雌）×大ヨークシャー（雄））
×
雄　デュロック

主な流通経路および販売窓口

◆主なと畜場
：東京都食肉市場、土浦食肉協同組合

◆主な処理場
：同上

◆年間出荷頭数
：4,600頭

◆主要卸売企業
：—

◆輸出実績国・地域
：—

◆今後の輸出意欲
：—

販売指定店制度について

指定店制度：有
販促ツール：—

特長

- 赤身と脂肪の絶妙なバランス、ジューシーそしてヘルシーなのが最大の特徴です。
- 肉のうま味成分であるイノシン酸と脂身のうま味成分であるオレイン酸もたっぷり含まれています。
- 食パン粉を餌に加えることで、ジューシーでなめらかな味わいを実現しています。

概要

管理主体：潮田養豚場
代表者：潮田　陽一
所在地：石岡市細谷421

電話：0299-42-3427
FAX：同上
URL：—
メールアドレス：—

茨　城　県

しもふりはーぶ

霜ふりハーブ

飼育管理

出荷日齢：約180日齢

出荷体重：約115kg

指定肥育地・牧場
　：鉾田市

飼料の内容
　：配合飼料（混合飼料）。人体用漢方薬抽出残さ

商標登録・GI登録・銘柄規約について

商標登録の有無：有
登録取得年月日：2007年12月21日

ＧＩ登録：未定

銘柄規約の有無：－
規約設定年月日：－
規約改定年月日：－

農場 HACCP・JGAP について

農場 HACCP：－
ＪＧＡＰ：－

交配様式

雌　ランドレース（雌）
×
（雄）（大ヨークシャー（雌）× 中ヨークシャー（雄））
×
雄　デュロック

雌　（大ヨークシャー × バークシャー）
×
雄　デュロック

主な流通経路および販売窓口

◆主なと畜場
　：土浦食肉協同組合

◆主な処理場
　：同上

◆年間出荷頭数
　：3,000頭

◆主要卸売企業
　：佐藤畜産商事

◆輸出実績国・地域
　：－

◆今後の輸出意欲
　：－

販売指定店制度について

指定店制度：－
販促ツール：シール、パンフレット

特長

- 選択した系統によるオールＡ１（人工授精）で霜降りがよく入る。
- ハーブ混合飼料を主原料として、人体用漢方薬抽出残さを加えて育てた。
- 獣臭やアクが極めて少ない、甘みのある軟らかい豚肉。

概要

管理主体：佐伯畜産
代表者：佐伯　淳
所在地：鉾田市造谷 336-10
電話：0291-37-0145
ＦＡＸ：同上
ＵＲＬ：www.saeki-chikusan.com/
メールアドレス：saeki0527@yahoo.co.jp

茨　城　県

だいじょぶた

だいじょ豚

飼育管理

出荷日齢：180～200日齢

出荷体重：115～120kg

指定肥育地・牧場
　：菊地豚牧場

飼料の内容
　：穀物主体配合飼料

商標登録・GI登録・銘柄規約について

商標登録の有無：有
登録取得年月日：2021年8月6日

ＧＩ登録：未定

銘柄規約の有無：－
規約設定年月日：－
規約改定年月日：－

農場 HACCP・JGAP について

農場 HACCP：未定
ＪＧＡＰ：未定

交配様式

雌　（ランドレース（雌）× 大ヨークシャー（雄））
×
雄　デュロック

主な流通経路および販売窓口

◆主なと畜場
　：茨城共同食肉（土浦）

◆主な処理場
　：同上

◆年間出荷頭数
　：10,000頭

◆主要卸売企業
　：自社店舗、EC販売

◆輸出実績国・地域
　：－

◆今後の輸出意欲
　：有

販売指定店制度について

指定店制度：－
販促ツール：－

特長

- 茨城県鉾田市に昭和28年に創業した「ミートセンター菊地畜産」がつくるブランド豚です。
- 精肉店でありながら地元に菊地豚牧場を持ち、自ら豚を大切に飼育、中でも特に優れた肉質のものを厳選した数少ない豚肉です。
- 食べていただく人の笑顔がみたいから、作り手が考える最高の環境で飼育した最高品質の豚肉を牧場から店舗まで最高の状態でお届けします。

概要

管理主体：ミートセンター菊地畜産
代表者：菊地　泰國
所在地：鉾田市鉾田 2492
電話：0291-32-2212
ＦＡＸ：0291-32-4194
ＵＲＬ：www.meatkikuchi.com
メールアドレス：contact@meatkikuchi.com

茨　城　県

たけくまたくまぶた

武熊たくま豚

武熊たくま豚®

飼育管理

出荷日齢：180日齢

出荷体重：115kg

指定肥育地・牧場
：―

飼料の内容
：―

商標登録・GI登録・銘柄規約について

商標登録の有無：有
登録取得年月日：2014年8月15日

GI登録：―

銘柄規約の有無：―
規約設定年月日：―
規約改定年月日：―

農場HACCP・JGAPについて

農場HACCP：有（2019年12月）
JGAP：―

交配様式

雌　（ランドレース（雌）×大ヨークシャー（雄））
×
雄　デュロック

主な流通経路および販売窓口

◆主なと畜場
：土浦食肉協同組合

◆主な処理場
：―

◆年間出荷頭数
：3,300頭

◆主要卸売企業
：佐藤畜産

◆輸出実績国・地域
：―

◆今後の輸出意欲
：―

販売指定店制度について

指定店制度：―
販促ツール：シール、のぼり

特長

- 肉質を追求した指定配合飼料、こだわりの乳酸菌。
- 甘みがあり、さっぱりとした脂身。
- 臭みがなく、ドリップが極めて少ない。

概要

管理主体	武熊牧場	電話	0299-43-0147
代表者	武熊　俊明	FAX	同上
所在地	石岡市下林1894	URL	―
		メールアドレス	―

茨　城　県

なりたやのいもむぎぶた

成田屋の芋麦豚

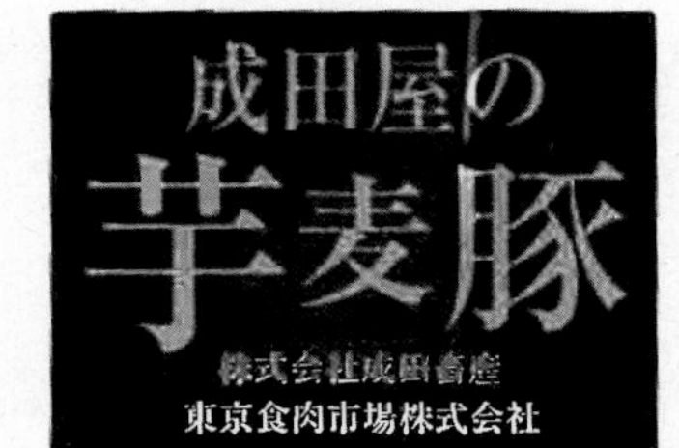

飼育管理

出荷日齢：180日齢

出荷体重：115kg

指定肥育地・牧場
：笠間市・成田畜産

飼料の内容
：兼松の指定配合飼料

商標登録・GI登録・銘柄規約について

商標登録の有無：―
登録取得年月日：―

GI登録：―

銘柄規約の有無：―
規約設定年月日：―
規約改定年月日：―

農場HACCP・JGAPについて

農場HACCP：―
JGAP：―

交配様式

雌　（ランドレース（雌）×大ヨークシャー（雄））
×
雄　デュロック

主な流通経路および販売窓口

◆主なと畜場
：東京都食肉市場

◆主な処理場
：同上

◆年間出荷頭数
：約6,000頭

◆主要卸売企業
：―

◆輸出実績国・地域
：―

◆今後の輸出意欲
：有

販売指定店制度について

指定店制度：―
販促ツール：シール

特長

- 麦類といも（さつまいも）による飼料と水にこだわり健康な豚を育てています。
- 芋麦豚はにくのうま味と脂の甘みが消費者の皆さまに好評です。

概要

管理主体	㈱成田畜産	電話	0299-45-5617
代表者	成田　哲夫	FAX	0299-45-5776
所在地	笠間市下郷5145-9	URL	―
		メールアドレス	―

茨城県

ばんぶぅ

ばんぶぅ

道

竹から生まれたおいしいブランド豚。

ばんぶぅ

飼育管理

出荷日齢：180日齢

出荷体重：120kg

指定肥育地・牧場
：－

飼料の内容
：高品質な竹パウダーを混合させた飼料

商標登録・GI登録・銘柄規約について

商標登録の有無：有
登録取得年月日：2023年7月27日

ＧＩ登録：未定

銘柄規約の有無：－
規約設定年月日：－
規約改定年月日：－

農場HACCP・JGAPについて

農場HACCP：－
ＪＧＡＰ：－

交配様式

	雌	雄
雌	（ランドレース × 大ヨークシャー）	
	×	
雄	デュロック	

主な流通経路および販売窓口

◆主な畜場
：茨城協同食肉

◆主な処理場
：同上

◆年間出荷頭数
：2,000頭

◆主要卸売企業
：JA全農ミートフーズ

◆輸出実績国・地域
：－

◆今後の輸出意欲
：有

販売指定店制度について

指定店制度：－
販促ツール：チラシ、のぼり旗、ポップ

特長

- 茨城県小美玉市・道口ファームの特別竹粉育成豚「ばんぶぅ」
- 竹には糖分、ミネラルが豊富に含まれており、抗菌効果もあります。
- 適切に管理することにより、乳酸菌が生まれます。
- 栄養たっぷりの竹パウダーを食べて育った「ばんぶぅ」は、豚肉特有のくさみが少なく、脂のジューシーな甘みを味わえます。
- 肉質がやわらかく、お子様にも安心してお召し上がりいただけます。
- 頑張ったご褒美や、元気を出したいときにピッタリの、ちょっと贅沢なお肉です。

概要

管理主体：㈲道口養豚
代表者：道口　誠
所在地：小美玉市橋場美393

電話：0299-48-1244
ＦＡＸ：0299-48-1510
ＵＲＬ：www.bambuu.co.jp/
メールアドレス：makoto.doguchi@doguchi-farm.com

茨城県

ひたちのかがやき

常陸の輝き

飼育管理

出荷日齢：約180日齢

出荷体重：115～125kg

指定肥育地・牧場
：茨城県内

飼料の内容
：専用飼料

商標登録・GI登録・銘柄規約について

商標登録の有無：有
登録取得年月日：2019年8月9日

ＧＩ登録：－

銘柄規約の有無：有
規約設定年月日：2018年10月10日
規約改定年月日：－

農場HACCP・JGAPについて

農場HACCP：－
ＪＧＡＰ：－

交配様式

	雌	雄
雌	（ランドレース × 大ヨークシャー）	
	×	
雄	デュロック（ローズD-1）	
雌	（大ヨークシャー × ランドレース）	
	×	
雄	デュロック（ローズD-1）	

主な流通経路および販売窓口

◆主な畜場
：東京食肉市場、茨城協同食肉、茨城県中央食肉公社、下妻地方食肉協同組合、越谷食肉センター、竜ケ崎食肉センター

◆主な処理場
：同上

◆年間出荷頭数
：19,000頭

◆主要卸売企業
：石橋ミート、大久保武商事、佐藤畜産、飯島畜産、鈴木畜産、伊藤ハム、常陽牧場

◆輸出実績国・地域
：－

◆今後の輸出意欲
：－

販売指定店制度について

指定店制度：有
販促ツール：シール、のぼり、ポスター

特長

- 茨城県畜産センターが造成したデュロック種の系統豚「ローズD-1」を交配した茨城の銘柄豚。
- 生産管理マニュアルに基づき、専用飼料を指定期間給与し、肉質を定期的に検査して品質を確認。
- 筋肉内脂肪含有量が一般の豚肉より高く、柔らかく、うまみが濃く、香りが良い。

概要

管理主体：常陸の輝き推進協議会
代表者：倉持　信之　会長
所在地：水戸市梅香1-2-56

電話：029-231-7501
ＦＡＸ：029-222-2032
ＵＲＬ：ibaraki.lin.gr.jp/hitachinokagayaki/
メールアドレス：hitachinokagayaki@ibaraki-lia.or.jp

茨　城　県

美味豚（びみとん）

飼育管理

出荷日齢：180日齢

出荷体重：115kg

指定肥育地・牧場
　：―

飼料の内容
　：指定飼料純植物性飼料（マイロ、麦、キャッサバ、とうもろこし）に飼料米、そのほか

商標登録・GI 登録・銘柄規約について

商標登録の有無：―
登録取得年月日：―

G　I　登　録：―

銘柄規約の有無：―
規約設定年月日：―
規約改定年月日：―

農場 HACCP・JGAP について

農場 HACCP：―
J　G　A　P：―

交配様式

雌　（ランドレース［雌］× 大ヨークシャー［雄］）
×
雄　デュロック

主な流通経路および販売窓口

◆主なと畜場
　：竜ヶ崎食肉センター

◆主な処理場
　：常陽牧場

◆年間出荷頭数
　：15,000 頭

◆主要卸売企業
　：―

◆輸出実績国・地域
　：―

◆今後の輸出意欲
　：―

販売指定店制度について

指定店制度：―
販促ツール：―

特長

- SPF 認定農場で生産。種豚のデュロックを独自の基準で選別、指定配合飼料にエコフィード（さつまいも、じゃがいも、飼料米）等を自社配合し長期肥育。
- 生産から販売まで一貫管理し、豚自体の免疫を高め、健康な豚を育てるため、乳酸菌や酵母菌などを飼料に添加し、薬品使用量が非常に少ない。
- マーブリング、軟らかさ、日持ちが良く、豚くさくなく、脂が甘い。

概要

管理主体：常陽発酵農法牧場㈱	電話：0297-62-5961
代表者：櫻井　宣育	FAX：0297-62-5962
所在地：牛久市結束町 552	URL：―
	メールアドレス：―

茨　城　県

美明豚（びめいとん）

飼育管理

出荷日齢：185日齢

出荷体重：117.6kg

指定肥育地・牧場
　：自社農場

飼料の内容
　：指定配合飼料、大麦、オリーブオイルなど

商標登録・GI 登録・銘柄規約について

商標登録の有無：有
登録取得年月日：2003 年12月

G　I　登　録：―

銘柄規約の有無：有
規約設定年月日：2004 年12月 1 日
規約改定年月日：―

農場 HACCP・JGAP について

農場 HACCP：有（2021 年4月27日）
J　G　A　P：有（2022 年9月30日）

交配様式

雌　（ランドレース［雌］× 大ヨークシャー［雄］）
×
雄　デュロック

主な流通経路および販売窓口

◆主なと畜場
　：茨城県中央食肉公社
◆主な処理場
　：同上
◆年間出荷頭数
　：10,000 頭
◆主要卸売企業
　：ＳＣミート
◆輸出実績国・地域
　：準備中
　今後の輸出意欲
◆：有

販売指定店制度について

指定店制度：有
販促ツール：シール、のぼり、パネル、パンフレット、美明豚販売店指定証、ポスター

特長

- 最上級の配合飼料にバランスよく天然素材を設計した飼料を与え、肥育された豚。
- 日本SPF豚協会の認定を受け、子豚から出荷まで 1 カ所の農場で生産管理している。
- 甘みとコクはもとより、風味があり、軟らかく質の良い脂が特徴。
- 農林水産大臣賞連続受賞（16 回受賞）、茨城県畜産大賞最優秀賞受賞。

概要

管理主体：㈲中村畜産	電話：0299-72-0234、0291-35-2146（農場）
代表者：中村　一夫	FAX：0299-72-0538、0291-35-3646（同）
所在地：行方市麻生 133-4	URL：www.bimeiton.com
	メールアドレス：―

北海道 青森県 岩手県 宮城県 秋田県 山形県 福島県 茨城県 栃木県 群馬県 埼玉県 千葉県 東京都 神奈川県 山梨県 長野県 新潟県 富山県 石川県 福井県 岐阜県 静岡県 愛知県 三重県 滋賀県 京都府 大阪府 兵庫県 奈良県 鳥取県 島根県 岡山県 広島県 山口県 徳島県 香川県 愛媛県 福岡県 佐賀県 長崎県 熊本県 大分県 宮崎県 鹿児島県 沖縄県 全国

茨城県

ぶなぶた
橅豚

飼育管理

出荷日齢：175日齢
出荷体重：115kg
指定肥育地・牧場
：久慈郡大子町
飼料の内容
：ー

商標登録・GI登録・銘柄規約について

商標登録の有無：有
登録取得年月日：2007年8月31日

GI登録：ー

銘柄規約の有無：ー
規約設定年月日：ー
規約改定年月日：ー

農場HACCP・JGAPについて

農場HACCP：ー
JGAP：ー

交配様式

雌 （ランドレース（雌）×大ヨークシャー（雄））
×
雄 デュロック

主な流通経路および販売窓口

◆主なと畜場
：東京食肉市場、茨城県食肉市場
◆主な処理場
：ー
◆年間出荷頭数
：16,000頭
◆主要卸売企業
：東京食肉市場、茨城県食肉市場、大久保武商事、全農ミートフーズ
◆輸出実績国・地域
：ー
◆今後の輸出意欲
：有

販売指定店制度について

指定店制度：有
販促ツール：シール

特長

● 水と緑豊な恵みに満たされた奥久慈の地で橅の古木の下から遠くに八溝の山並みをのぞみ、穏やかでのんびりとした静かな環境の中で、天然水を飲み育った豚の脂質はとても白く、サーモンピンクの肉色です。

概要

管理主体：㈲常陸牧場
代表者：矢吹　和人　代表取締役
所在地：久慈郡大子町高柴4382
電話：0295-76-0111
FAX：0295-76-0112
URL：ー
メールアドレス：buna-buta@laku.ocn.ne.j

茨城県

まごころぶた
まごころ豚

飼育管理

出荷日齢：180日齢
出荷体重：115kg
指定肥育地・牧場
：南野第一本場他（自社農場）
飼料の内容
：飼料米を20%、鉾田市産を含む国産甘しょを配合した指定配合飼料（肥育後期）

商標登録・GI登録・銘柄規約について

商標登録の有無：有
登録取得年月日：2007年4月4日

GI登録：未定

銘柄規約の有無：有
規約設定年月日：2007年5月1日
規約改定年月日：ー

農場HACCP・JGAPについて

農場HACCP：ー
JGAP：ー

交配様式

雌 （大ヨークシャー（雌）×ランドレース（雄））
×
雄 デュロック

主な流通経路および販売窓口

◆主なと畜場
：茨城県中央食肉公社、茨城協同食肉
◆主な処理場
：ー
◆年間出荷頭数
：60,000頭
◆主要卸売企業
：飯島畜産、JA全農ミートフーズ
◆輸出実績国・地域
：ー
◆今後の輸出意欲
：ー

販売指定店制度について

指定店制度：ー
販促ツール：シール、のぼり、ポスター

特長

● 自社GP農場を中心とした種豚から肥育までの一貫生産体制。
● 肉質向上を目標とした指定配合飼料を肥育後期に給与（飼料米15%、鉾田市産甘しょを配合）甘みのある肉質と脂肪交雑がほど良く入った軟らかい食感。
● 自社関連会社の、独自のミネラル酵素入り混合資料を飼料添加し、給与。

概要

管理主体：㈲石上ファーム
代表者：石上　守
所在地：鉾田市鉾田618-1
電話：0291-33-5279
FAX：0291-32-2465
URL：www.ishigami-farm.co.jp
メールアドレス：soumu@ishigami-farm.co.jp

茨城県

味麗豚（みらいとん）

飼育管理

出荷日齢：180日齢

出荷体重：110～120kg

指定肥育地・牧場
：茨城県、埼玉県、栃木県

飼料の内容
：味麗豚専用飼料（豊橋飼料）

商標登録・GI登録・銘柄規約について

商標登録の有無：有
登録取得年月日：2003年10月21日

GI登録：未定

銘柄規約の有無：有
規約設定年月日：2001年4月1日
規約改定年月日：—

農場HACCP・JGAPについて

農場HACCP：一部農場のみ（2015年）
JGAP：—

交配様式

雌（ランドレース(雌)×大ヨークシャー(雄)）
×
雄 デュロック

主な流通経路および販売窓口

◆主なと畜場
：印旛食肉センター、和光、取手食肉センター

◆主な処理場
：同上

◆年間出荷頭数
：30,000頭

◆主要卸売企業
：村下商事、金井畜産

◆輸出実績国・地域
：—

◆今後の輸出意欲
：有

販売指定店制度について

指定店制度：—
販促ツール：シール、のぼり、パネル、ポスター、パンフレット

特長

- 植物性飼料
- ポリフェノール
- 麹菌
- 天然鉱石トルマリン水

概要

管理主体：味麗グループ
代表者：三反崎　靖典　事務局
所在地：筑西市丙341
電話：0296-24-7750
FAX：0296-24-7768
URL：www.mirai-ton.jp
メールアドレス：mirai_mitazaki@extra.ocn-ne.jp

茨城県

山西牧場（やまにしぼくじょう）

飼育管理

出荷日齢：180日齢

出荷体重：約115kg

指定肥育地・牧場
：山西牧場

飼料の内容
：指定配合飼料

商標登録・GI登録・銘柄規約について

商標登録の有無：有
登録取得年月日：—

GI登録：—

銘柄規約の有無：—
規約設定年月日：—
規約改定年月日：—

農場HACCP・JGAPについて

農場HACCP：有（2018年1月12日）
JGAP：無

交配様式

雌（ランドレース(雌)×大ヨークシャー(雄)）
×
雄 デュロック

主な流通経路および販売窓口

◆主なと畜場
：土浦食肉市場、東京都食肉市場

◆主な処理場
：大久保ミート

◆年間出荷頭数
：11,000～12,000頭

◆主要卸売企業
：大久保ミート、石橋ミート

◆輸出実績国・地域
：無

◆今後の輸出意欲
：無

販売指定店制度について

指定店制度：無
販促ツール：シール、リーフレット、置物

特長

- 配合飼料を液体状にして給餌。
- くせが無く、甘みのある脂が特長でドリップも少ない。

概要

管理主体：㈱山西牧場
代表者：倉持　信宏
所在地：坂東市沓掛乙585-1
電話：0297-44-2195
FAX：0297-44-2732
URL：—
メールアドレス：yamanisi@iinet.ne.jp

北海道
青森県
岩手県
宮城県
秋田県
山形県
福島県
茨城県
栃木県
群馬県
埼玉県
千葉県
東京都
神奈川県
山梨県
長野県
新潟県
富山県
石川県
福井県
岐阜県
静岡県
愛知県
三重県
滋賀県
京都府
大阪府
兵庫県
奈良県
鳥取県
島根県
岡山県
広島県
山口県
徳島県
香川県
愛媛県
福岡県
佐賀県
長崎県
熊本県
大分県
宮崎県
鹿児島県
沖縄県
全国

茨城県

ゆみぶた

弓豚

飼育管理

出荷日齢：170日齢

出荷体重：約115kg

指定肥育地・牧場
：－

飼料の内容
：弓豚専用飼料

商標登録・GI登録・銘柄規約について

商標登録の有無：有
登録取得年月日：2008年12月26日

GI登録：－

銘柄規約の有無：－
規約設定年月日：－
規約改定年月日：－

農場HACCP・JGAPについて

農場HACCP：－
JGAP：－

交配様式

雌 （ランドレース × 大ヨークシャー）（雌）
×
雄 デュロック（雄）

主な流通経路および販売窓口

◆主なと畜場
：茨城協同食肉

◆主な処理場
：佐藤畜産

◆年間出荷頭数
：9,500頭

◆主要卸売企業
：－

◆輸出実績国・地域
：－

◆今後の輸出意欲
：－

販売指定店制度について

指定店制度：－
販促ツール：シール、のぼり

特長

- ＳＰＦ認定農場。
- オリジナル飼料に杜仲茶、乳酸菌などを入れ、豚の健康を第一に考えて肥育しています。

概要

管理主体：㈲弓野畜産
代表者：弓野 浩作
所在地：石岡市大砂 10403-3

電話：0299-24-4568
FAX：0299-23-3382
URL：www.yumibuta.jp
メールアドレス：mail@yumibuta.jp

茨城県

よねかわしおかぜぽーく

よねかわ潮風ポーク

飼育管理

出荷日齢：約180日

出荷体重：120kg前後

指定肥育地・牧場
：自社

飼料の内容
：専用の配合飼料

商標登録・GI登録・銘柄規約について

商標登録の有無：－
登録取得年月日：－

GI登録：－

銘柄規約の有無：－
規約設定年月日：－
規約改定年月日：－

農場HACCP・JGAPについて

農場HACCP：－
JGAP：－

交配様式

雌 （ランドレース × 大ヨークシャー）（雌）
×
雄 デュロック（雄）

雌 （大ヨークシャー × ランドレース）
×
雄 デュロック

主な流通経路および販売窓口

◆主なと畜場
：東京食肉市場

◆主な処理場
：－

◆年間出荷頭数
：4,000頭

◆主要卸売企業
：東京食肉市場

◆輸出実績国・地域
：－

◆今後の輸出意欲
：－

販売指定店制度について

指定店制度：－
販促ツール：シール

特長

- 肉質はきめ細かく、滑らかであっさりとした脂身が特長。
- 清潔な環境で衛生的に育てられている。

概要

管理主体：㈲米川養豚場
代表者：米川 智明
所在地：鉾田市造谷 1326

電話：0291-37-0281
FAX：0291-37-3775
URL：－
メールアドレス：－

茨城県

ろーずぽーく

ローズポーク

飼育管理

出荷日齢：約190日齢

出荷体重：約115kg

指定肥育地・牧場
：—

飼料の内容
：ローズポーク専用飼料

商標登録・GI登録・銘柄規約について

商標登録の有無：有
登録取得年月日：1988年3月30日

GI登録：未定

銘柄規約の有無：有
規約設定年月日：1983年11月28日
規約改定年月日：2017年6月21日

農場HACCP・JGAPについて

農場HACCP：—
JGAP：—

交配様式

雌（ランドレース（雌）×大ヨークシャー（雄））
×
雄 デュロック

主な流通経路および販売窓口

◆主なと畜場
：茨城県中央食肉公社、茨城協同食肉

◆主な処理場
：同上

◆年間出荷頭数
：45,000頭

◆主要卸売企業
：全農茨城県本部、JA全農ミートフーズ

◆輸出実績国・地域
：—

◆今後の輸出意欲
：—

販売指定店制度について

指定店制度：有
販促ツール：シール、のぼり

特長

- ローズポーク専用飼料で、じっくりと肥育している。
- 育てる人、育てる豚、育てる飼料、販売する人を指定した限定商品。
- 締まりの良い赤肉の筋肉に混在する良質の脂肪が光沢のある豚肉をつくり出している。
- 食味は、豚肉のうまみを感じやすい濃厚な味わいであることが科学的に証明されている。

概要

管理主体：全農茨城県本部
代表者：鴨川　隆計
所在地：東茨城郡茨城町下土師字高山1950-1
電話：029-292-6906
FAX：029-292-7743
URL：www.zennoh.or.jp/ib/rosepork/
メールアドレス：kikaku@ib.zennoh.or.jp

茨城県

ろっこくおとめぶた

六穀おとめ豚

飼育管理

出荷日齢：約180〜190日齢

出荷体重：約110〜115kg

指定肥育地・牧場
：指定協力農場

飼料の内容
：6種類の穀物をメーンとした飼料にいも（キャッサバ）をバランスよく配合した指定配合飼料

商標登録・GI登録・銘柄規約について

商標登録の有無：—
登録取得年月日：—

GI登録：未定

銘柄規約の有無：—
規約設定年月日：—
規約改定年月日：—

農場HACCP・JGAPについて

農場HACCP：—
JGAP：—

交配様式

雌（ランドレース（雌）×大ヨークシャー（雄））
×
雄 デュロック

主な流通経路および販売窓口

◆主なと畜場
：本庄食肉センター

◆主な処理場
：アイ・ポーク本庄工場

◆年間出荷頭数
：36,000頭

◆主要卸売企業
：伊藤ハム米久ホールディングス

◆輸出実績国・地域
：—

◆今後の輸出意欲
：—

販売指定店制度について

指定店制度：—
販促ツール：シール、のぼり、ポスター、ボード、POP各種

特長

- 6種類の穀物をメーンにしたオリジナル配合飼料を与えて育てました。
- でんぷん質が高い小麦、大麦、米と栄養価の高いとうもろこし、マイロ（こうりゃん）、大豆をメーンとした飼料にいも（キャッサバ）をバランス良く飼料に配合。
- 肉のうまみ、まろやかなこくを作り出すとともに、しまりのある肉質、淡い肉色、きれいな白上がりの脂肪色にもこだわりました。

概要

管理主体：アイ・ポーク㈱（伊藤ハム米久ホールディングス㈱グループ）
代表者：小泉　隆　社長
所在地：群馬県前橋市鳥羽町161-1
電話：027-252-5353
FAX：027-253-6933
URL：www.yonekyu.co.jp
メールアドレス：—

北海道
青森県
岩手県
宮城県
秋田県
山形県
福島県
茨城県
栃木県
群馬県
埼玉県
千葉県
東京都
神奈川県
山梨県
長野県
新潟県
富山県
石川県
福井県
岐阜県
静岡県
愛知県
三重県
滋賀県
京都府
大阪府
兵庫県
奈良県
鳥取県
島根県
岡山県
広島県
山口県
徳島県
香川県
愛媛県
福岡県
佐賀県
長崎県
熊本県
大分県
宮崎県
鹿児島県
沖縄県
全国

茨　城　県

わのかとん
和之家豚

飼育管理

出荷日齢：約180日齢

出荷体重：約110kg

指定肥育地・牧場
：和家養豚場

飼料の内容
：専用混合飼料「和之家」

商標登録・GI登録・銘柄規約について

商標登録の有無：有
登録取得年月日：2008年8月29日

G I 登 録：未定

銘柄規約の有無：—
規約設定年月日：—
規約改定年月日：—

農場HACCP・JGAPについて

農場HACCP：—
JGAP：—

交配様式

雌　（ランドレース（雌）×大ヨークシャー（雄））
×
雄　デュロック

主な流通経路および販売窓口

◆主なと畜場
：茨城県食肉市場

◆主な処理場
：同上

◆年間出荷頭数
：1,500頭

◆主要卸売企業
：飯島畜産

◆輸出実績国・地域
：—

◆今後の輸出意欲
：有

販売指定店制度について

指定店制度：—
販促ツール：シール、のぼり

特長

- 専用混合飼料「和之家」を添加している。
- 肉豚の仕上げ期の２カ月間、地元産の飼料米を自家粉砕し、飼料中10%以上混合して給餌している。

概要

管理主体：㈱和家養豚場
代表者：和家　貴之　代表取締役
所在地：東茨城郡茨城町鳥羽田276-55
電話：029-291-0977
FAX：同上
URL：www.wanokaton.com
メールアドレス：waketaka.6530@atnena.ocn.ne.jp

栃木県

おーしゃんとん
桜山豚

飼育管理

出荷日齢：180日齢
出荷体重：約115kg
指定肥育地・牧場
：寺内農牧
飼料の内容
：指定配合飼料（米を配合）

商標登録・GI登録・銘柄規約について

商標登録の有無：有
登録取得年月日：2005年12月26日

GI登録：－

銘柄規約の有無：－
規約設定年月日：－
規約改定年月日：－

農場HACCP・JGAPについて

農場HACCP：－
JGAP：－

交配様式

ケンボロー

主な流通経路および販売窓口

◆主なと畜場
：栃木県畜産公社
◆主な処理場
：滝沢ハム、泉川ミートセンター
◆年間出荷頭数
：26,000頭
◆主要卸売企業
：滝沢ハム
◆輸出実績国・地域
：－
◆今後の輸出意欲
：有

販売指定店制度について

指定店制度：－
販促ツール：シール、パネル

特長

- 希少品種のケンボローとハーフバーグを交配。
- 脂のおいしさが特長で、バラのしゃぶしゃぶは天下一品。
- 最新の脱臭設備により、豚のストレスを無くし、周りの環境にも優しい豚舎で元気に育てられている。
- 季節により配合の割合を調節して、安定した肉質に仕上がっている。

概要

管理主体：滝沢ハム㈱
代表者：瀧澤　太郎
所在地：栃木市泉川町556
電話：0282-23-3646
FAX：0282-24-4198
URL：takizawaham.co.jp
メールアドレス：tk4911@takizawaham.co.jp

栃木県

さつきぽーく
さつきポーク

飼育管理

出荷日齢：150～180日齢
出荷体重：115kg
指定肥育地・牧場
：限定3農場
飼料の内容
：自家配合飼料

商標登録・GI登録・銘柄規約について

商標登録の有無：有
登録取得年月日：2009年10月30日

GI登録：

銘柄規約の有無：有
規約設定年月日：－
規約改定年月日：－

農場HACCP・JGAPについて

農場HACCP：－
JGAP：－

交配様式

雌　（ランドレース（雌）×大ヨークシャー（雄））
×
雄　デュロック

主な流通経路および販売窓口

◆主なと畜場
：宇都宮市食肉市場
◆主な処理場
：JA全農ミートセンター
◆年間出荷頭数
：10,000頭
◆主要卸売企業
：JA全農栃木県本部
◆輸出実績国・地域
：－
◆今後の輸出意欲
：－

販売指定店制度について

指定店制度：－
販促ツール：シール、のぼり

特長

- 良質な原料による自家配合。
- ワクチンの使用による健康管理（抗生物質は最少の使用）
- 肉締まりがよく、食味は最高。

概要

管理主体：石川畜産㈱
代表者：石川　一男　代表取締役
所在地：鹿沼市奈佐原町357
電話：0289-75-2052
FAX：0289-75-1185
URL：－
メールアドレス：space357@cream.plala.or.jp

栃木県

せんぼんまつとん
千本松豚

飼育管理

出荷日齢：200日齢
出荷体重：125～130kg
指定肥育地・牧場
：－
飼料の内容
：とうもろこし、大麦を主体とした飼料。飼料安全法を遵守

商標登録・GI登録・銘柄規約について

商標登録の有無：有
登録取得年月日：2010年4月30日

GI登録：未定

銘柄規約の有無：－
規約設定年月日：－
規約改定年月日：－

農場HACCP・JGAPについて

農場HACCP：－
JGAP：－

交配様式

雌（ランドレース雌×大ヨークシャー雄）
×
雄 デュロック

主な流通経路および販売窓口

◆主なと畜場
：栃木県畜産公社
◆主な処理場
：西谷商店
◆年間出荷頭数
：780頭
◆主要卸売企業
：西谷商店
◆輸出実績国・地域
：－
◆今後の輸出意欲
：－

販売指定店制度について

指定店制度：有
販促ツール：シール、のぼり

特長

緑豊な那須塩原市千本松地区で那須山麓の湧き水を水源とした、おいしい水ととうもろこし、大麦を主体とした飼料で飼育しており、徹底した防疫衛生環境で飼育しております。飼育期間を延長し、じっくり時間をかけて肥育しました。鮮度品質保持のよい風味、コクのある豚肉に仕上げております。

概要

管理主体：㈱ぜんちく那須山麓牧場
代表者：加藤　義康　代表取締役社長
所在地：那須塩原市千本松776-1
電話：0287-36-0042
FAX：0287-36-3962
URL：www.zenchiku-nasusanroku.co.jp/
メールアドレス：info@zenchiku-nasusanroku.co.jp

栃木県

そがのやのぶた
曽我の屋の豚

飼育管理

出荷日齢：193日齢
出荷体重：117kg
指定肥育地・牧場
：那須農場、豊原農場、吉田農場、夕狩農場、高城農場
飼料の内容
：トウモロコシ、大豆粕　主体の自家配合飼料。仕上期はトウモロコシ、大豆粕で98%

商標登録・GI登録・銘柄規約について

商標登録の有無：有
登録取得年月日：2018年8月3日

GI登録：－

銘柄規約の有無：－
規約設定年月日：－
規約改定年月日：－

農場HACCP・JGAPについて

農場HACCP：－
JGAP：－

交配様式

ケンボロー

主な流通経路および販売窓口

◆主なと畜場
：神奈川食肉センター、栃木県畜産公社
◆主な処理場
：同上、及び　曽我の屋農興　自社工場
◆年間出荷頭数
：120,000頭
◆主要卸売企業
：滝沢ハム
◆輸出実績国・地域
：－
◆今後の輸出意欲
：－

販売指定店制度について

指定店制度：－
販促ツール：シール、のぼり、パネル、コピーベルト、リーフレット

特長

- 豚の味を決める大きな要素である『飼料』にこだわっています。
- 豚肉の「うまみ」を最大限に引き出す為、日々食べる分だけの丸粒とうもろこしを自家粉砕、自家配合しており、飼料の鮮度にもこだわり育てております。

概要

管理主体：曽我の屋農興㈱
代表者：野上　元彦
所在地：神奈川県平塚市南金目925
電話：0463-58-0485
FAX：0463-59-0688
URL：www.soganoya.co.jp
メールアドレス：buta@soganoya.co.jp

栃　木　県

とちぎゆめぽーく

とちぎゆめポーク

飼育管理

出荷日齢：180日齢

出荷体重：約115kg

指定肥育地・牧場
：県内

飼料の内容
：仕上げ飼料・ピッグマーブル

商標登録・GI登録・銘柄規約について

商標登録の有無：有
登録取得年月日：2012年7月13日

GI登録：未定

銘柄規約の有無：有
規約設定年月日：－
規約改定年月日：2020年11月30日

農場HACCP・JGAPについて

農場HACCP：－
JGAP：－

交配様式

雌（ランドレース（雌）×大ヨークシャー（雄））
×
雄　デュロック

主な流通経路および販売窓口

◆主なと畜場
：栃木県畜産公社

◆主な処理場
：とちぎ食肉センター

◆年間出荷頭数
：16,000頭

◆主要卸売企業
：那須ミート、大山食肉、関東日本フード

◆輸出実績国・地域
：－

◆今後の輸出意欲
：－

販売指定店制度について

指定店制度：有
販促ツール：のぼり、ポスター

特長

● 肉質はさしが入りやすく、不飽和脂肪酸の含有が多いため、脂肪の融点が低く、舌ざわりが良い。

概要

管理主体	全農栃木県本部	電話	028-689-9022
代表者	－	FAX	028-689-9020
所在地	芳賀郡芳賀町大字稲毛田1921-7	URL	－
		メールアドレス	－

栃　木　県

なすさらりぶた

那須さらり豚

飼育管理

出荷日齢：170日齢

出荷体重：約115kg

指定肥育地・牧場
：栃木県

飼料の内容
：肉豚肥育用飼料に麦類を24%以上

商標登録・GI登録・銘柄規約について

商標登録の有無：有
登録取得年月日：2021年8月3日

GI登録：未定

銘柄規約の有無：－
規約設定年月日：－
規約改定年月日：－

農場HACCP・JGAPについて

農場HACCP：未定
JGAP：未定

交配様式

－

主な流通経路および販売窓口

◆主なと畜場
：栃木県畜産公社

◆主な処理場
：とちぎ食肉センター

◆年間出荷頭数
：80,000頭

◆主要卸売企業
：ウェルファムフーズ

◆輸出実績国・地域
：－

◆今後の輸出意欲
：－

販売指定店制度について

指定店制度：有
販促ツール：シール、POP、パネル、ポスター、のぼり

特長

● 栃木県那須高原に所在する農場にて、愛情込めて大切に育てました。
● 麦類をたっぷり含んだこだわりの飼料を食べさせ、やわらかく、くさみが少ないことが特徴です。
● 薄桃色の赤身に後味のすっきりした脂身が程よく入り、さらりとした良質なおいしさの豚肉に仕上げました。

概要

管理主体	那須高原牧場㈱	電話	0287-74-2661
代表者	観音堂 靖　代表取締役社長	FAX	0287-65-0105
所在地	那須塩原市方京1丁目2-6	URL	www.nasukogenbokujyo.co.jp/
		メールアドレス	－

北海道 青森県 岩手県 宮城県 秋田県 山形県 福島県 茨城県 栃木県 群馬県 埼玉県 千葉県 東京都 神奈川県 山梨県 長野県 新潟県 富山県 石川県 福井県 岐阜県 静岡県 愛知県 三重県 滋賀県 京都府 大阪府 兵庫県 奈良県 鳥取県 島根県 岡山県 広島県 山口県 徳島県 香川県 愛媛県 福岡県 佐賀県 長崎県 熊本県 大分県 宮崎県 鹿児島県 沖縄県 全国

栃　　木　　県

なすさんろくとん

那須山麓豚

飼育管理

出荷日齢：185日齢

出荷体重：115kg

指定肥育地・牧場
：—

飼料の内容
：とうもろこし、大麦を主体とした飼料。飼料安全法を順守。

商標登録・GI登録・銘柄規約について

商標登録の有無：有
登録取得年月日：2013年6月14日

G　I　登　録：未定

銘柄規約の有無：—
規約設定年月日：—
規約改定年月日：—

農場HACCP・JGAPについて

農場HACCP：—
J　G　A　P：—

交配様式

雌（ランドレース(雌)×大ヨークシャー(雄)）
×
雄 デュロック

主な流通経路および販売窓口

◆主なと畜場
：栃木県畜産公社

◆主な処理場
：西谷商店

◆年間出荷頭数
：500頭

◆主要卸売企業
：全国畜産農業協同組合連合会、ぜんちく那須山麓牧場

◆輸出実績国・地域
：—

◆今後の輸出意欲
：—

販売指定店制度について

指定店制度：有
販促ツール：シール、のぼり

特長

● 那須山麓の湧き水を水源としたおいしい水と、とうもろこし、大麦、小麦をバランス良く配合した専用飼料でじっくりと育てた鮮度、品質保持の良い、風味とこくのあるうま味が際立つ三元豚。

概要

管理主体：㈱ぜんちく那須山麓牧場
代表者：加藤　義康　代表取締役社長
所在地：那須塩原市千本松776-1
電話：0287-36-0042
FAX：0287-36-3962
URL：www.zenchiku-nasusanroku.co.jp
メールアドレス：info@zenchiku-nasusanroku.co.jp

栃　　木　　県

やしおぽーく

ヤシオポーク

飼育管理

出荷日齢：185日齢

出荷体重：110kg

指定肥育地・牧場
：—

飼料の内容
：とうもろこし、大麦を主体とした飼料。飼料安全法を遵守

商標登録・GI登録・銘柄規約について

商標登録の有無：有
登録取得年月日：2009年12月25日

G　I　登　録：—

銘柄規約の有無：—
規約設定年月日：—
規約改定年月日：—

農場HACCP・JGAPについて

農場HACCP：—
J　G　A　P：—

交配様式

雌（ランドレース(雌)×大ヨークシャー(雄)）
×
雄 デュロック

主な流通経路および販売窓口

◆主なと畜場
：栃木県畜産公社

◆主な処理場
：西谷商店

◆年間出荷頭数
：620頭

◆主要卸売企業
：山久

◆輸出実績国・地域
：—

◆今後の輸出意欲
：—

販売指定店制度について

指定店制度：—
販促ツール：シール、のぼり

特長

●おいしい豚肉を生産するため、与える水や飼料にこだわり、徹底した衛生管理で健康に飼育しています。
●ホエーを与えて飼育された母豚から生まれた豚で、子豚のときには整腸作用の高い竹炭の粉を混ぜた飼料を与え飼育します。
●また配合飼料には大麦を配合し、時間をかけて肥育しました。肉色は少し赤みを帯び、脂肪は甘く風味とコクがあるおいしい豚肉です。

概要

管理主体：㈱ぜんちく那須山麓牧場
代表者：加藤　義康　代表取締役社長
所在地：那須塩原市千本松776-1
電話：0287-36-0042
FAX：0287-36-3962
URL：www.zenchiku-nasusanroku.co.jp
メールアドレス：info@zenchiku-nasusanroku.co.jp

群 馬 県

あかぎぽーく
赤城ポーク

飼育管理

出荷日齢：約180日齢

出荷体重：103～124kg前後

指定肥育地・牧場
：県内9農場

飼料の内容
：銘柄豚専用飼料を生後120日前後から出荷まで

商標登録・GI登録・銘柄規約について

商標登録の有無：有
登録取得年月日：2011年4月1日

GI登録：未定

銘柄規約の有無：有（品質認定基準、取引条件が設定）
規約設定年月日：—
規約改定年月日：—

農場HACCP・JGAPについて

農場HACCP：—
JGAP：—

交配様式

雌（ランドレース×大ヨークシャー）
×
雄 デュロック

雌（大ヨークシャー×ランドレース）
×
雄 デュロック

主な流通経路および販売窓口

◆主な と 畜 場
：群馬県食肉卸売市場

◆主な処理場
：同上

◆年間出荷頭数
：30,000頭

◆主要卸売企業
：JA高崎ハム

◆輸出実績国・地域
：—

◆今後の輸出意欲
：有

販売指定店制度について

指定店制度：—
販促ツール：シール、のぼり

特長

- JA赤城橘管内の生産者が、高品質で安全な豚肉を生産するために種豚や飼養管理に注意を図り、動物性飼料を排除し、穀類に麦類を多く含む肥育専用飼料を給与。
- 肉締まりが良く保水性に優れ、軟らかく風味があり、豚特有の臭みを抑え、さっぱりとした甘みを感じる豚肉に仕上げた。

概要

管理主体：赤城ポーク生産組合
代表者：星野 誠
所在地：渋川市北橘真壁1386-1
電話：0279-52-4029
FAX：0279-52-3822
URL：jagunnma.net/jaat/
メールアドレス：—

群 馬 県

あがつまぽーく
吾妻ポーク

飼育管理

出荷日齢：約180日齢

出荷体重：103～124kg前後

指定肥育地・牧場
：片桐農場、友松ファーム、富澤養豚

飼料の内容
：銘柄豚専用飼料を生後120日前後から出荷まで与える

商標登録・GI登録・銘柄規約について

商標登録の有無：—
登録取得年月日：—

GI登録：—

銘柄規約の有無：—
規約設定年月日：—
規約改定年月日：—

農場HACCP・JGAPについて

農場HACCP：—
JGAP：—

交配様式

雌（ランドレース×大ヨークシャー）
×
雄 デュロック

主な流通経路および販売窓口

◆主な と 畜 場
：群馬県食肉卸売市場

◆主な処理場
：同上

◆年間出荷頭数
：15,000頭

◆主要卸売企業
：—

◆輸出実績国・地域
：—

◆今後の輸出意欲
：—

販売指定店制度について

指定店制度：—
販促ツール：シール、のぼり

特長

- 吾妻の自然に恵まれた環境でおいしさを求めた専用飼料を給与して育てた健康な豚肉です。
- あっさりとした食感で豚特有の臭みを抑え、さっぱりした甘みを感じる肉質となっています。

概要

管理主体：JAあがつま
代表者：—
所在地：吾妻郡東吾妻町大字原町607
電話：0279-68-2532
FAX：0279-68-2574
URL：—
メールアドレス：—

北海道
青森県
岩手県
宮城県
秋田県
山形県
福島県
茨城県
栃木県
群馬県
埼玉県
千葉県
東京都
神奈川県
山梨県
長野県
新潟県
富山県
石川県
福井県
岐阜県
静岡県
愛知県
三重県
滋賀県
京都府
大阪府
兵庫県
奈良県
鳥取県
島根県
岡山県
広島県
山口県
徳島県
香川県
愛媛県
福岡県
佐賀県
長崎県
熊本県
大分県
宮崎県
鹿児島県
沖縄県
全国

群馬県

あがつまむぎぶた

あがつま麦豚

飼育管理

出荷日齢：約180日齢
出荷体重：103～124kg前後
指定肥育地・牧場
：吾妻管内３農場
飼料の内容
：銘柄豚専用飼料を生後120日前後から出荷まで与える

商標登録・GI登録・銘柄規約について

商標登録の有無：—
登録取得年月日：—
G I 登 録：未定
銘柄規約の有無：有（品質認定基準、取引条件が設定）
規約設定年月日：—
規約改定年月日：—

農場HACCP・JGAPについて

農場HACCP：—
JGAP：—

交配様式

雌（ランドレース × 大ヨークシャー）× 雄 デュロック
雌（大ヨークシャー × ランドレース）× 雄 デュロック

主な流通経路および販売窓口

◆主なと畜場
：群馬県食肉卸売市場
◆主な処理場
：同上
◆年間出荷頭数
：15,000頭
◆主要卸売企業
：—
◆輸出実績国・地域
：—
◆今後の輸出意欲
：—

販売指定店制度について

指定店制度：有
販促ツール：シール、のぼり、パネル

特長

● 吾妻の自然に恵まれた環境でおいしさを求めた専用飼料を給与して育てられた健康な豚肉です。
● あっさりとした食感で豚特有の臭みを抑え、さっぱりとした甘みを感じる肉質となっています。

概要

管理主体：ＪＡあがつま
代表者：—
所在地：吾妻郡東吾妻町大字原町607
電話：0279-68-2532
FAX：0279-68-2574
URL：www.gunmashokuniku.co.jp
メールアドレス：—

群馬県

うめのさとじょうしゅうとんとことん

梅の郷上州豚とことん

飼育管理

出荷日齢：170日齢
出荷体重：118kg
指定肥育地・牧場
：安中市
飼料の内容
：指定配合飼料給与で飼育

商標登録・GI登録・銘柄規約について

商標登録の有無：有
登録取得年月日：2002年３月15日
G I 登 録：—
銘柄規約の有無：—
規約設定年月日：—
規約改定年月日：—

農場HACCP・JGAPについて

農場HACCP：—
JGAP：—

交配様式

雌 ケンボロー × 雄 ケンボローPIC265

主な流通経路および販売窓口

◆主なと畜場
：高崎食肉センター
◆主な処理場
：同上
◆年間出荷頭数
：4,000頭
◆主要卸売企業
：エルマ、アトム、フジ食品
◆輸出実績国・地域
：—
◆今後の輸出意欲
：—

販売指定店制度について

指定店制度：—
販促ツール：—

特長

● 肉に風味があり、豚肉特有の臭い（獣臭）がほとんどありません。
● 肉に甘みがあり、軟らかくソフトです。

概要

管理主体：㈲多胡養豚場
代表者：多胡　陽樹
所在地：安中市中野谷3475-1
電話：027-385-4313
FAX：同上
URL：—
メールアドレス：—

群馬県

えばらはーぶとん　みらい
えばらハーブ豚　未来

飼育管理

出荷日齢：200日齢
出荷体重：約115kg
指定肥育地・牧場
：－
飼料の内容
：ＮＯＮ-ＧＭＯ原料による無薬飼料

商標登録・GI登録・銘柄規約について

商標登録の有無：有
登録取得年月日：2005年11月4日

ＧＩ登録：未定

銘柄規約の有無：有
規約設定年月日：2000年2月1日
規約改定年月日：－

農場HACCP・JGAPについて

農場HACCP：－
ＪＧＡＰ：－

交配様式

雌（ランドレース（雌）× 大ヨークシャー（雄））
×
雄 デュロック
<シムコＳＰＦ>

主な流通経路および販売窓口

◆主なと畜場
：本庄食肉センター
◆主な処理場
：同上
◆年間出荷頭数
：2,500頭
◆主要卸売企業
：群馬ミート・大地を守る会、ミートコンパニオン、らでぃっしゅぼーや、オイシック・ラ・大地
◆輸出実績国・地域
：－
◆今後の輸出意欲
：－

販売指定店制度について

指定店制度：－
販促ツール：シール、ポップ、パンフレット

特長

- 抗生物質、合成抗菌剤、駆虫剤など完全不使用による無薬飼育。
- ＪＡＳ認証。
- 主原料分別生産流通管理済み。
- 獣臭がなく、脂がジューシーで甘く、軟らかく弾力のある豚肉。
- ビタミンＥを２倍以上含むため鮮度、風味が長持ちする肉質です。

概要

管理主体：㈲江原養豚
代表者：江原　正治　代表取締役
所在地：高崎市上滝町649-1
電話：027-352-7661
ＦＡＸ：027-353-1470
ＵＲＬ：www.ebarayohton.co.jp
メールアドレス：ebara@gaea.ocn.ne.jp

群馬県

おくとねもちぶた
奥利根もち豚

飼育管理

出荷日齢：約180日齢
出荷体重：約103～124kg
指定肥育地・牧場
：－
飼料の内容
：銘柄豚専用飼料を生後120日前後から出荷まで与える

商標登録・GI登録・銘柄規約について

商標登録の有無：－
登録取得年月日：－

ＧＩ登録：未定

銘柄規約の有無：有
（品質認定基準、取引条件が設定）
規約設定年月日：2002年4月1日
規約改定年月日：－

農場HACCP・JGAPについて

農場HACCP：－
ＪＧＡＰ：－

交配様式

雌（ランドレース（雌）× 大ヨークシャー（雄））
×
雄 デュロック

主な流通経路および販売窓口

◆主なと畜場
：群馬県食肉卸売市場
◆主な処理場
：同上
◆年間出荷頭数
：2,500頭
◆主要卸売企業
：群馬ミート
◆輸出実績国・地域
：－
◆今後の輸出意欲
：－

販売指定店制度について

指定店制度：－
販促ツール：シール、のぼり

特長

- ＪＡ利根沼管内の生産者が、動物性飼料を排除し、穀類に麦類を多く含む肥育専用飼料を給与して生産している地域銘柄豚で、きめが細かく、肉の締まりが良く、保水性に優れ、軟らかく風味のある豚肉です。
- 地域銘柄豚としてJA、会員が自ら販売を行うほか、県内外の食肉店で販売をしています。

概要

管理主体：奥利根養豚研究会
代表者：小野　文雄　会長
所在地：利根郡昭和村森下2809-1
電話：0278-25-8920
ＦＡＸ：0278-24-7486
ＵＲＬ：www.jatone.or.jp/
メールアドレス：－

北海道
青森県
岩手県
宮城県
秋田県
山形県
福島県
茨城県
栃木県
群馬県
埼玉県
千葉県
東京都
神奈川県
山梨県
長野県
新潟県
富山県
石川県
福井県
岐阜県
静岡県
愛知県
三重県
滋賀県
京都府
大阪府
兵庫県
奈良県
鳥取県
島根県
岡山県
広島県
山口県
徳島県
香川県
愛媛県
福岡県
佐賀県
長崎県
熊本県
大分県
宮崎県
鹿児島県
沖縄県
全国

群馬県

おぜぽーく
尾瀬ポーク

飼育管理

出荷日齢：150～170日齢
出荷体重：110～120kg
指定肥育地・牧場
：利根沼田ドリームファーム
飼料の内容
：とうもろこしや麦類など穀類のほか、お茶の成分「カテキン」を加えたホエイを配合し給与。

商標登録・GI登録・銘柄規約について

商標登録の有無：有
登録取得年月日：2017年3月24日
GI登録：未定
銘柄規約の有無：—
規約設定年月日：—
規約改定年月日：—

農場HACCP・JGAPについて

農場HACCP：有（2018年8月13日）
JGAP：有（2020年3月19日）

交配様式

雌（ランドレース（雌）×大ヨークシャー（雄））
×
雄　デュロック

主な流通経路および販売窓口

◆主なと畜場
：群馬県食肉卸売市場
◆主な処理場
：同上
◆年間出荷頭数
：21,000頭
◆主要卸売企業
：JA高崎ハム
◆輸出実績国・地域
：—
◆今後の輸出意欲
：—

販売指定店制度について

指定店制度：—
販促ツール：のぼり、ポイントシール

特長

● 自然豊かな水、空気の澄んだ環境で育てられた尾瀬ポークは、味はジューシーで口当たりが良く、脂身がまろやかでおいしい豚肉。

概要

管理主体	利根沼田ドリームファーム㈱	電話	0278-56-2022
代表者	黒澤　豊　代表取締役	FAX	同上
所在地	沼田市利根町平川1550	URL	www.tn-dreamfarm.co.jp
		メールアドレス	tndf@tn-dreamfarm.co.jp

群馬県

おらがくにのいなかぶた
おらがくにのいなか豚

飼育管理

出荷日齢：175～195日齢
出荷体重：110～120kg
指定肥育地・牧場
：—
飼料の内容
：—

商標登録・GI登録・銘柄規約について

商標登録の有無：有
登録取得年月日：2004年4月16日
GI登録：未定
銘柄規約の有無：—
規約設定年月日：—
規約改定年月日：—

農場HACCP・JGAPについて

農場HACCP：推進中
JGAP：推進中

交配様式

雌（ランドレース（雌）×大ヨークシャー（雄））
×
雄　デュロック

主な流通経路および販売窓口

◆主なと畜場
：高崎食肉センター
◆主な処理場
：金井畜産
◆年間出荷頭数
：5,000頭
◆主要卸売企業
：—
◆輸出実績国・地域
：—
◆今後の輸出意欲
：—

販売指定店制度について

指定店制度：—
販促ツール：シール、のぼり、リーフレット

特長

● 軟らかく、さっぱりとした肉をつくるために植物性飼料にこだわっている。
● また生菌性を与えることで、豚がより健康に育ち、臭いの少ない、口溶けの良い肉質に仕上がる。
● 女性向けの豚肉として、軟らかさ、さっぱり、臭みが少ないなどの要素を兼ね備えている。

概要

管理主体	金井畜産㈱	電話	042-560-0022
代表者	金井　一三　代表取締役	FAX	042-560-1129
所在地	東京都武蔵村山市岸1-40-1	URL	www.kanaichikusan.co.jp
		メールアドレス	kanai@lily.ocn.ne.jp

群馬県

かぶちゃんとん
かぶちゃん豚

飼育管理

出荷日齢：180日齢
出荷体重：110kg
指定肥育地・牧場
：—
飼料の内容
：—

商標登録・GI登録・銘柄規約について

商標登録の有無：—
登録取得年月日：—

ＧＩ登録：—

銘柄規約の有無：—
規約設定年月日：—
規約改定年月日：—

農場HACCP・JGAPについて

農場HACCP：—
ＪＧＡＰ：—

交配様式

雌 （ランドレース（雌）×大ヨークシャー（雄））
×
雄 デュロック

主な流通経路および販売窓口

◆主なと畜場
：東京都食肉市場
◆主な処理場
：同上
◆年間出荷頭数
：2,500頭
◆主要卸売企業
：—
◆輸出実績国・地域
：—
◆今後の輸出意欲
：—

販売指定店制度について

指定店制度：—
販促ツール：—

特長

- ノーサン食肉研究会銘柄豚枝肉共進会で２年連続最優秀を受賞（24年、25年）
- 令和４年度東京食肉市場豚枝肉共励会で優秀賞を受賞
- 会栄養コンサルタントの指導のもとリン、カルシウム、ビタミン、タンパク質を強化した飼料により健康な豚を飼育。
- 肉質が軟らかく、脂肪のさっぱり感と甘みのある豚肉です。

概要

管理主体：蕪木養豚	電話：0277-74-5813
代表者：蕪木　康人	FAX：同上
所在地：桐生市新里町板橋 273	URL：—
	メールアドレス：—

群馬県

くいーんぽーく
クイーンポーク

飼育管理

出荷日齢：約180日齢
出荷体重：103～124kg
指定肥育地・牧場
：—
飼料の内容
：指定配合飼料を出荷前70日以上給与。木酢酸（クリーンエースII）

商標登録・GI登録・銘柄規約について

商標登録の有無：有
登録取得年月日：—

ＧＩ登録：—

銘柄規約の有無：有
規約設定年月日：2011年４月１日
規約改定年月日：—

農場HACCP・JGAPについて

農場HACCP：—
ＪＧＡＰ：—

交配様式

雌 （ランドレース（雌）×大ヨークシャー（雄））
×
雄 デュロック

主な流通経路および販売窓口

◆主なと畜場
：群馬県食肉卸売市場
◆主な処理場
：同上
◆年間出荷頭数
：11,000頭
◆主要卸売企業
：群馬ミート
◆輸出実績国・地域
：—
◆今後の輸出意欲
：—

販売指定店制度について

指定店制度：—
販促ツール：—

特長

- 品種改良や飼養管理の改善に加え、肉質の改善のために木酢液を添加することにより消費者がおいしいと喜んでいただける豚肉を目標に作り出しています。
- ドリップの漏出が少なく、おいしさが長く保持され、豚肉特有の臭いが少ないことが特色です。

概要

管理主体：クイーンポーク生産者組合	電話：027-251-3115
代表者：国定　良光　組合長	FAX：027-251-3119
所在地：前橋市問屋町 1-5-5	URL：www.local-foods.jp
	メールアドレス：—

群馬県

ぐんまのくろぶたとんくろ〜

群馬の黒豚“とんくろ〜”

飼育管理

出荷日齢：230日齢前後

出荷体重：約100〜124kg

指定肥育地・牧場
：県内

飼料の内容
：銘柄豚専用飼料を生後120日前後から出荷まで与える

商標登録・GI登録・銘柄規約について

商標登録の有無：有
登録取得年月日：2000年5月26日

GI登録：未定

銘柄規約の有無：有
（研究会規約、品質認定基準、取引条件などの設定）
規約設定年月日：2005年4月1日
規約改定年月日：2007年6月18日

農場HACCP・JGAPについて

農場HACCP：ー
JGAP：ー

交配様式

純粋バークシャー

主な流通経路および販売窓口

◆主なと畜場
：群馬県食肉卸売市場

◆主な処理場
：同上

◆年間出荷頭数
：1,350頭

◆主要卸売企業
：ー

◆輸出実績国・地域
：ー

◆今後の輸出意欲
：有

販売指定店制度について

指定店制度：ー
販促ツール：シール、のぼり、ポスター、パネル

特長

- 動物性飼料を排除し、黒豚肥育専用飼料を給与し、契約農場でも計画生産されています。
- 群馬県独自の黒豚を確立するために国内をはじめ英国からも種豚を導入し、六白の遺伝子にこだわり、黒豚特有の肉質を最大限に表現した豚肉となっています。
- すべての“とんくろ〜”に純粋バークシャーを証明する血統書を添付しています。

概要

管理主体：とんくろ〜研究会
代表者：吉沢　和男　会長
所在地：佐波郡玉村町上福島1189（事務局）
電話：0270-65-2014
FAX：0270-65-1414
URL：www.gunmashokuniku.co/jp
メールアドレス：ー

群馬県

ぐんまむぎぶた

ぐんま麦豚

飼育管理

出荷日齢：約180日齢

出荷体重：約103〜124kg

指定肥育地・牧場
：県内

飼料の内容
：銘柄豚専用飼料を生後120日前後から出荷まで与える

商標登録・GI登録・銘柄規約について

商標登録の有無：ー
登録取得年月日：ー

GI登録：未定

銘柄規約の有無：有
（品質認定基準、取引条件などの設定）
規約設定年月日：ー
規約改定年月日：ー

農場HACCP・JGAPについて

農場HACCP：ー
JGAP：ー

交配様式

雌（ランドレース×大ヨークシャー）
×
雄 デュロック

雌（大ヨークシャー×ランドレース）
×
雄 デュロック

主な流通経路および販売窓口

◆主なと畜場
：群馬県食肉卸売市場

◆主な処理場
：同上

◆年間出荷頭数
：2,000頭

◆主要卸売企業
：群馬ミート

◆輸出実績国・地域
：ー

◆今後の輸出意欲
：ー

販売指定店制度について

指定店制度：ー
販促ツール：シール、のぼり

特長

- 群馬県の生産者が、安全で高品質な豚肉を安定的に供給する生産を行っています。
- 動物性飼料を排除し、穀類に麦類を多く含む肥育専用飼料を給与し、契約農場で計画生産されている。
- 豚特有の臭みを抑え、さっぱりとした甘みを感じる品質となっています。

概要

管理主体：㈱群馬県食肉卸売市場・営業部
代表者：山口　靖則　社長
所在地：佐波郡玉村町上福島1189
電話：0270-65-7135
FAX：0270-65-9236
URL：www.gunmashokuniku.co.jp
メールアドレス：ー

群　　馬　　県

こんどうすわいんぽーく

近藤スワインポーク

飼育管理

出荷日齢：190日齢

出荷体重：115kg

指定肥育地・牧場
：前橋市富士見町

飼料の内容
：とうもろこし、小麦など穀物を主体とした指定配合飼料

商標登録・GI登録・銘柄規約について

商標登録の有無：—
登録取得年月日：—

GI登録：—

銘柄規約の有無：—
規約設定年月日：—
規約改定年月日：—

農場HACCP・JGAPについて

農場HACCP：—
JGAP：—

交配様式

雌　（ランドレース（雌）×大ヨークシャー（雄））
×
雄　デュロック

主な流通経路および販売窓口

◆主なと畜場
：群馬県食肉卸売市場

◆主な処理場
：同上

◆年間出荷頭数
：5,000頭

◆主要卸売企業
：群馬ミート

◆輸出実績国・地域
：—

◆今後の輸出意欲
：—

販売指定店制度について

指定店制度：—
販促ツール：—

特長

- 群馬県前橋市、自然豊かな赤城山の麓で丹精込めて健康な豚を育てています。
- 赤城山麓のおいしい天然水と工場から直送された新鮮で栄養たっぷりのホエイを飲み豊富なミネラル、厳選された乳酸菌、抗酸化作用のあるポリフェノールを含んだ特製飼料を食べて育った豚は柔らかくうまみもあります。

概要

管理主体：㈲近藤スワインビジネス
代表者：近藤　崇幸　代表取締役
所在地：前橋市富士見町皆沢73
電話：027-288-3715
FAX：同上
URL：swine-pork.com/
メールアドレス：—

群　　馬　　県

さちぶた

幸　　豚

飼育管理

出荷日齢：170日齢

出荷体重：120kg

指定肥育地・牧場
：林牧場

飼料の内容
：自社飼料工場にて配合した飼料を給与

商標登録・GI登録・銘柄規約について

商標登録の有無：有
登録取得年月日：—

GI登録：未定

銘柄規約の有無：—
規約設定年月日：—
規約改定年月日：—

農場HACCP・JGAPについて

農場HACCP：有（2019年7月3日）
JGAP：—

交配様式

雌　（ランドレース（雌）×大ヨークシャー（雄））
×
雄　デュロック

主な流通経路および販売窓口

◆主なと畜場
：群馬県食肉卸売市場、さいたま市食肉市場、東京都食肉市場ほか

◆主な処理場
：—

◆年間出荷頭数
：300,000頭（グループ全体）

◆主要卸売企業
：—

◆輸出実績国・地域
：—

◆今後の輸出意欲
：—

販売指定店制度について

指定店制度：—
販促ツール：シール、のぼり

特長

- スリーサイトシステム、オールインオールアウトの徹底による衛生的な生産を実施。
- 自社で飼料工場を保有し、自社専用の飼料によって高品質な豚肉を研究しています。

概要

管理主体：㈱林牧場
代表者：林　篤志　代表取締役
所在地：前橋市苗ヶ島町2331
電話：027-289-5235
FAX：027-289-5236
URL：www.f884.co.jp
メールアドレス：niisato@f884.co.jp

群　馬　県

さんだいめまるやまとん

三代目まるやま豚

三代目まるやま豚

飼育管理

出荷日齢：220日齢前後

出荷体重：約103～124kg

指定肥育地・牧場
：県内

飼料の内容
：専用飼料を生後120日前後から出荷まで与える（海藻粉末、甘藷、にんにく、ビタミンE）

商標登録・GI 登録・銘柄規約について

商標登録の有無：—
登録取得年月日：—

G　I　登　録：未定

銘柄規約の有無：有
規約設定年月日：2013 年 4 月 1 日
規約改定年月日：—

農場 HACCP・JGAP について

農場 HACCP：—
J　G　A　P：—

交配様式

バークシャー × デュロック

主な流通経路および販売窓口

◆主 な と 畜 場
：群馬県食肉卸売市場

◆主 な 処 理 場
：同上

◆年 間 出 荷 頭 数
：850 頭

◆主 要 卸 売 企 業
：群馬ミート

◆輸出実績国・地域
：—

◆今後の輸出意欲
：—

販売指定店制度について

指定店制度：有
販促ツール：シール、のぼり

特長

- 予防的抗生物質を排除した飼料を育成段階から給与し、不飽和脂肪酸のバランスを考えた健康に良い豚肉を生産するために米を配合し、海藻、甘藷、にんにく、ビタミンEを強化した専用飼料を与えています。
- 種豚は、バークシャー種、デュロック種の交雑で、肉質にこだわった結果、口どけの良い脂肪、軟らかい肉質、甘みを感じる食味を得ている豚肉です。

概要

管理主体	㈲稲村ファーム	電話	0276-57-0909
代表者	稲村　浩一　社長	FAX	0276-57-0980
所在地	太田市新田大町 7201-1	URL	—
		メールアドレス	—

群　馬　県

しあわせぽーく

しあわせぽーく

飼育管理

出荷日齢：170日齢

出荷体重：120kg

指定肥育地・牧場
：林牧場

飼料の内容
：自社飼料工場にて配合した飼料を給与

商標登録・GI 登録・銘柄規約について

商標登録の有無：有
登録取得年月日：—

G　I　登　録：未定

銘柄規約の有無：—
規約設定年月日：—
規約改定年月日：—

農場 HACCP・JGAP について

農場 HACCP：有（2019 年 7 月 3 日）
J　G　A　P：—

交配様式

雌（ランドレース（雌）× 大ヨークシャー（雄））
×
雄 デュロック

主な流通経路および販売窓口

◆主 な と 畜 場
：群馬県食肉卸売市場、さいたま市食肉市場、東京都食肉市場ほか

◆主 な 処 理 場
：—

◆年 間 出 荷 頭 数
：300,000 頭（グループ全体）

◆主 要 卸 売 企 業
：—

◆輸出実績国・地域
：—

◆今後の輸出意欲
：—

販売指定店制度について

指定店制度：—
販促ツール：シール、のぼり

特長

- スリーサイトシステム、オールインオールアウトの徹底による衛生的な生産を実施。
- 自社で飼料工場を保有し、自社専用の飼料によって高品質な豚肉を研究しています。

概要

管理主体	㈱林牧場	電話	027-289-5235
代表者	林　篤志　代表取締役	FAX	027-289-5236
所在地	前橋市苗ヶ島町 2331	URL	www.f884.co.jp
		メールアドレス	niisato@f884.co.jp

群馬県

しもにたぽーく
下仁田ポーク

生産＝直売
下仁田ポーク
http://www.shimonita-meat.jp

飼育管理

出荷日齢：約180日齢

出荷体重：約115kg

指定肥育地・牧場
：自社農場

飼料の内容
：独自の飼料基準に基づく

商標登録・GI登録・銘柄規約について

商標登録の有無：—
登録取得年月日：—

G I 登 録：未定

銘柄規約の有無：—
規約設定年月日：—
規約改定年月日：—

農場 HACCP・JGAP について

農場 HACCP：有（2023年12月12日）
J G A P：—

交配様式

雌 （大ヨークシャー × ランドレース） × 雄 大ヨークシャー）
× 雄 デュロック

主な流通経路および販売窓口

◆主 な と 畜 場
：群馬県食肉卸売市場

◆主 な 処 理 場
：同上

◆年 間 出 荷 頭 数
：15,000 頭

◆主 要 卸 売 企 業
：マルイチ産商、下仁田ミート

◆輸出実績国・地域
：—

◆今 後 の 輸 出 意 欲
：—

販売指定店制度について

指定店制度：—
販促ツール：シール、のぼり

特長

- 飼料用原料の内容が明確で、とうもろこしと大豆粕に重点を置いた自家配合飼料を給与。
- （大ヨークシャー × ランドレース）× デュロックの三元交配で優秀な系統を選抜し、統一した品種を育成。
- 赤身が多く、脂質も良くて風味ある「もち豚」を年間を通じて均一に生産。
- 脂肪の色が適度に交雑していて、シマリの良いのが特徴。

概要

管 理 主 体：下仁田ミート㈱
代 表 者：永井 一郎
所 在 地：安中市鷺宮 3624
電 話：027-382-2521
F A X：027-382-2486
U R L：www.shimonita-meat.jp
メールアドレス：—

群馬県

しもにたぽーくこめぶた
下仁田ポーク米豚

飼育管理

出荷日齢：約180日齢

出荷体重：約115kg

指定肥育地・牧場
：自社農場

飼料の内容
：独自の飼料基準に基づく

商標登録・GI登録・銘柄規約について

商標登録の有無：—
登録取得年月日：—

G I 登 録：未定

銘柄規約の有無：—
規約設定年月日：—
規約改定年月日：—

農場 HACCP・JGAP について

農場 HACCP：有（2023年12月12日）
J G A P：—

交配様式

雌 （大ヨークシャー × ランドレース） × 雄 大ヨークシャー）
× 雄 デュロック

主な流通経路および販売窓口

◆主 な と 畜 場
：群馬県食肉卸売市場

◆主 な 処 理 場
：同上

◆年 間 出 荷 頭 数
：15,000 頭

◆主 要 卸 売 企 業
：—

◆輸出実績国・地域
：—

◆今 後 の 輸 出 意 欲
：—

販売指定店制度について

指定店制度：—
販促ツール：シール、のぼり

特長

- 飼料用原料の内容が明確で、肥育期に2カ月間，飼料用米を15%添加。自家配合飼料を給与。
- （大ヨークシャー × ランドレース）× デュロックの三元交配で優秀な系統を選抜し、統一した品種を育成。
- 赤身が多く、脂質も良くてさっぱりした味の豚肉を年間を通じて均一に生産。
- 脂肪の色が適度に交雑していて、シマリの良いのが特徴。

概要

管 理 主 体：下仁田ミート㈱
代 表 者：永井 一郎
所 在 地：安中市鷺宮 3624
電 話：027-382-2521
F A X：027-382-2486
U R L：www.shimonita-meat.jp
メールアドレス：—

群馬県

じょうしゅうこめぶた

上州米豚

飼育管理

出荷日齢：180日齢

出荷体重：103〜124kg

指定肥育地・牧場
：県内

飼料の内容
：専用飼料を生後120日前後から出荷まで与える（海藻粉末、甘しょ、ニンニク、ビタミンE）

商標登録・GI登録・銘柄規約について

商標登録の有無：−
登録取得年月日：−

G I 登 録：未定

銘柄規約の有無：有
（研究会規約、品質認定基準、取引条件が設定）
規約設定年月日：1998年4月1日
規約改定年月日：−

農場HACCP・JGAPについて

農場HACCP：−
JGAP：−

交配様式

雌 （ランドレース〈雌〉×大ヨークシャー〈雄〉）
×
雄 デュロック

雌 （大ヨークシャー×ランドレース）
×
雄 デュロック

主な流通経路および販売窓口

◆主な畜場
：群馬県食肉卸売市場

◆主な処理場
：同上

◆年間出荷頭数
：2,000頭

◆主要卸売企業
：−

◆輸出実績国・地域
：−

◆今後の輸出意欲
：有

販売指定店制度について

指定店制度：−
販促ツール：シール、のぼり、ポスター、パネル

特長

● 予防的抗生物質を排除した飼料を育成段階から給与し、不飽和脂肪酸のバランスを考えた健康に良い豚肉を生産するために米を混合し、海藻、さつまいも、にんにく、ビタミンEを強化した専用飼料を与えています。
● 種豚段階から肉質にこだわる選畜を行い、肉質にこだわる飼育を行った結果、口溶けの良い脂肪、軟らかい肉質、甘みを感じる食味を得ている豚肉です。

概要

管理主体：はつらつ豚研究会	電話：0276-20-5913
代表者：岩崎　浩一　会長	FAX：0276-20-5755
所在地：太田市東新町818（事務局）	URL：−
	メールアドレス：−

群馬県

じょうしゅうすてびあそだち

上州ステビア育ち

飼育管理

出荷日齢：約180日齢

出荷体重：約103〜124kg

指定肥育地・牧場
：−

飼料の内容
：組合指定飼料を生後120日齢以降出荷まで給与。ステビア

商標登録・GI登録・銘柄規約について

商標登録の有無：−
登録取得年月日：−

G I 登 録：未定

銘柄規約の有無：有（品質認定基準、取引条件が設定）
規約設定年月日：2003年4月1日
規約改定年月日：−

農場HACCP・JGAPについて

農場HACCP：−
JGAP：−

交配様式

雌 （ランドレース〈雌〉×大ヨークシャー〈雄〉）
×
雄 デュロック

主な流通経路および販売窓口

◆主な畜場
：群馬県食肉卸売市場

◆主な処理場
：同上

◆年間出荷頭数
：20,000頭

◆主要卸売企業
：群馬ミート

◆輸出実績国・地域
：−

◆今後の輸出意欲
：−

販売指定店制度について

指定店制度：−
販促ツール：−

特長

● 植物性配合飼料をエキスパンダー加工し、ハーブの仲間であるステビアを添加した組合の指定飼料で、農家養豚の生産者が1頭1頭大切に健康に育てた地域銘柄豚。
● ほどよい脂肪で自然な甘みがあり、軟らかく風味があり、食感も滑らかで、さっぱりとした豚肉です。

概要

管理主体：ステビア豚出荷組合	電話：027-251-3115
代表者：林　幹雄　組合長	FAX：027-251-3119
所在地：前橋市問屋町1-5-5	URL：www.local-foods.jp
	メールアドレス：−

群馬県

じょうしゅうそうてんぶた

上州蒼天豚

飼育管理

出荷日齢：180日齢
出荷体重：114kg前後
指定肥育地・牧場
：－
飼料の内容
：麦類を15%以上

商標登録・GI登録・銘柄規約について

商標登録の有無：有
登録取得年月日：2010年9月3日

GI登録：－

銘柄規約の有無：－
規約設定年月日：－
規約改定年月日：－

農場HACCP・JGAPについて

農場HACCP：－
JGAP：－

交配様式

	雌		雄
雌	（ランドレース × 大ヨークシャー）		
	×		
雄	デュロック		
雌	（大ヨークシャー × ランドレース）		
	×		
雄	デュロック		

主な流通経路および販売窓口

◆主なと畜場
：横浜市食肉市場
◆主な処理場
：同上
◆年間出荷頭数
：18,000頭
◆主要卸売企業
：セントラルフーズ
◆輸出実績国・地域
：－
◆今後の輸出意欲
：－

販売指定店制度について

指定店制度：－
販促ツール：シール、のぼり

特長

- 蒼天豚の特徴として赤身肉と脂があげられる。
- 赤身肉は軟らかく、脂はサラサラしていて、しつこくなく焼いた時の風味や食べたときの肉の甘味が楽しめる。
- うま味や風味の成分とされている、オレイン酸やパルミチン酸を一般的なブランド豚肉より多く含んでいる。
- 保水性が高く、しっとりとしているので、ジューシーな食べ応えである。豚肉特有の匂いもなく、豚肉が苦手だという人にも楽しめる豚肉。
- 家庭で使われる際にも、味付けしやすく、色々な料理に使うことのできる豚肉。

概要

管理主体：㈱横山ホッグファーム
代表者：横山　武
所在地：前橋市鼻毛石町1968-2
電話：027-283-2925
FAX：027-283-5944
URL：－
メールアドレス：－

群馬県

じょうしゅうむぎそだち

上州麦育ち

上州銘柄豚
上州麦育ち
群馬県食肉品質向上対策協議会
http://www.gunmanooniku.com

飼育管理

出荷日齢：約180日齢
出荷体重：103～124kg前後
指定肥育地・牧場
：県内
飼料の内容
：銘柄豚専用飼料を生後120日前後から出荷まで与える

商標登録・GI登録・銘柄規約について

商標登録の有無：－
登録取得年月日：－

GI登録：未定

銘柄規約の有無：有（品質認定基準、取引条件）
規約設定年月日：－
規約改定年月日：－

農場HACCP・JGAPについて

農場HACCP：－
JGAP：－

交配様式

	雌		雄
雌	（ランドレース × 大ヨークシャー）		
	×		
雄	デュロック		
雌	（大ヨークシャー × ランドレース）		
	×		
雄	デュロック		

主な流通経路および販売窓口

◆主なと畜場
：群馬県食肉卸売市場
◆主な処理場
：同上
◆年間出荷頭数
：8,800頭
◆主要卸売企業
：ＪＡ全農ミートフーズ
◆輸出実績国・地域
：－
◆今後の輸出意欲
：－

販売指定店制度について

指定店制度：－
販促ツール：シール

特長

- 群馬県全域の生産者が、安全で高品質な豚肉を安定的に供給する生産を行っている。
- 動物性飼料を排除し、穀類に麦類を多く含む肥育専用飼料を給与し、契約農場で計画生産されている。
- 豚特有の臭みを抑え、さっぱりとした甘みを感じる肉質となっている。

概要

管理主体：㈱群馬県食肉卸売市場
代表者：山口　靖則　社長
所在地：佐波郡玉村町上福島1189
電話：0270-65-7135
FAX：0270-65-9236
URL：www.gunmashokuniku.co.jp
メールアドレス：－

群馬県

じょうしゅうむぎぶた

上州麦豚

交配様式

雌（ランドレース×大ヨークシャー）×雄 デュロック

雌（大ヨークシャー×ランドレース）×雄 デュロック

飼育管理

出荷日齢：約180日齢

出荷体重：103～124kg前後

指定肥育地・牧場
：県内

飼料の内容
：銘柄豚専用飼料を生後120日前後から出荷まで与える

商標登録・GI登録・銘柄規約について

商標登録の有無：有
登録取得年月日：2007年8月24日

GI登録：未定

銘柄規約の有無：有（品質認定基準、取引条件が設定）
規約設定年月日：―
規約改定年月日：―

農場HACCP・JGAPについて

農場HACCP：―
JGAP：―

主な流通経路および販売窓口

◆主なと畜場
：群馬県食肉卸売市場

◆主な処理場
：同上

◆年間出荷頭数
：45,000頭

◆主要卸売企業
：―

◆輸出実績国・地域
：―

◆今後の輸出意欲
：有

販売指定店制度について

指定店制度：―
販促ツール：シール、のぼり、ポスター、パネル

特長

- 動物性飼料を排除し、穀類に麦類を多く含む肥育専用飼料を給与し、契約農場で計画生産されている。
- 肉締まりがあり、保水性が高く、豚特有の臭みを抑え、さっぱりとした甘みを感じる肉質となっている。
- 地域銘柄である赤城ポーク、群馬麦豚、あがつまポーク、上州麦育ちの統一銘柄です。

概要

管理主体：㈱群馬県食肉卸売市場・営業部
代表者：山口　靖則　社長
所在地：佐波郡玉村町上福島1189
電話：0270-65-7135
FAX：0270-65-9236
URL：www.gunmashokuniku.co.jp
メールアドレス：―

群馬県

じょうしゅうろっこくとん

上州六穀豚

交配様式

雌（ランドレース×大ヨークシャー）×雄 デュロック

飼育管理

出荷日齢：約180～190日齢

出荷体重：約110～115kg

指定肥育地・牧場
：群馬県・指定協力農場

飼料の内容
：6種類の穀物をバランス良く配合した指定配合飼料

商標登録・GI登録・銘柄規約について

商標登録の有無：―
登録取得年月日：―

GI登録：未定

銘柄規約の有無：―
規約設定年月日：―
規約改定年月日：―

農場HACCP・JGAPについて

農場HACCP：―
JGAP：―

主な流通経路および販売窓口

◆主なと畜場
：本庄食肉センター、群馬県食肉卸売市場

◆主な処理場
：アイ・ポーク本庄工場、アイ・ポーク前橋工場

◆年間出荷頭数
：36,000頭

◆主要卸売企業
：伊藤ハム米久ホールディングス

◆輸出実績国・地域
：―

◆今後の輸出意欲
：―

販売指定店制度について

指定店制度：―
販促ツール：シール、のぼり、ポスター、ボード、POP各種

特長

- 6種類の穀物（とうもろこし・マイロ・米・大麦・小麦・大豆）をバランス良く配合した飼料を与え、味（うま味、脂の甘み）を追求。

概要

管理主体：アイ・ポーク㈱（伊藤ハム米久ホールディングス㈱グループ）
代表者：小泉　隆　社長
所在地：前橋市鳥羽町161-1
電話：027-252-5353
FAX：027-253-6933
URL：www.yonekyu.co.jp
メールアドレス：―

群　馬　県

ちょうりきとん
超力豚

飼育管理

出荷日齢：約210日
出荷体重：75～83kg（枝肉重量）

指定肥育地・牧場
　：群馬高原超力豚会豚舎

飼料の内容
　：トウモロコシ、小麦、米粕を自然発酵約２週間

商標登録・GI 登録・銘柄規約について

商標登録の有無：有
登録取得年月日：2021 年 10月11 日

G　I　登　録：－

銘柄規約の有無：－
規約設定年月日：－
規約改定年月日：－

農場 HACCP・JGAP について

農場 HACCP：無
J　G　A　P：無

交配様式

雌　中国黒豚（満洲豚［雌］×デュロック［雄］）
×
雄　ランドレース

主な流通経路および販売窓口

◆主　な　と　畜　場
　：群馬県食肉卸売市場

◆主　な　処　理　場
　：同上

◆年　間　出　荷　頭　数
　：2,400 頭

◆主　要　卸　売　企　業
　：オルビス

◆輸出実績国・地域
　：－

◆今後の輸出意欲
　：有

販売指定店制度について

指定店制度：有
販促ツール：パンフレット、ポスター、ホームページ

特長

- 一番の特徴は霜降り肉です。
- ロース、モモ肉まできれいな霜降りをしています。
- 環境と餌の特徴は標高約 1,000mに位置しているため、菌が少なく風通しが良い豚舎でバーク堆肥を２カ月発酵させた上で豚を平飼いしている。
- 餌は全て発酵させた物を食べさせ酵素を食べているので身体が丈夫である。
- 年間、死亡する豚はほとんどいない。

概要

管理主体	群馬高原超力豚会	電話	027-343-4129
代表者	山本　進弘	FAX	027-344-2123
所在地	吾妻郡東吾妻町大戸	URL	chorikiton.jp
		メールアドレス	info@chouriki.com

群　馬　県

とやまのむぎぶた
とやまの麦豚

飼育管理

出荷日齢：180日齢
出荷体重：115kg

指定肥育地・牧場
　：－

飼料の内容
　：麦類を多く含む飼料を使用

商標登録・GI 登録・銘柄規約について

商標登録の有無：－
登録取得年月日：－

G　I　登　録：未定

銘柄規約の有無：－
規約設定年月日：－
規約改定年月日：－

農場 HACCP・JGAP について

農場 HACCP：未定
J　G　A　P：未定

交配様式

雌　（ランドレース［雌］×大ヨークシャー［雄］）
×
雄　デュロック

主な流通経路および販売窓口

◆主　な　と　畜　場
　：埼玉県北食肉センター

◆主　な　処　理　場
　：同上

◆年　間　出　荷　頭　数
　：3,500 頭

◆主　要　卸　売　企　業
　：中村牧場

◆輸出実績国・地域
　：－

◆今後の輸出意欲
　：－

販売指定店制度について

指定店制度：－
販促ツール：－

特長

- 農場が標高 500mの高台に位置し、豊かな自然ときれいな水、関東平野を一望できる環境で、家族で愛情を注ぎ大事に飼育。
- 麦類を多く含む飼料を与えているため肉質は軟らかく、臭みのないうまみたっぷりの豚肉に仕上がっている。

概要

管理主体	㈲登山養豚	電話	027-285-4916
代表者	登山　康明	FAX	同上
所在地	前橋市粕川町中之沢 15	URL	－
		メールアドレス	yasuaki-t.2-5@outlook.jp

群　馬　県

にっぽんのぶた　やまとぶた

日本の豚　やまと豚

飼育管理

出荷日齢：170日齢

出荷体重：115kg

指定肥育地・牧場
：－

飼料の内容
：とうもろこしを主体とした自社設計配合飼料

商標登録・GI登録・銘柄規約について

商標登録の有無：有
登録取得年月日：2003年5月30日

G　I　登　録：－

銘柄規約の有無：有
規約設定年月日：2001年6月1日
規約改定年月日：2003年6月1日

農場HACCP・JGAPについて

農場HACCP：－
J　G　A　P：有（2021年4月27日、団体認証更新）

交配様式

（ランドレース×大ヨークシャー）
×
デュロック

主な流通経路および販売窓口

◆主なと畜場
：神奈川食肉センター、群馬県食肉卸売市場

◆主な処理場
：神奈川ミートパッカー、群馬県食肉市場

◆年間出荷頭数
：250,000頭（フリーデングループ）

◆主要卸売企業
：精肉店など

◆輸出実績国・地域
：－

◆今後の輸出意欲
：－

販売指定店制度について

指定店制度：－
販促ツール：－

特長

- 「日本の豚やまと豚」として岩手県、群馬県、秋田県など広域で生産している。
- とうもろこしを主体とした純植物性の自社設計の配合飼料で肥育。
- 脂肪に甘味があり、きめ細かい軟らかな肉質。
- 日本の畜産業として初めてとなるJGAP認証を取得（現在は団体認証）

概要

管理主体：㈱フリーデン
代表者：小俣　勝彦
所在地：神奈川県平塚市南金目227

電話：0463-58-0123
FAX：0463-58-6314
URL：www.frieden.jp
メールアドレス：info@frieden.co.jp

群　馬　県

はつらつとん

はつらつ豚（上州銘柄豚）

飼育管理

出荷日齢：180日齢前後

出荷体重：103～124kg前後

指定肥育地・牧場
：県内

飼料の内容
：専用飼料を生後120日前後から出荷まで与える。（海藻粉末、甘しょ、にんにく、ビタミンE）

商標登録・GI登録・銘柄規約について

商標登録の有無：－
登録取得年月日：－

G　I　登　録：未定

銘柄規約の有無：有（研究会規約、品質認定基準、取引条件）
規約設定年月日：1998年4月1日
規約改定年月日：－

農場HACCP・JGAPについて

農場HACCP：－
J　G　A　P：－

交配様式

雌（ランドレース×大ヨークシャー）
×
雄 デュロック

雌（大ヨークシャー×ランドレース）
×
雄 デュロック

主な流通経路および販売窓口

◆主なと畜場
：群馬県食肉卸売市場

◆主な処理場
：同上

◆年間出荷頭数
：4,700頭

◆主要卸売企業
：－

◆輸出実績国・地域
：－

◆今後の輸出意欲
：有

販売指定店制度について

指定店制度：－
販促ツール：シール、のぼり、ポスター、パネル

特長

- 予防的抗生物質を排除した飼料を育成段階から給与し、不飽和脂肪酸のバランスを考えた健康によい豚肉を生産するために米を配合し海藻、甘しょ、にんにく、ビタミンEを強化した専用飼料を与えています。
- 種豚段階から肉質にこだわる選畜を行い、肉質にこだわる飼育を行った結果、口溶けのよい脂肪、軟らかい肉質、甘みを感じる食味を得ている豚肉です。

概要

管理主体：はつらつ豚研究会
代表者：岩崎　浩一　会長
所在地：太田市東新町818（事務局）

電話：0276-20-5913
FAX：0276-20-5755
URL：haturatu.chiharuya.com
メールアドレス：－

群馬県

はるなぽーく
棒名ポーク

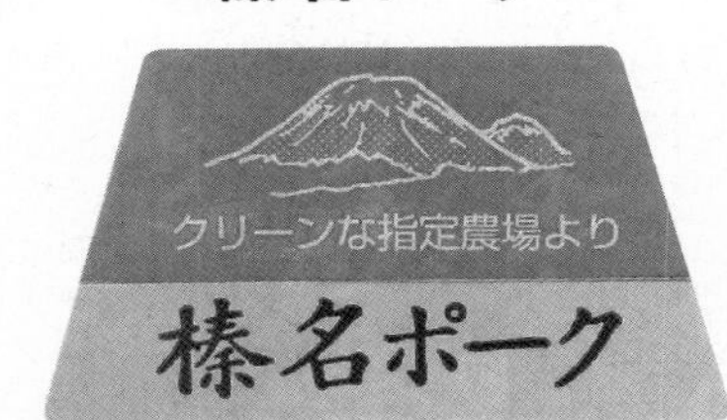

飼育管理
出荷日齢：190日齢
出荷体重：115kg前後
指定肥育地・牧場
：—
飼料の内容
：—

商標登録・GI登録・銘柄規約について
商標登録の有無：—
登録取得年月日：—

ＧＩ登録：未定

銘柄規約の有無：—
規約設定年月日：—
規約改定年月日：—

農場HACCP・JGAPについて
農場HACCP：—
ＪＧＡＰ：—

交配様式
雌　（ランドレース（雌）×大ヨークシャー（雄））
×
雄　デュロック

雌　（大ヨークシャー×ランドレース）
×
雄　デュロック

主な流通経路および販売窓口
◆主なと畜場
：高崎食肉センター
◆主な処理場
：同上
◆年間出荷頭数
：36,000頭
◆主要卸売企業
：高崎食肉センター、エルマ
◆輸出実績国・地域
：—
◆今後の輸出意欲
：有

販売指定店制度について
指定店制度：—
販促ツール：シール

特長
● 肥育後期には麦類を多く配合した飼料を給与。

概要
管理主体：㈱オーケーコーポレーション
代表者：岡部　幹雄　代表取締役
所在地：北群馬郡榛東村山子田414
電話：0279-54-2901
FAX：0279-54-8699
URL：—
メールアドレス：okc@minos.ocn.ne.jp

群馬県

ふくぶた
福豚

飼育管理
出荷日齢：170日齢
出荷体重：120kg
指定肥育地・牧場
：林牧場
飼料の内容
：自社飼料工場にて配合した飼料を給与

商標登録・GI登録・銘柄規約について
商標登録の有無：有
登録取得年月日：—

ＧＩ登録：未定

銘柄規約の有無：—
規約設定年月日：—
規約改定年月日：—

農場HACCP・JGAPについて
農場HACCP：有（2019年7月3日）
ＪＧＡＰ：—

交配様式
雌　（ランドレース（雌）×大ヨークシャー（雄））
×
雄　デュロック

主な流通経路および販売窓口
◆主なと畜場
：群馬県食肉卸売市場、さいたま市食肉市場
◆主な処理場
：—
◆年間出荷頭数
：—
◆主要卸売企業
：福豚の里とんとん広場
◆輸出実績国・地域
：—
◆今後の輸出意欲
：—

販売指定店制度について
指定店制度：有
販促ツール：シール、のぼり

特長
● スリーサイトシステム、オールインオールアウトの徹底による衛生的な生産を実施。
● 自社で飼料工場を保有し、自社専用の飼料によって高品質な豚肉を研究しています。
● 林牧場産の豚肉のうち、とんとん広場で販売される豚肉が「福豚」です。

概要
管理主体：福豚の里とんとん広場
代表者：林　智浩
所在地：前橋市三夜沢町534
電話：027-283-2983
FAX：027-283-2980
URL：www.fukubuta.co.jp
メールアドレス：—

群馬県

ほそやのまるぶた

ほそやのまる豚

まる豚（ぶた）

飼育管理

出荷日齢：約180日齢

出荷体重：110～118kg

指定肥育地・牧場
：－

飼料の内容
：麦入り飼料で仕上げています

商標登録・GI 登録・銘柄規約について

商標登録の有無：有
登録取得年月日：2016 年 8 月 5 日

G I 登 録：

銘柄規約の有無：有
規約設定年月日：－
規約改定年月日：－

農場 HACCP・JGAP について

農場 HACCP：有（2019 年 8 月 8 日）
J G A P：－

交配様式

雌 （ランドレース（雌）× 大ヨークシャー（雄））
×
雄 デュロック

主な流通経路および販売窓口

◆主な と 畜 場
：群馬県食肉卸売市場、東京食肉市場

◆主な処理場
：同上

◆年間出荷頭数
：4,000 頭

◆主要卸売企業
：群馬ミート

◆輸出実績国・地域
：－

◆今後の輸出意欲
：有

販売指定店制度について

指定店制度：－
販促ツール：パンフレット、シール

特長

● きめ細かい赤身とさっぱりとした中にも甘みのある脂肪。

概要

管理主体：(有)ほそや
代表者：細谷　広平
所在地：渋川市有馬 2543
電話：0279-24-5155
FAX：0279-23-5550
URL：marubuta.jp
メールアドレス：info@marubuta.jp

群馬県

むぎじだて　じょうしゅうもちぶた

麦仕立て　上州もち豚

麦仕立て
上州もち豚
ミツバピッグファーム

飼育管理

出荷日齢：180日齢

出荷体重：約115kg

指定肥育地・牧場
：ミツバピッグファーム

飼料の内容
：麦類を多配した良質な飼料

商標登録・GI 登録・銘柄規約について

商標登録の有無：有
登録取得年月日：2010 年 4 月 2 日

G I 登 録：未定

銘柄規約の有無：有
規約設定年月日：2007 年 6 月18日
規約改定年月日：－

農場 HACCP・JGAP について

農場 HACCP：－
J G A P：－

交配様式

雌 （ランドレース（雌）× 大ヨークシャー（雄））
×
雄 デュロック

主な流通経路および販売窓口

◆主な と 畜 場
：高崎食肉センター

◆主な処理場
：ミツバミート

◆年間出荷頭数
：4,300 頭

◆主要卸売企業
：ミツバミート

◆輸出実績国・地域
：－

◆今後の輸出意欲
：－

販売指定店制度について

指定店制度：有
販促ツール：シール、パネル、のぼり、取扱店証

特長

● 麦類を多配した良質な飼料と地下 150m からくみ上げた天然ミネラル含有の水で育った肉は、脂身が白く甘みがあり、肉質はきめ細かい良質な豚肉です。

概要

管理主体：ミツバピッグファーム
代表者：塩野　武士
所在地：高崎市倉渕町水沼 3053-2
電話：027-362-5164
FAX：027-362-9099
URL：－
メールアドレス：－

群　馬　県

ゆうぼくしゃのさくらきぬぶた

悠牧舎の桜絹豚

飼育管理

出荷日齢：185日齢

出荷体重：115kg前後

指定肥育地・牧場
：－

飼料の内容
：リキッドフィード、配合飼料

商標登録・GI 登録・銘柄規約について

商標登録の有無：有
登録取得年月日：2009 年 4 月24日

G　I　登　録：未定

銘柄規約の有無：－
規約設定年月日：－
規約改定年月日：－

農場 HACCP・JGAP について

農場 HACCP：－
J　G　A　P：－

交配様式

雌（ランドレース[雌] × 大ヨークシャー[雄]）
×
雄　デュロック

主な流通経路および販売窓口

◆主 な と 畜 場
：高崎食肉センター

◆主 な 処 理 場
：同上

◆年 間 出 荷 頭 数
：20,000 頭

◆主 要 卸 売 企 業
：高崎食肉センター

◆輸出実績国・地域
：－

◆今後の輸出意欲
：－

販売指定店制度について

指定店制度：有
販促ツール：シール

特長

- 1農場の生産によるためトレーサビリティのできる「生産者の顔が見える」安心安全な豚肉です。
- 脂肪は白く、しっかりしていて甘みがあります。
- 遺伝子組換食品や肉類を一切含まない、人間と同じ食物を配合した安全な飼料を給与しています。
- 餌が飛び散らない液状飼料によるリキッドフィーディングシステムで常に安全。清潔な環境で育てています。

概要

管 理 主 体	㈱悠牧舎
代 表 者	阿久澤　和仁　代表取締役
所 在 地	前橋市市之関町 584
電 話	027-283-5086
F A X	027-283-5444
U R L	www.yubokusha.com
メールアドレス	info@yubokusha.com

群　馬　県

わとんもちぶた

和豚もちぶた

飼育管理

出荷日齢：150～180日齢

出荷体重：115～125kg

指定肥育地・牧場
：－

飼料の内容
：当社給餌基準に基づき、必須アミノ酸を中心にバランスを重視した自家配合設計飼料

商標登録・GI 登録・銘柄規約について

商標登録の有無：有
登録取得年月日：2006 年 7 月21日

G　I　登　録：－

銘柄規約の有無：有
規約設定年月日：1983 年 6 月23日
規約改定年月日：－

農場 HACCP・JGAP について

農場 HACCP：有（一部農場のみ）
J　G　A　P：有（個別認証は直営農場。団体認証は推進中）

交配様式

GPクイーン × GPキング
‖
雌（ランドレース[雌] × 大ヨークシャー[雄]）
×
雄　デュロック

主な流通経路および販売窓口

◆主 な と 畜 場
：しばたパッカーズ、神奈川食肉センター

◆主 な 処 理 場
：同上

◆年 間 出 荷 頭 数
：528,675 頭

◆主 要 卸 売 企 業
：日本ベストミート、マツイフーズ、肉の片山、関口肉店、マルサ新田屋ほか

◆輸出実績国・地域
：マカオ、香港

◆今後の輸出意欲
：－

販売指定店制度について

指定店制度：－
販促ツール：シール、のぼり、各種POP など

特長

- 単一銘柄で日本一の生産量。
- 保湿性の高いしっとりとした肉質でとろけるような脂の軽さと甘さが特長。
- 一般豚と比べうまみ成分であるグルタミン酸が 5.7 倍、抗酸化作用のあるビタミンEが4倍近く多く含まれている。

概要

管 理 主 体	グローバルピッグファーム㈱
代 表 者	桑原　政治
所 在 地	渋川市北橘町上箱田 800
電 話	0279-52-3753
F A X	0279-52-3579
U R L	www.waton.jp
メールアドレス	mochibuta@gpf.co.jp

埼　玉　県

井田さん家の豚（いだきんちのぶた）

飼育管理

出荷日齢：165日齢～

出荷体重：約115kg

指定肥育地・牧場
：井田ファーム

飼料の内容
：配合飼料プラス乾麺、飼料米

商標登録・GI登録・銘柄規約について

商標登録の有無：—
登録取得年月日：—

GI登録：未定

銘柄規約の有無：—
規約設定年月日：—
規約改定年月日：—

農場HACCP・JGAPについて

農場HACCP：推進中
JGAP：—

交配様式

チョイス　ジェネティクス
（海外合成豚）

主な流通経路および販売窓口

◆主なと畜場
：本庄食肉センター、さいたま食肉市場

◆主な処理場
：—

◆年間出荷頭数
：約4,000頭

◆主要卸売企業
：小林畜産

◆輸出実績国・地域
：—

◆今後の輸出意欲
：—

販売指定店制度について

指定店制度：—
販促ツール：—

特長

- 甘くてさっぱりとした脂。
- 軟らかく臭みのない肉。
- 良質な食品製造副産物を使用。

概要

管理主体：井田ファーム	電話：048-585-0785
代表者：井田　均	FAX：同上
所在地：深谷市針ヶ谷1239	URL：—
	メールアドレス：—

埼　玉　県

香り豚（かおりぶた）

飼育管理

出荷日齢：178日齢

出荷体重：約120kg

指定肥育地・牧場
：—

飼料の内容
：—

商標登録・GI登録・銘柄規約について

商標登録の有無：有
登録取得年月日：2011年9月2日

GI登録：未定

銘柄規約の有無：—
規約設定年月日：—
規約改定年月日：—

農場HACCP・JGAPについて

農場HACCP：有（2019年8月23日）
JGAP：—

交配様式

雌（大ヨークシャー（雌）×ランドレース（雄））
×
雄　デュロック

主な流通経路および販売窓口

◆主なと畜場
：さいたま市食肉市場

◆主な処理場
：同上

◆年間出荷頭数
：8,000頭

◆主要卸売企業
：—

◆輸出実績国・地域
：—

◆今後の輸出意欲
：—

販売指定店制度について

指定店制度：—
販促ツール：ポスター、パンフレット

特長

- 良質な丸粒とうもろこしを全粒粉砕して食べさせています。
- 徹底したクリーンな環境ときめ細やかな飼養管理で健康な豚を育て、おいしい豚肉つくりに努めています。

概要

管理主体：㈲松村牧場	電話：0480-62-5925
代表者：松村　昌雄	FAX：同上
所在地：加須市阿良川903-1	URL：www.butaniku.jp
	メールアドレス：kaoributa@gmail.com

埼玉県

きとんぽーく
キトンポーク

飼育管理

出荷日齢：180～210日齢

出荷体重：115～120kg

指定肥育地・牧場
：―

飼料の内容
：パンまたはめん類を主体とした飼料

商標登録・GI登録・銘柄規約について

商標登録の有無：―
登録取得年月日：―

GI登録：―

銘柄規約の有無：―
規約設定年月日：―
規約改定年月日：―

農場 HACCP・JGAPについて

農場 HACCP：―
JGAP：―

交配様式

ハイポー

主な流通経路および販売窓口

◆主な と畜場
：東京都食肉市場

◆主な処理場
：―

◆年間出荷頭数
：2,500頭

◆主要卸売企業
：―

◆輸出実績国・地域
：―

◆今後の輸出意欲
：―

販売指定店制度について

指定店制度：―
販促ツール：―

特長

- エコ飼料、オガ床飼料、キトサンを加えた乳酸発酵飼料。
- 昔の豚肉の味。臭みもないし、脂肪は白く甘みがある。

※ 情報の一部は2016年時点。

概要

管理主体	―	電話	0493-56-2872
代表者	山下 武	FAX	0493-56-2872
所在地	比企郡滑川町中尾223	URL	―
		メールアドレス	―

埼玉県

こえどくろぶた
小江戸黒豚

飼育管理

出荷日齢：250日齢

出荷体重：110kg

指定肥育地・牧場
：―

飼料の内容
：抗生物質など無添加

商標登録・GI登録・銘柄規約について

商標登録の有無：有
登録取得年月日：2002年4月23日

GI登録：―

銘柄規約の有無：―
規約設定年月日：―
規約改定年月日：―

農場 HACCP・JGAPについて

農場 HACCP：有（2005年度）
JGAP：―

交配様式

バークシャー

主な流通経路および販売窓口

◆主な と畜場
：熊谷食肉センター

◆主な処理場
：セーケン商事

◆年間出荷頭数
：1,200頭

◆主要卸売企業
：萩原畜産

◆輸出実績国・地域
：―

◆今後の輸出意欲
：―

販売指定店制度について

指定店制度：有
販促ツール：シール、のぼり

特長

- さつまいも、パン、牛乳など飼料原料を自家配合することにより、黒豚の持つうま味（脂の甘さなど）を最大限に引き出すように大切に育てています。
- 衛生面でも埼玉県優良生産農場の認定を受けています。
- 黒豚生産農場の認定を受けています。

概要

管理主体	㈲大野農場	電話	049-226-0861
代表者	大野 賢司	FAX	同上
所在地	川越市谷中27	URL	www.miocasalo.co.jp
		メールアドレス	ohno@miocalo.co.jp

埼　玉　県

こやのさんちのさきたまくろぶた

小谷野さんちのさきたま黒豚

飼育管理

出荷日齢：240日齢以上

出荷体重：約120kg

指定肥育地・牧場
：小谷野精肉店直営農場

飼料の内容
：日本農産工業協同飼料配合の「さきたま黒豚専用飼料」

商標登録・GI登録・銘柄規約について

商標登録の有無：有
登録取得年月日：2015年5月22日

ＧＩ登録：未定

銘柄規約の有無：有
規約設定年月日：2015年5月22日
規約改定年月日：－

農場HACCP・JGAPについて

農場HACCP：－
ＪＧＡＰ：－

交配様式

バークシャー

主な流通経路および販売窓口

◆主なと畜場
：県北食肉センター

◆主な処理場
：同上

◆年間出荷頭数
：200頭

◆主要卸売企業
：小谷野精肉店

◆輸出実績国・地域
：－

◆今後の輸出意欲
：－

販売指定店制度について

指定店制度：有
販促ツール：シール、のぼり

特長

- 後期飼料には黒豚専用飼料を給与し、肥育期間を240日で出荷しています。
- 全飼料に抗生物質はすべて無添加です。

概要

管理主体：㈲小谷野精肉店
代表者：小谷野　光一
所在地：行田市埼玉3517-9
電話：048-559-4101
ＦＡＸ：同上
ＵＲＬ：www.plus-kun.com/koyano
メールアドレス：－

埼　玉　県

さいたまけんさんいもぶた

埼玉県産いもぶた

飼育管理

出荷日齢：190日齢

出荷体重：115kg前後

指定肥育地・牧場
：加須畜産

飼料の内容
：中部飼料指定配合「いもぶた仕上げ」（いも類30%配合）給与

商標登録・GI登録・銘柄規約について

商標登録の有無：－
登録取得年月日：－

ＧＩ登録：未定

銘柄規約の有無：有
規約設定年月日：2008年7月1日
規約改定年月日：－

農場HACCP・JGAPについて

農場HACCP：－
ＪＧＡＰ：－

交配様式

雌（ランドレース×大ヨークシャー）×雄 デュロック

雌（大ヨークシャー×ランドレース）×雄 デュロック

主な流通経路および販売窓口

◆主なと畜場
：北埼食肉センター、県北食肉センター

◆主な処理場
：中村牧場

◆年間出荷頭数
：9,000頭

◆主要卸売企業
：中部飼料

◆輸出実績国・地域
：－

◆今後の輸出意欲
：有

販売指定店制度について

指定店制度：－
販促ツール：パネル、シール、棚帯

特長

- 良質なでん粉質を含んだいも類多配合仕上げ飼料を給与しているので、風味、甘みが異なり、脂身のうまさは格別。
- 生後120日以上は飼料に抗生物質は使わない。

概要

管理主体：中部飼料㈱食肉チーム
代表者：伊藤　貴之
所在地：神奈川県横浜市港北区新横浜3-20-8　ベネックスS-3ビル8F
電話：045-577-0029
ＦＡＸ：045-471-2770
ＵＲＬ：e-niku-smile.com
メールアドレス：ckeigyou@chubushiryo.co.jp

埼玉県

さいのくに　あいさいさんげんとん

彩の国 愛彩三元豚

商標登録 第6246801号

飼育管理

出荷日齢：180〜210日齢

出荷体重：110〜120kg

指定肥育地・牧場
：埼玉県

飼料の内容
：ー

商標登録・GI登録・銘柄規約について

商標登録の有無：未定
登録取得年月日：ー

G I 登 録：未定

銘柄規約の有無：ー
規約設定年月日：ー
規約改定年月日：ー

農場HACCP・JGAPについて

農場HACCP：未定
J G A P：未定

交配様式

雌　(ランドレース（雌）×大ヨークシャー（雄）)
×
雄　デュロック

雌　(大ヨークシャー×ランドレース)
×
雄　デュロック

主な流通経路および販売窓口

◆主なと畜場
：県北食肉センター協業組合

◆主な処理場
：同上

◆年間出荷頭数
：4,500頭

◆主要卸売企業
：中村牧場

◆輸出実績国・地域
：ー

◆今後の輸出意欲
：有

販売指定店制度について

指定店制度：ー
販促ツール：ー

特長

●埼玉県で生産された三元交配種。
●PMS3以上の場合は「特選　愛彩三元豚」とする（日格協PMS基準に準ずる）

概要

管理主体：彩の国愛彩三元豚販売促進協議会
代表者：中村　光一
所在地：熊谷市拾六間557-2
電話：048-532-6621
FAX：048-533-4513
URL：www.nakamurabokujyou.com
メールアドレス：info@nakamurabokujyou.com

埼玉県

さいのくにいちばんぶた

彩の国いちばん豚

飼育管理

出荷日齢：170日齢

出荷体重：116kg

指定肥育地・農場
：大里郡寄居町赤浜2465

飼料の内容
：完全配合飼料

商標登録・GI登録・銘柄規約について

商標登録の有無：有
登録取得年月日：2010年2月19日

G I 登 録：ー

銘柄規約の有無：ー
規約設定年月日：ー
規約改定年月日：ー

農場HACCP・JGAPについて

農場HACCP：ー
J G A P：ー

交配様式

雌　(大ヨークシャー（雌）×ランドレース（雄）)
×
雄　デュロック

主な流通経路および販売窓口

◆主なと畜場
：本庄食肉センター

◆主な処理場
：同上

◆年間出荷頭数
：16,800頭

◆主要卸売企業
：小林畜産

◆輸出実績国・地域
：ー

◆今後の輸出意欲
：ー

販売指定店制度について

指定店制度：ー
販促ツール：ー

特長

●自然豊かな環境の中で健康に育ったおいしい豚肉。

概要

管理主体：㈲清水畜産
代表者：清水　由香　代表取締役
所在地：深谷市畠山1077-3
電話：048-578-2901
FAX：048-578-2828
URL：ー
メールアドレス：ー

埼　玉　県

さいのくにくろぶた

彩の国黒豚

飼育管理

出荷日齢：240日齢
出荷体重：105～115kg
指定肥育地・牧場
：－
飼料の内容
：指定配合・彩の国黒豚肥育専用

商標登録・GI登録・銘柄規約について

商標登録の有無：有
登録取得年月日：2000年1月28日

G　I　登　録：－

銘柄規約の有無：有
規約設定年月日：1998年4月1日
規約改定年月日：2021年4月1日

農場HACCP・JGAPについて

農場HACCP：－
J　G　A　P：－

交配様式

バークシャー

主な流通経路および販売窓口

◆主なと畜場
：群馬県食肉市場
◆主な処理場
：同上
◆年間出荷頭数
：4,500頭
◆主要卸売企業
：－
◆輸出実績国・地域
：香港
◆今後の輸出意欲
：－

販売指定店制度について

指定店制度：－
販促ツール：シール、のぼり

特長

- 品種はバークシャー種。
- 仕上げ期の給与飼料は彩の国黒豚肥育専用飼料を与えている。
- 生産者組織「彩の国黒豚倶楽部」を設立し、おいしい豚肉生産を目指している。

概要

管理主体	全農埼玉県本部	電話	048-583-7111
代表者	水村　洋一　県本部長	FAX	048-583-7105
所在地	深谷市田中2065	URL	－
		メールアドレス	－

埼　玉　県

さいぼくごーるでんぽーく

サイボクゴールデンポーク

SAIBOKU
GP
GOLDEN
PORK

飼育管理

出荷日齢：180日齢
出荷体重：約115kg
指定肥育地・牧場
：サイボクグループ牧場
飼料の内容
：指定配合（自家配合）

商標登録・GI登録・銘柄規約について

商標登録の有無：有
登録取得年月日：－

G　I　登　録：未定

銘柄規約の有無：有
規約設定年月日：1984年4月1日
規約改定年月日：－

農場HACCP・JGAPについて

農場HACCP：一部農場で取得
J　G　A　P：一部農場で取得

交配様式

雌　サイボクハイブリッド（G）
×
雄　デュロック

主な流通経路および販売窓口

◆主なと畜場
：宮城県食肉流通公社ほか
◆主な処理場
：同上
◆年間出荷頭数
：30,000頭
◆主要卸売企業
：－
◆輸出実績国・地域
：－
◆今後の輸出意欲
：有

販売指定店制度について

指定店制度：有
販促ツール：シール

特長

- 50余年の歳月をかけ「種豚から加工販売」までの完全一貫経営により独自においしさを追求した原種豚の改良を行っている。
- 飼料はゴールデンポーク専用の配合設計とし、赤身と脂肪のバランスがよく、軟らかくてコクのある豚肉本来のうま味を味わえる。

概要

管理主体	㈱サイボク	電話	042-989-2221
代表者	笹﨑　浩一　代表取締役社長	FAX	042-989-7933
所在地	日高市下大谷沢546	URL	www.saiboku.co.jp
		メールアドレス	－

埼　玉　県

サイボク美肌豚（さいぼくびはだとん）

飼育管理

出荷日齢：175日齢

出荷体重：約110kg

指定肥育地・牧場
　：サイボクグループ牧場

飼料の内容
　：ビタミンE強化飼料

商標登録・GI登録・銘柄規約について

商標登録の有無：ー
登録取得年月日：ー

ＧＩ登録：未定

銘柄規約の有無：有
規約設定年月日：2012年3月1日
規約改定年月日：ー

農場HACCP・JGAPについて

農場HACCP：有（2019年5月24日）
ＪＧＡＰ：ー

交配様式

サイボクハイブリッド

主な流通経路および販売窓口

- 主なと畜場
　：さいたま市食肉市場
- 主な処理場
　：同上
- 年間出荷頭数
　：2,000頭
- 主要卸売企業
　：ー
- 輸出実績国・地域
　：ー
- 今後の輸出意欲
　：有

販売指定店制度について

指定店制度：有
販促ツール：シール

特長

- 独自に改良したヨークシャー系統により、肉のキメが細かく、絹のような舌触り。
- マイロ主体の飼料で甘みのある脂肪。
- ビタミンEが豊富でドリップが少ない肉質。

概要

管理主体：㈱サイボク
代表者：笹﨑　浩一　代表取締役社長
所在地：日高市下大谷沢546
電話：042-989-2221
FAX：042-989-7933
URL：www.saiboku.co.jp
メールアドレス：ー

埼　玉　県

彩桜豚（さくらぶた）

飼育管理

出荷日齢：170日齢

出荷体重：117kg

指定肥育地・牧場
　：ー

飼料の内容
　：丸粒とうもろこし全粒粉砕、小麦類

商標登録・GI登録・銘柄規約について

商標登録の有無：有
登録取得年月日：2011年7月1日

ＧＩ登録：ー

銘柄規約の有無：ー
規約設定年月日：ー
規約改定年月日：ー

農場HACCP・JGAPについて

農場HACCP：ー
ＪＧＡＰ：ー

交配様式

雌　（大ヨークシャー（雌）×ランドレース（雄））
×
雄　デュロック

主な流通経路および販売窓口

- 主なと畜場
　：本庄食肉センター
- 主な処理場
　：同上
- 年間出荷頭数
　：20,000頭
- 主要卸売企業
　：小林畜産
- 輸出実績国・地域
　：ー
- 今後の輸出意欲
　：ー

販売指定店制度について

指定店制度：ー
販促ツール：ー

特長

- 徹底した衛生管理のもと原種豚から飼育管理しており、当社の選抜規定をクリアした優秀な母豚から肉豚出荷まで一貫体制で生産。
- 飼料は良質なとうもろこしの栄養を余すことなく給与できる全物粉砕方式に加え、小麦を自家配合し給与。
- 肉質はまろやかで口溶けがよく、甘みがあります。

概要

管理主体：㈱ポーク
代表者：髙鳥　勇人
所在地：羽生市須影468
電話：048-561-8023
FAX：048-563-2219
URL：www.pork.co.jp
メールアドレス：info@pork.co.jp

北海道 青森県 岩手県 宮城県 秋田県 山形県 福島県 茨城県 栃木県 群馬県 埼玉県 千葉県 東京都 神奈川県 山梨県 長野県 新潟県 富山県 石川県 福井県 岐阜県 静岡県 愛知県 三重県 滋賀県 京都府 大阪府 兵庫県 奈良県 鳥取県 島根県 岡山県 広島県 山口県 徳島県 香川県 愛媛県 福岡県 佐賀県 長崎県 熊本県 大分県 宮崎県 鹿児島県 沖縄県 全国

北海道
青森県
岩手県
宮城県
秋田県
山形県
福島県
茨城県
栃木県
群馬県
埼玉県
千葉県
東京都
神奈川県
山梨県
長野県
新潟県
富山県
石川県
福井県
岐阜県
静岡県
愛知県
三重県
滋賀県
京都府
大阪府
兵庫県
奈良県
鳥取県
島根県
岡山県
広島県
山口県
徳島県
香川県
愛媛県
福岡県
佐賀県
長崎県
熊本県
大分県
宮崎県
鹿児島県
沖縄県
全国

埼玉県

さやまきゅうりょうちぇりーぽーく

狭山丘陵チェリーポーク

飼育管理

出荷日齢：165〜185日齢

出荷体重：105〜120kg

指定肥育地・牧場
：ー

飼料の内容
：自家配合

商標登録・GI登録・銘柄規約について

商標登録の有無：有
登録取得年月日：1999年5月1日

GI登録：未定

銘柄規約の有無：有
規約設定年月日：1999年5月1日
規約改定年月日：2010年5月1日

農場HACCP・JGAPについて

農場HACCP：推進中
JGAP：推進中

交配様式

雌　(大ヨークシャー(雌) × ランドレース(雄))
×
雄　デュロック

主な流通経路および販売窓口

◆主なと畜場
：アグリス・ワン、和光ミートセンター

◆主な処理場
：金井畜産

◆年間出荷頭数
：1,500頭

◆主要卸売企業
：ー

◆輸出実績国・地域
：ー

◆今後の輸出意欲
：ー

販売指定店制度について

指定店制度：ー
販促ツール：シール、のぼり、リーフレット

特長

- 仕上げにパン粉などを含む自家配合を与えることで、甘みのある味わい深い肉ができる。
- 血統のよいデュロック種を種豚として使用しているため、適度なマーブリングが入る桜色をした肉に仕上がる。
- 昔ながらの味のある肉をつくるため、まず白く粘りのある脂肪をつくり、よく締まった脂肪で覆われている肉は淡い桜色をした豚肉本来のもつ風味となる。

概要

管理主体：金井畜産㈱
代表者：金井　一三　代表取締役
所在地：東京都武蔵村山市岸1-40-1
電話：042-560-0022
FAX：042-560-1129
URL：www.kanaichikusan.co.jp
メールアドレス：kanai@lily.ocn.jp

埼玉県

すーぱーごーるでんぽーく

スーパーゴールデンポーク

飼育管理

出荷日齢：190日齢

出荷体重：115〜120kg

指定肥育地・牧場
：サイボクグループ牧場

飼料の内容
：指定配合(自家配合)

商標登録・GI登録・銘柄規約について

商標登録の有無：有
登録取得年月日：ー

GI登録：未定

銘柄規約の有無：有
規約設定年月日：1984年4月1日
規約改定年月日：ー

農場HACCP・JGAPについて

農場HACCP：一部農場で取得
JGAP：ー

交配様式

雌　サイボクハイブリッド(S)
×
雄　デュロック

主な流通経路および販売窓口

◆主なと畜場
：宮城県食肉流通公社ほか

◆主な処理場
：同上

◆年間出荷頭数
：10,000頭

◆主要卸売企業
：ー

◆輸出実績国・地域
：ー

◆今後の輸出意欲
：有

販売指定店制度について

指定店制度：有
販促ツール：シール

特長

- 独自に改良したイギリス系バークシャー種を加えた肉は非常にきめ細かく、パン粉を使用した飼料により脂肪は甘みがあり、軽い食感に仕上がっています。

概要

管理主体：㈱サイボク
代表者：笹﨑　浩一　代表取締役社長
所在地：日高市下大谷沢546
電話：042-989-2221
FAX：042-989-7933
URL：www.saiboku.co.jp
メールアドレス：ー

埼　玉　県

はなぞのくろぶた
花園黒豚

飼育管理

出荷日齢：210日齢
出荷体重：約110kg
指定肥育地・牧場
：深谷市黒田地内２カ所
飼料の内容
：大麦、キャッサバ、甘しょ、小麦、マイロ、炭酸カルシウム、リン酸カルシウム、食塩

商標登録・GI登録・銘柄規約について

商標登録の有無：有
登録取得年月日：2009年２月20日

GI登録：－

銘柄規約の有無：－
規約設定年月日：－
規約改定年月日：－

農場HACCP・JGAPについて

農場HACCP：－
JGAP：－

交配様式

英国バークシャー

主な流通経路および販売窓口

◆主なと畜場
：群馬県食肉市場
◆主な処理場
：同上
◆年間出荷頭数
：1,000頭
◆主要卸売企業
：－
◆輸出実績国・地域
：－
◆今後の輸出意欲
：有

販売指定店制度について

指定店制度：－
販促ツール：シール、のぼり、カタログ

特長

● 「花園黒豚」元祖笠原は明治29年（1896）以来、現在に至るまで国内ではほとんど飼育されていない黒豚である。

概要

管理主体：黒豚ミート花園バーク
代表者：笠原　春次
所在地：深谷市黒田450-1
電話：048-584-3267、0120-009622
FAX：048-584-4403
URL：www.hanazonokurobuta.com
メールアドレス：－

埼　玉　県

ぶしゅうさしぶた
武州さし豚

飼育管理

出荷日齢：180日齢
出荷体重：約115kg
指定肥育地・牧場
：－
飼料の内容
：武州さし豚専用飼料（ピッグマーブル肉豚用M）

商標登録・GI登録・銘柄規約について

商標登録の有無：有
登録取得年月日：2007年３月９日

GI登録：未定

銘柄規約の有無：－
規約設定年月日：－
規約改定年月日：－

農場HACCP・JGAPについて

農場HACCP：－
JGAP：－

交配様式

雌　（ランドレース（雌）×大ヨークシャー（雄））
×
雄　デュロック

主な流通経路および販売窓口

◆主なと畜場
：本庄食肉センター
◆主な処理場
：同上
◆年間出荷頭数
：2,000頭
◆主要卸売企業
：－
◆輸出実績国・地域
：－
◆今後の輸出意欲
：有

販売指定店制度について

指定店制度：有
販促ツール：シール

特長

● 一般の豚肉に比べ、サシが格段に多い武州さし豚は甘くてさっぱり、口の中でとろけます。
● 一般豚より不飽和脂肪酸、オレイン酸が多いのも特徴です。

概要

管理主体：㈲相原畜産
代表者：相原　保夫　代表取締役
所在地：鴻巣市新井153
電話：048-569-0841
FAX：048-569-2813
URL：－
メールアドレス：－

埼　玉　県

ぶしゅうとん

武州豚

飼育管理

出荷日齢：180日齢

出荷体重：115kg

指定肥育地・牧場
：坂本ファーム

飼料の内容
：－

商標登録・GI登録・銘柄規約について

商標登録の有無：有
登録取得年月日：2011年6月17日

G　I　登　録：－

銘柄規約の有無：－
規約設定年月日：－
規約改定年月日：－

交配様式

雌　（ランドレース（雌）× 大ヨークシャー（雄））
×
雄　デュロック

主な流通経路および販売窓口

◆主 な と 畜 場
：県北食肉センター

◆主 な 処 理 場
：同上

◆年 間 出 荷 頭 数
：4,000頭

◆主 要 卸 売 企 業
：セーケン商事

◆輸出実績国・地域
：－

◆今後の輸出意欲
：－

販売指定店制度について

指定店制度：－
販促ツール：シール、パンフレット

農場HACCP・JGAPについて

農場HACCP：－
J　G　A　P：－

特長

- 飼料は丸つぶとうもろこしを原料とした植物性の飼料に炭、米、エコ飼料などを混ぜて給与。
- うまみのある、さっぱりとした肉に仕上げています。
- 精肉用には「武州豚」、加工品は「バルツバイン」で商標登録しています。

概要

管理主体：坂本ファーム
代表者：坂本　和彦
所在地：大里郡寄居町富田84-1
電話：048-582-2954
FAX：同上
URL：www.shop-warzwein.com
メールアドレス：k-sakamoto@snow.plala.or.jp

埼　玉　県

ほうこうふれっしゅぽーく

峰交 FRESH PORK

飼育管理

出荷日齢：160日～180日

出荷体重：115kg

指定肥育地・牧場
：－

飼料の内容
：日本農産工業　配合飼料（主にトウモロコシ、パン粉、米、マイロ、小麦、大麦、小麦粉）

商標登録・GI登録・銘柄規約について

商標登録の有無：申請中
登録取得年月日：－

G　I　登　録：－

銘柄規約の有無：－
規約設定年月日：－
規約改定年月日：－

交配様式

雌　（ランドレース（雌）× 大ヨークシャー（雄））
×
雄　デュロック

主な流通経路および販売窓口

◆主 な と 畜 場
：さいたま市食肉市場

◆主 な 処 理 場
：同上

◆年 間 出 荷 頭 数
：3,000頭

◆主 要 卸 売 企 業
：－

◆輸出実績国・地域
：－

◆今後の輸出意欲
：有

販売指定店制度について

指定店制度：－
販促ツール：シール、のぼり、ミニのぼり

農場HACCP・JGAPについて

農場HACCP：申請中
J　G　A　P：－

特長

- 農林水産省も視察する程の飼養衛生管理の自家農場で、自家育成の種豚と指定配合飼料＋筋繊維のキメにこだわり、サッパリとした味わいのヘルシーミート。
- 時間が経っても変わらない味わい。抗生物質は使わない。埼玉県指定優良衛生管理農場。

概要

管理主体：㈲峰交畜産
代表者：山田　佳弘　代表取締役
所在地：本庄市児玉町上真下97-2
電話：049-572-1381
FAX：049-572-8198
URL：www.instagram.com/houkouchikusan/
メールアドレス：gold_rush_449@yahoo.co.jp

埼玉県

まーぶるぴっぐ

マーブルピッグ

飼育管理

出荷日齢：210～240日齢

出荷体重：110～120kg前後

指定肥育地・牧場
：小谷野精肉店直営農場

飼料の内容
：日本農産工業協同組合飼料が配合されたさきたま黒豚専用飼料

商標登録・GI 登録・銘柄規約について

商標登録の有無：－
登録取得年月日：－

G I 登 録：未定

銘柄規約の有無：－
規約設定年月日：－
規約改定年月日：－

農場 HACCP・JGAP について

農場 HACCP：－
J G A P：－

交配様式

雌 バークシャー × 雄 デュロック

主な流通経路および販売窓口

◆主 な と 畜 場
：県北食肉センター

◆主 な 処 理 場
：同上

◆年 間 出 荷 頭 数
：50 頭

◆主 要 卸 売 企 業
：小谷野精肉店

◆輸出実績国・地域
：－

◆今 後 の 輸 出 意 欲
：－

販売指定店制度について

指定店制度：有
販促ツール：－

特長

● 後期飼料には黒豚専用飼料を給与し、肥育期間を 210～240 日で出荷しています。
● 全飼料に抗生物質はすべて無添加です。

概要

管理主体	㈲小谷野精肉店	電話	048-559-4101
代表者	小谷野 光一	FAX	同上
所在地	行田市埼玉 3517-9	URL	www.plus-kun.com/koyano
		メールアドレス	－

埼玉県

まぼろしのにく こだいぶた

幻の肉 古代豚

飼育管理

出荷日齢：約200日

出荷体重：約110kg

指定肥育地・牧場
：古代豚白石農場

飼料の内容
：－

商標登録・GI 登録・銘柄規約について

商標登録の有無：有
登録取得年月日：1999 年

G I 登 録：

銘柄規約の有無：有
規約設定年月日：1999 年
規約改定年月日：－

農場 HACCP・JGAP について

農場 HACCP：－
J G A P：－

交配様式

雌 中ヨークシャー × 雄 大ヨークシャー

大ヨークシャー × 中ヨークシャー

主な流通経路および販売窓口

◆主 な と 畜 場
：県北食肉センター（埼玉）

◆主 な 処 理 場
：同上

◆年 間 出 荷 頭 数
：約 800 頭

◆主 要 卸 売 企 業
：－

◆輸出実績国・地域
：－

◆今 後 の 輸 出 意 欲
：－

販売指定店制度について

指定店制度：－
販促ツール：－

特長

● 希少価値となった中ヨークシャー種を基礎豚として味の向上を図っている。
● 飼料には乳酸菌、納豆菌などを混ぜ、豚の健康に役立てている。
● 脂肪の融点が低く、口溶けがよく、上品な甘みの食味となっています。

概要

管理主体	古代豚 白石農場	電話	0495-76-1738
代表者	白石 光江	FAX	0495-76-5291
所在地	児玉郡美里町白石 1927-1	URL	www.kodaibuta.com
		メールアドレス	info@kodaibuta.com

埼玉県

むさしむぎぶた
むさし麦豚

飼育管理

出荷日齢：170日齢
出荷体重：115kg
指定肥育地・牧場
：深谷農場、花園農場

飼料の内容
：自家製飼料

商標登録・GI登録・銘柄規約について

商標登録の有無：有
登録取得年月日：2011年9月30日

GI登録：未定

銘柄規約の有無：ー
規約設定年月日：ー
規約改定年月日：ー

農場HACCP・JGAPについて

農場HACCP：ー
JGAP：ー

交配様式

雌 （大ヨークシャー（雌）×ランドレース（雄））
×
雄 デュロック

主な流通経路および販売窓口

◆主なと畜場
：熊谷食肉センター、東京都食肉市場
◆主な処理場
：同上
◆年間出荷頭数
：38,000頭
◆主要卸売企業
：中村牧場、東京都食肉市場
◆輸出実績国・地域
：ー
◆今後の輸出意欲
：有

販売指定店制度について

指定店制度：有
販促ツール：シール、のぼり、ポスター

特長

- パン、うどん、ラーメン、パスタなど加熱乾燥処理をした小麦由来の飼料と粉砕した米を与え、衛生管理の行き届いた環境で、じっくりと育てています。
- 軟らかく溶けるような甘い脂身で、ロース芯にはサシが入り、濃厚な味わいの赤身が特長です。

概要

管理主体：㈱長島養豚
代表者：長島　洋平　代表取締役
所在地：深谷市永田131-1
電話：048-584-2265
FAX：048-579-1318
URL：www.n-swine.co.jp
メールアドレス：info@n-swine.co.jp

埼玉県

ろっきんぽーく
六金ポーク

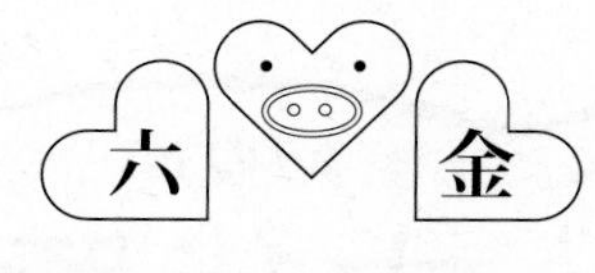

飼育管理

出荷日齢：180日齢
出荷体重：115kg前後
指定肥育地・牧場
：児玉郡上里町七本木121
飼料の内容
：とうもろこし、大豆、大麦、ビタミン、納豆菌、腐葉、米、小麦、マイロ、甘しょ

商標登録・GI登録・銘柄規約について

商標登録の有無：ー
登録取得年月日：ー

GI登録：未定

銘柄規約の有無：ー
規約設定年月日：ー
規約改定年月日：ー

農場HACCP・JGAPについて

農場HACCP：ー
JGAP：ー

交配様式

雌 （ランドレース（雌）×大ヨークシャー（雄））
×
雄 デュロック

主な流通経路および販売窓口

◆主なと畜場
：本庄食肉センター
◆主な処理場
：同上
◆年間出荷頭数
：1,000頭
◆主要卸売企業
：ー
◆輸出実績国・地域
：ー
◆今後の輸出意欲
：有

販売指定店制度について

指定店制度：有
販促ツール：のぼり

特長

- 飼料は自家配合、添加物はプレミックス（ビタミン）、スタミゲン（脱臭、肉質良好）、納豆菌など。
- 抗生物質は通常、使用していない。
- 霜降りが入った肉質で、脂肪色は真っ白く仕上がる。
- 良質の水を使用しています。

概要

管理主体：橋爪ファーム
代表者：橋爪　一松　代表取締役社長
所在地：児玉郡上里町七本木121
電話：0495-33-7611
FAX：同上
URL：ー
メールアドレス：idopxqobi@gamil.com

千　葉　県

あぼかどさんらいずぽーく

アボカドサンライズポーク

飼育管理

出荷日齢：180日齢

出荷体重：110kg

指定肥育地・牧場

：香取市岡飯田・サンライズファームアボトン農場

飼料の内容

：配合飼料＋アボガドオイルを添加

商標登録・GI 登録・銘柄規約について

商標登録の有無：有
登録取得年月日：2017 年 8 月 4 日

G I 登 録：未定

銘柄規約の有無：有
規約設定年月日：2013 年 7 月31日
規約改定年月日：—

農場 HACCP・JGAP について

農場 HACCP：—

J G A P：—

交配様式

シムコＳＰＦ

雌　　雄

（ランドレース × 大ヨークシャー）

主な流通経路および販売窓口

◆主 な と 畜 場
：竜ケ崎食肉センター

◆主 な 処 理 場
：フィード・ワンフーズ

◆年 間 出 荷 頭 数
：4,000 頭

◆主 要 卸 売 企 業
：サンライズファーム

◆輸出実績国・地域
：—

◆今後の輸出意欲
：有

販売指定店制度について

指定店制度：有

販促ツール：ポスター、取扱店証明書

特長

- 肉質は軟らかくうま味に富んでいます。
- 脂身は融点が低く、さらっとして甘みがあるのが特長です。
- オレイン酸を含み、豚肉特有の臭みが全くありません。

概要

管理主体：㈲サンライズ	電話：0478-78-5336
代表者：髙木 秀直	FAX：0478-78-3440
所在地：香取市高野 677	URL：avocado-pork.jp
	メールアドレス：k_takagi@sunrisefarm.ne.jp

千　葉　県

かしわげんそうぽーく

柏幻霜ポーク

飼育管理

出荷日齢：240日齢

出荷体重：120kg

指定肥育地・牧場

：惣左衛門（柏市手賀）

飼料の内容

：とうもろこし、大豆かす、パンみみ

商標登録・GI 登録・銘柄規約について

商標登録の有無：有
登録取得年月日：2011 年 9 月16日

G I 登 録：—

銘柄規約の有無：有
規約設定年月日：2014 年 9 月16日
規約改定年月日：—

農場 HACCP・JGAP について

農場 HACCP：—

J G A P：—

交配様式

雌　（ランドレース × 大ヨークシャー）
×
雄　デュロック

主な流通経路および販売窓口

◆主 な と 畜 場
：取手食肉センター

◆主 な 処 理 場
：同上

◆年 間 出 荷 頭 数
：1,200 頭

◆主 要 卸 売 企 業
：惣左衛門

◆輸出実績国・地域
：—

◆今後の輸出意欲
：—

販売指定店制度について

指定店制度：—

販促ツール：—

特長

- ロースは薄灰紅色に細かなサシの入った、臭みのない豚肉です。

概要

管理主体：㈱惣左衛門	電話：04-7191-9460
代表者：寺田 治雄	FAX：04-7191-9722
所在地：柏市手賀 611	URL：sozaemon.shop-pro.jp
	メールアドレス：shop@sozaemon.shop-pro.jp

北海道
青森県
岩手県
宮城県
秋田県
山形県
福島県
茨城県
栃木県
群馬県
埼玉県
千葉県
東京都
神奈川県
山梨県
長野県
新潟県
富山県
石川県
福井県
岐阜県
静岡県
愛知県
三重県
滋賀県
京都府
大阪府
兵庫県
奈良県
鳥取県
島根県
岡山県
広島県
山口県
徳島県
香川県
愛媛県
福岡県
佐賀県
長崎県
熊本県
大分県
宮崎県
鹿児島県
沖縄県
全　国

千　葉　県

げんきぶた
元　気　豚

飼育管理

出荷日齢：180日齢
出荷体重：約118kg
指定肥育地・牧場
：自社農場（匝瑳市、香取市）
飼料の内容
：でんぷん質の多い小麦、飼料米を高配合した専用飼料

商標登録・GI登録・銘柄規約について

商標登録の有無：有
登録取得年月日：2021年4月9日
G　I　登　録：未定
銘柄規約の有無：有
規約設定年月日：－
規約改定年月日：－

農場HACCP・JGAPについて

農場 HACCP：有（2019年9月20日）
J G A P：有（2020年12月1日）

交配様式

雌（ランドレース（雌）× 大ヨークシャー（雄））
×
雄 デュロック

主な流通経路および販売窓口

◆主なと畜場
：東陽食肉センター、千葉県食肉公社
◆主な処理場
：林畜産、東陽食肉センター、東総食肉センター
◆年間出荷頭数
：53,000頭
◆主要卸売企業
：林畜産、鎌倉ハム村井商会、千葉県食肉公社
◆輸出実績国・地域
：－
◆今後の輸出意欲
：有

販売指定店制度について

指定店制度：無
販促ツール：シール、のぼり、パネル、ポスター

特長

●でんぷん質の多い小麦、飼料米を高配合した専用飼料を与えています。
●特有の軟らかい甘みのあるお肉です。
●豚を病気にさせない環境づくり、豚にストレスをかけない飼育方法で心身ともに健康で元気な豚を育てています。

概要

管理主体：(有)ジェリービーンズ
代表者：内山　利之
所在地：香取郡多古町染井984-7
電話：0479-74-3929
FAX：0479-74-3910
URL：jellybeans.co.jp
メールアドレス：info@genkibuta.com

千　葉　県

こいするぶた
恋する豚

恋する豚研究所

飼育管理

出荷日齢：180日齢
出荷体重：約115kg
指定肥育地・牧場
：アリタホックサイエンス
飼料の内容
：自家配合

商標登録・GI登録・銘柄規約について

商標登録の有無：有
登録取得年月日：2004年
G　I　登　録：未定
銘柄規約の有無：－
規約設定年月日：－
規約改定年月日：－

農場HACCP・JGAPについて

農場 HACCP：－
J G A P：－

交配様式

雌（ランドレース（雌）× 大ヨークシャー（雄））
×
雄 デュロック

主な流通経路および販売窓口

◆主なと畜場
：日本畜産振興、横浜食肉市場
◆主な処理場
：日本畜産振興、フィード・ワンフーズ
◆年間出荷頭数
：10,000頭
◆主要卸売企業
：伊藤ハム、スターゼン、丸大ミート
◆輸出実績国・地域
：－
◆今後の輸出意欲
：－

販売指定店制度について

指定店制度：－
販促ツール：シール、ブランドボード、リーフレット

特長

●乳酸菌などで発酵した飼料で健やかに育てています。
●脂に甘みがあり、臭みが少ないのが特長です。

概要

管理主体：(株)恋する豚研究所
代表者：飯田　大輔　代表取締役
所在地：香取市沢2459-1
電話：0478-70-5115
FAX：0478-70-5335
URL：www.koisurubuta.com
メールアドレス：info@koisurubuta.com

千　葉　県

しざわぽーく　こめしあげ
シザワポーク　米仕上げ

飼育管理

出荷日齢：180日齢
出荷体重：118kg
指定肥育地・牧場
：ブライトピック千葉・飯岡農場
飼料の内容
：ブライトピック千葉が製造する専用液状飼料。有機酸

商標登録・GI 登録・銘柄規約について

商標登録の有無：有
登録取得年月日：2010 年 7 月16日

G　I　登　録：未定

銘柄規約の有無：有
規約設定年月日：2009 年 4 月
規約改定年月日：－

農場 HACCP・JGAP について

農場 HACCP： 推進中（全農場で取得）
J　G　A　P：－

交配様式

雌（大ヨークシャー × ランドレース）雄
×
雄　デュロック

主な流通経路および販売窓口

◆主なと畜場
：千葉県食肉公社
◆主な処理場
：同上
◆年間出荷頭数
：－
◆主要卸売企業
：－
◆輸出実績国・地域
：－
◆今後の輸出意欲
：有

販売指定店制度について

指定店制度：－
販促ツール：－

特長

- ブライトピック千葉が製造する専用液状飼料で育てた肉豚。
- 飼料米および米系原料を主体とした飼料を給与。
- 米類に由来する脂肪性状の肉質。
- 肥育農場で SQF 取得。

概要

管理主体：㈲ブライトピック、㈲ブライトピック千葉
代表者：志澤　輝彦、志澤　勝
所在地：神奈川県綾瀬市吉岡 2321
旭市溝原 1009
電　話：0467-77-2413（グループ代表）
F A X：0467-76-2245（同）
U R L：www.brightpig.co.jp
メールアドレス：m.shizawa@nifty.com

千　葉　県

だいやもんどぽーく
ダイヤモンドポーク

飼育管理

出荷日齢：220日齢
出荷体重：120kg
指定肥育地・牧場
：３農場（匝瑳市、香取市、富里市）
飼料の内容
：独自の配合飼料

商標登録・GI 登録・銘柄規約について

商標登録の有無：－
登録取得年月日：－

G　I　登　録：－

銘柄規約の有無：有
規約設定年月日：2004 年11月 5 月
規約改定年月日：2017 年 6 月29日

農場 HACCP・JGAP について

農場 HACCP：－
J　G　A　P：－

交配様式

中ヨークシャー

主な流通経路および販売窓口

◆主なと畜場
：千葉県食肉公社
◆主な処理場
：東総食肉センター
◆年間出荷頭数
：1,000 頭
◆主要卸売企業
：東総食肉センター
◆輸出実績国・地域
：－
◆今後の輸出意欲
：－

販売指定店制度について

指定店制度：－
販促ツール：シール、のぼり

特長

- 純粋ヨークシャー種に独自の配合飼料を給与し、コクのあるうま味になっています。
- 脂身の白さがより一層の輝きを放ち、その輝きが宝石のダイヤモンドをイメージさせるため「ダイヤモンドポーク」と命名しました。

概要

管理主体：千葉ヨーク研究会（東総食肉センター内）
代表者：東総食肉センター
所在地：千葉県旭市鎌数 6354-3
電　話：0479-64-1964
F A X：0479-64-0544
U R L：－
メールアドレス：－

千葉県

たくみぶた

匠味豚

飼育管理

出荷日齢：160～180日齢

出荷体重：110～120kg

指定肥育地・牧場
：－

飼料の内容
：独自の給与基準に基づく

商標登録・GI登録・銘柄規約について

商標登録の有無：－
登録取得年月日：－

ＧＩ登録：－

銘柄規約の有無：－
規約設定年月日：－
規約改定年月日：－

農場HACCP・JGAPについて

農場HACCP：－
ＪＧＡＰ：－

交配様式

雌（ランドレース（雌）× 大ヨークシャー（雄））
×
雄 デュロック

主な流通経路および販売窓口

◆主なと畜場
：千葉県食肉公社

◆主な処理場
：東総食肉センター

◆年間出荷頭数
：50,000頭

◆主要卸売企業
：－

◆輸出実績国・地域
：香港

◆今後の輸出意欲
：－

販売指定店制度について

指定店制度：－
販促ツール：－

特長

- ＩＳＯ22000取得の衛生的な施設で処理されています。
- 長年の経験と実績を基に、熟練した枝肉選別者によって選び抜かれています。

概要

管理主体	小川畜産食品㈱
代表者	小川　晃弘　代表取締役社長
所在地	東京都大田区京浜島1-4-1
電話	03-3790-5151
FAX	03-3790-5160
URL	www.ogawa-group.co.jp
メールアドレス	－

千葉県

ちばけんさんいもぶた

千葉県産いもぶた

飼育管理

出荷日齢：170～190日齢

出荷体重：115～120kg

指定肥育地・牧場
：県内北総地区４農場

飼料の内容
：いもぶた専用飼料
100日齢以降は抗生物質は添加せず

商標登録・GI登録・銘柄規約について

商標登録の有無：－
登録取得年月日：－

ＧＩ登録：－

銘柄規約の有無：有
規約設定年月日：2008年7月1日
規約改定年月日：－

農場HACCP・JGAPについて

農場HACCP：－
ＪＧＡＰ：－

交配様式

雌（ランドレース（雌）× 大ヨークシャー（雄））
×
雄 デュロック

主な流通経路および販売窓口

◆主なと畜場
：千葉県食肉公社

◆主な処理場
：旭食肉協同組合

◆年間出荷頭数
：22,000頭

◆主要卸売企業
：中部飼料

◆輸出実績国・地域
：香港、イタリア

◆今後の輸出意欲
：有

販売指定店制度について

指定店制度：－
販促ツール：シール、のぼり、棚帯、ＤＶＤ、パネル

特長

- いも類を多給した飼料を出荷前平均70日間給与し、100日齢以降、飼料に抗生物質は使わない。
- 良質なでんぷん質を含む飼料が、豚肉のうまみ、風味、甘みを変える。
- 指定農場で生産し、生産情報はホームページで公開している。

概要

管理主体	旭食肉協同組合
代表者	井上　晴夫　理事長
所在地	旭市二の5944
電話	0479-63-1521
FAX	0479-63-8363
URL	www.asahi-shokuniku.or.jp
メールアドレス	info@asahi-shokuniku.or.jp

千葉県

ちばけんさんびみとん

千葉県産美味豚

飼育管理

出荷日齢：180日齢
出荷体重：75kg（枝肉ベース）
指定肥育地・牧場
：－
飼料の内容
：中部飼料美味豚専用配合飼料

商標登録・GI登録・銘柄規約について

商標登録の有無：－
登録取得年月日：－

GI登録：－

銘柄規約の有無：－
規約設定年月日：－
規約改定年月日：－

農場 HACCP・JGAP について

農場 HACCP：－
JGAP：－

交配様式

雌（ランドレース（雌）×大ヨークシャー（雄））
×
雄 デュロック

ケンボロー

主な流通経路および販売窓口

◆主なと畜場
：印旛食肉センター

◆主な処理場
：同上

◆年間出荷頭数
：3,500頭

◆主要卸売企業
：ビッグミート中村

◆輸出実績国・地域
：－

◆今後の輸出意欲
：－

販売指定店制度について

指定店制度：－
販促ツール：－

特長

- 豚本来の味わいを引き出すべく、高品質なでんぷん類を多く含んだ原料を給与することで、臭みがなく、脂肪はほんのり甘い食味に仕上がります。
- また保水性に優れ、焼いてもうま味が逃げることなく、肉に詰まったままなので非常にジューシーな味わいを堪能できます。

概要

管理主体：㈱中島商店
代表者：中島 登 代表取締役社長
所在地：富里市七栄 532-88
電話：0476-93-4329
FAX：0476-92-1929
URL：－
メールアドレス：nakajima11298@yahoo.co.jp

千葉県

ちばけんさんまーがれっとぽーく

千葉県産マーガレットポーク

飼育管理

出荷日齢：180日齢
出荷体重：115～117kg
指定肥育地・牧場
：旭市、香取市、銚子市
飼料の内容
：穀物主体の配合飼料

植物性乳酸菌パワー 千葉県産 マーガレットポーク 皆様に親しまれるように、清潔なイメージの「マーガレット」の花に例えて付けました。

商標登録・GI登録・銘柄規約について

商標登録の有無：有
登録取得年月日：2007年4月20日

GI登録：－

銘柄規約の有無：有
規約設定年月日：2006年4月1日
規約改定年月日：2013年9月18日

農場 HACCP・JGAP について

農場 HACCP：－
JGAP：－

交配様式

雌（ランドレース（雌）×大ヨークシャー（雄））
×
雄 デュロック

主な流通経路および販売窓口

◆主なと畜場
：千葉県食肉公社

◆主な処理場
：ハヤシ、旭食肉協同組合

◆年間出荷頭数
：40,000頭

◆主要卸売企業
：ハヤシ、旭食肉協同組合

◆輸出実績国・地域
：－

◆今後の輸出意欲
：有

販売指定店制度について

指定店制度：－
販促ツール：パンフレット、シール、ポスターなど

特長

- 穀物主体の配合飼料に植物性乳酸菌を添加し、子豚から出荷までの全ステージで給餌させることにより、豚肉独特の臭みが抑制され、本来の脂身の甘みが実感できます。
- 歯切れの良い、軟らかい豚肉となっています。

概要

管理主体：マーガレットポーク研究会
代表者：川嶋 徳秀 会長
所在地：旭市鎌数 6354-3
千葉県食肉公社内
電話：0479-62-1073
FAX：0479-63-8515
URL：marguerite-pork.jp
メールアドレス：marguerite-pork@cmpc.co.jp

千葉県

テラポーク 地球豚
（てらぽーく　ちきゅうぶた）

飼育管理
出荷日齢：180日齢
出荷体重：118kg
指定肥育地・牧場
：ブライトピック、ブライトピック千葉の千葉県農場
飼料の内容
：ブライトピック千葉が製造する専用液状飼料。有機酸

商標登録・GI登録・銘柄規約について
商標登録の有無：有
登録取得年月日：2010年4月9日

GI登録：未定

銘柄規約の有無：有
規約設定年月日：2009年4月
規約改定年月日：ー

農場HACCP・JGAPについて
農場HACCP：推進中（全農場で取得）
JGAP：ー

交配様式
雌（大ヨークシャー（雌）×ランドレース（雄））
×
雄　デュロック

主な流通経路および販売窓口
◆主なと畜場
：千葉県食肉公社
◆主な処理場
：同上
◆年間出荷頭数
：ー
◆主要卸売企業
：ー
◆輸出実績国・地域
：ー
◆今後の輸出意欲
：有

販売指定店制度について
指定店制度：ー
販促ツール：ー

特長
- ブライトピック千葉が製造する専用液状飼料で育てた肉豚。
- 小麦系原料を主体とした飼料を給与。
- 小麦類に由来する脂肪性状の肉質。
- 肥育農場でSQF取得。

概要
管理主体：㈲ブライトピック、㈲ブライトピック千葉
代表者：志澤　輝彦、志澤　勝
所在地：神奈川県綾瀬市吉岡2321
旭市溝原1009
電話：0467-77-2413（グループ代表）
FAX：0467-76-2245（同）
URL：www.brightpig.co.jp
メールアドレス：m.shizawa@nifty.com

千葉県

なでしこポーク
（なでしこぽーく）

NADESHIKO
PORK

飼育管理
出荷日齢：180日齢
出荷体重：100kg前後
指定肥育地・牧場
：ー
飼料の内容
：ー

商標登録・GI登録・銘柄規約について
商標登録の有無：有
登録取得年月日：2006年6月9日

GI登録：ー

銘柄規約の有無：ー
規約設定年月日：ー
規約改定年月日：ー

農場HACCP・JGAPについて
農場HACCP：ー
JGAP：ー

交配様式
雌（ランドレース（雌）×大ヨークシャー（雄））
×
雄　デュロック

主な流通経路および販売窓口
◆主なと畜場
：千葉県食肉公社
◆主な処理場
：同上
◆年間出荷頭数
：3,700頭
◆主要卸売企業
：小川畜産、アマイ、JA全農ミートフーズ
◆輸出実績国・地域
：ー
◆今後の輸出意欲
：ー

販売指定店制度について
指定店制度：ー
販促ツール：ー

特長
- 大高酵素（発酵飼料）を使用。
- オリーブオイル、国産米、さつまいもを使用
- 美容に良いオレイン酸が多く、女性におすすめの豚肉。

概要
管理主体：㈱栄進フーズグループ
㈱松央ミート
代表者：花澤　昇一　代表取締役会長
所在地：旭市新町731
電話：0479-63-6250
FAX：0479-63-5207
URL：www.eishinfoods.com
メールアドレス：eishin-f@proof.ocn.ne.jp

千　葉　県

ばななぽーく
バナナポーク

飼育管理

出荷日齢：180日齢
出荷体重：110kg
指定肥育地・牧場
：茨城県自社牧場、千葉県協力牧場
飼料の内容
：肉豚用仕上飼料にバナナクラッシャー（乾燥バナナ）を特別配合し、出荷前２カ月間給与

商標登録・GI 登録・銘柄規約について

商標登録の有無：有
登録取得年月日：2011 年 3 月16日

G I 登 録：ー

銘柄規約の有無：ー
規約設定年月日：ー
規約改定年月日：ー

農場 HACCP・JGAP について

農場 HACCP：ー
J G A P：ー

交配様式

雌 （ランドレース（雌）× 大ヨークシャー（雄））
×
雄 デュロック

主な流通経路および販売窓口

◆主なと畜場
：日本畜産振興、取手食肉センター
◆主な処理場
：日本畜産振興
◆年間出荷頭数
：3,000～3,500 頭
◆主要卸売企業
：丸大ミート関西、ゼンショク、イシダフーズ
◆輸出実績国・地域
：ー
◆今後の輸出意欲
：有

販売指定店制度について

指定店制度：ー
販促ツール：ワンポイントシール、のぼり

特長

●フィリピン産の乾燥バナナを与えることにより脂肪融点が低く、軟らかい肉質、アミノ酸成分が多く甘みのある脂肪、臭みが少ないさっぱりした豚肉。

概要

管理主体	日本畜産振興㈱	電話	0297-73-2901
代表者	安藤　貴子　代表取締役社長	FAX	0297-74-2983
所在地	茨城県取手市長兵衛新田 238-8	URL	ー
		メールアドレス	ー

千　葉　県

ばんどうけんぼろー
坂東ケンボロー

飼育管理

出荷日齢：180日齢
出荷体重：115kg
指定肥育地・牧場
：野田市関宿台町（USジャパン）
飼料の内容
：高品質でんぷん飼料（大麦など）

商標登録・GI 登録・銘柄規約について

商標登録の有無：有 2529013号
登録取得年月日：ー

G I 登 録：ー

銘柄規約の有無：有
規約設定年月日：2010 年11月 1 日
規約改定年月日：ー

農場 HACCP・JGAP について

農場 HACCP：ー
J G A P：ー

交配様式

ケンボロー

主な流通経路および販売窓口

◆主なと畜場
：千葉県印旛食肉センター事業協同組合
◆主な処理場
：中島商店
◆年間出荷頭数
：600 頭
◆主要卸売企業
：ビックミート中村
◆輸出実績国・地域
：ー
◆今後の輸出意欲
：ー

販売指定店制度について

指定店制度：ー
販促ツール：パンフレット、リーフレット、ポスターなど

特長

●希少品種のケンボロー、ホテル、レストランのメニューとしても好評であっさりとおいしい豚肉との評価です。

概要

管理主体	㈱ビックミート中村	電話	03-3629-2901
代表者	中村　省吾　代表取締役社長	FAX	03-3629-2920
所在地	東京都足立区神明南 1-1-15	URL	ー
		メールアドレス	bigmeat@d9.dion.ne.jp

千　葉　県

ひがたつばきぽーく

ひがた椿ポーク

飼育管理

出荷日齢：180日齢

出荷体重：75kg（枝肉重量）

指定肥育地・牧場
：伊藤養豚（旭市）ほか

飼料の内容
：国産飼料米15％配合飼料（肥育仕上げ期）

商標登録・GI登録・銘柄規約について

商標登録の有無：有
登録取得年月日：2006年

ＧＩ登録：未定

銘柄規約の有無：ー
規約設定年月日：ー
規約改定年月日：ー

農場 HACCP・JGAP について

農場 HACCP：有（2015年1月30日）
ＪＧＡＰ：申請中

交配様式

雌（ランドレース（雌）× 大ヨークシャー（雄））
×
雄 デュロック

主な流通経路および販売窓口

◆主なと畜場
：千葉県食肉公社

◆主な処理場
：同上

◆年間出荷頭数
：30,000頭

◆主要卸売企業
：ＪＡ全農ミートフーズ

◆輸出実績国・地域
：ー

◆今後の輸出意欲
：ー

販売指定店制度について

指定店制度：有
販促ツール：パネル、シール

特長

- 飼料はすべて穀物を使用し、さらに天然の甘味料として知られるステビアエキスを配合しています。
- 肉のキメが細かく、弾力、保水性ともに良く歯触りの良い肉に仕上がっています。

概要

管理主体	千葉ポークランド㈱	電話	0479-68-1129
代表者	宮崎　政博　代表取締役	ＦＡＸ	ー
所在地	旭市清和甲41	ＵＲＬ	ー
		メールアドレス	ー

千　葉　県

ふさのめいとん　はやしえすぴーえふ

総の銘豚 林SPF

飼育管理

出荷日齢：185日齢
出荷体重：115kg
指定肥育地・牧場
：ー
飼料の内容
：人工乳Ａ・Ｂ段階を除く飼料に抗生物質は入っていない。仕上げ用には指定配合飼料「林ＳＰＦ（Ｖ）」を使用

商標登録・GI登録・銘柄規約について

商標登録の有無：有
登録取得年月日：1999年9月10日

ＧＩ登録：未定

銘柄規約の有無：有
規約設定年月日：1980年4月1日
規約改定年月日：ー

農場 HACCP・JGAP について

農場 HACCP：ー
ＪＧＡＰ：ー

交配様式

雌（ランドレース（雌）× 大ヨークシャー（雄））
×
雄 デュロック

主な流通経路および販売窓口

◆主なと畜場
：東京都食肉市場、横浜市食肉市場
東庄町食肉センター

◆主な処理場
：ー

◆年間出荷頭数
：30,000頭

◆主要卸売企業
：田谷ミートセンター

◆輸出実績国・地域
：ー

◆今後の輸出意欲
：ー

販売指定店制度について

指定店制度：有
販促ツール：シール、パンフレット、のぼり、ポスター

特長

- ＳＰＦ種豚（ＬＷ×Ｄ）で統一して、グループの指定配合飼料（林ＳＰＦ(v)）、ビタミン、ミネラルを強化したものを出荷前60日間給与することにより、保水性があり、脂肪の質もしっかりとした独特の風味のある豚肉に仕上がっている。

概要

管理主体	林商店肉豚出荷組合	電話	0478-86-1030
代表者	林　康彰	ＦＡＸ	0478-86-1459
所在地	香取郡東庄町石出1585	ＵＲＬ	hayashi-spf.co.jp
		メールアドレス	postmaster@hayashi-spf.co.jp

千　　葉　　県

ぼうそうおりぅ゙ぃあぽーく

房総オリヴィアポーク

飼育管理

出荷日齢：185日齢
出荷体重：115kg
指定肥育地・牧場
：井上本店（千葉県東部、北東部）
飼料の内容
：とうもろこし、玄米（精白米）、大麦を77%加えた穀物主体の配合飼料にオリーブのしぼりかすを加えたもの

商標登録・GI登録・銘柄規約について

商標登録の有無：有
登録取得年月日：2015年9月18日

GI登録：未定

銘柄規約の有無：有
規約設定年月日：2015年3月25日
規約改定年月日：ー

農場HACCP・JGAPについて

農場HACCP：ー
JGAP：ー

交配様式

	雌		雄
雌	（ランドレース	×	大ヨークシャー）
		×	
雄		デュロック	

主な流通経路および販売窓口

◆主なと畜場
：千葉県食肉公社

◆主な処理場
：丸美ミート

◆年間出荷頭数
：9,000頭

◆主要卸売企業
：丸美ミート

◆輸出実績国・地域
：ー

◆今後の輸出意欲
：ー

販売指定店制度について

指定店制度：ー
販促ツール：パネル、シール、ポスター、リーフレット

特長

● ビタミンB_1が豊富。
● 脂肪の融点が36℃前後のため、脂の口溶けが良い。
● 穀物主体の配合飼料を使用しているので軟らかい肉質。

概要

管理主体：㈲丸美ミート
代表者：小川　哲也
所在地：山武郡横芝光町栗山3300
電話：0479-82-0984
FAX：0479-82-0990
URL：www.marumi-meat.co.jp
メールアドレス：info@marumi-meat.co.jp

千　　葉　　県

ぼうそうぽーく

房総ポーク

千葉県農協銘柄豚
房総ポーク
http://www.boso-pork.gr.jp
房総ポーク販売促進協議会

飼育管理

出荷日齢：180日齢
出荷体重：115kg
指定肥育地・牧場
：15農場（香取市、富里市、旭市、匝瑳市、長生郡）
飼料の内容
海草粉末を加え、ビタミンEを強化した専用飼料

商標登録・GI登録・銘柄規約について

商標登録の有無：有
登録取得年月日：1987年5月29日

GI登録：ー

銘柄規約の有無：有
規約設定年月日：2004年8月17日
規約改定年月日：2022年6月1日

農場HACCP・JGAPについて

農場HACCP：ー
JGAP：ー

交配様式

	雌		雄
雌	（ランドレース	×	大ヨークシャー）
		×	
雄		デュロック	

主な流通経路および販売窓口

◆主なと畜場
：千葉県食肉公社

◆主な処理場
：同上

◆年間出荷頭数
：20,000頭

◆主要卸売企業
：ＪＡ全農ミートフーズ

◆輸出実績国・地域
：ー

◆今後の輸出意欲
：ー

販売指定店制度について

指定店制度：ー
販促ツール：シール、パンフレット、のぼり、パネル

特長

● 飼料に海草粉末を加え、ビタミンEを強化しています。
● 豚肉特有のくささが無く、軟らかい食感、スッキリしたうま味が特長。

概要

管理主体：房総ポーク販売促進協議会
代表者：杉﨑　繁　会長
所在地：千葉市中央区新千葉3-2-6
電話：043-245-7381
FAX：043-246-2547
URL：www.boso-pork.gr.jp
メールアドレス：ー

北海道 青森県 岩手県 宮城県 秋田県 山形県 福島県 茨城県 栃木県 群馬県 埼玉県 千葉県 東京都 神奈川県 山梨県 長野県 新潟県 富山県 石川県 福井県 岐阜県 静岡県 愛知県 三重県 滋賀県 京都府 大阪府 兵庫県 奈良県 鳥取県 島根県 岡山県 広島県 山口県 徳島県 香川県 愛媛県 福岡県 佐賀県 長崎県 熊本県 大分県 宮崎県 鹿児島県 沖縄県 全国

千葉県

ほころぶた

ほころぶた

飼育管理

出荷日齢：185日齢
出荷体重：115kg
指定肥育地・牧場
：旭市
飼料の内容
：とうもろこし配合割合を抑え、麦、マイロ等でんぷん質を多給した飼料。ドリップロスを低減するためビタミンEを配合。

商標登録・GI登録・銘柄規約について

商標登録の有無：ー
登録取得年月日：ー

GI登録：ー

銘柄規約の有無：ー
規約設定年月日：ー
規約改定年月日：ー

農場HACCP・JGAPについて

農場HACCP：有（2015年11月16日）
JGAP：ー

交配様式

雌 （ランドレース（雌）×大ヨークシャー（雄））
×
雄 デュロック

主な流通経路および販売窓口

◆主なと畜場
：東庄町食肉センター
◆主な処理場
：田谷ミートセンター
◆年間出荷頭数
：15,000頭
◆主要卸売企業
：ー
◆輸出実績国・地域
：ー
◆今後の輸出意欲
：有

販売指定店制度について

指定店制度：ー
販促ツール：シール

特長

- 大群飼育し、広々としたスペースで豚が十分に運動できる環境で飼育しています。
- トウモロコシの配合を制限し、麦・マイロなどに置き換えオレイン酸を豊富に含む脂肪酸バランスの良い肉質です。
- 飼料中にビタミンEを強化することで鮮度保持に優れた軟らかい肉質に仕上げました。

概要

管理主体：㈲下山農場
代表者：土田　真吾
所在地：旭市後草684
電話：0479-55-3814
FAX：0479-55-5863
URL：ー
メールアドレス：ー

千葉県

みなみぼうそうのめいすいもちぶた

南房総の名水もちぶた

飼育管理

出荷日齢：185日齢
出荷体重：115kg
指定肥育地・牧場
：君津市3農場（大野台、山滝町、戸崎農場）
飼料の内容
：指定配合

商標登録・GI登録・銘柄規約について

商標登録の有無：有
登録取得年月日：2016年10月21日

GI登録：未定

銘柄規約の有無：ー
規約設定年月日：ー
規約改定年月日：ー

農場HACCP・JGAPについて

農場HACCP：ー
JGAP：ー

交配様式

雌 （ランドレース（雌）×大ヨークシャー（雄））
×
雄 デュロック

主な流通経路および販売窓口

◆主なと畜場
：神奈川食肉センター
◆主な処理場
：神奈川ミートパッカー
◆年間出荷頭数
：37,000頭
◆主要卸売企業
：中山畜産、東京食肉市場
◆輸出実績国・地域
：ー
◆今後の輸出意欲
：有

販売指定店制度について

指定店制度：有
販促ツール：シール、パネル

特長

- 肉のおいしさは、肉質のキメの細かさと脂質で決まるとのコンセプトから、おいしさをモットーに軟らかさ、脂のうまみ、肉のつや（筋繊維のキメ）を求め、独自の指定配合に加え、千葉県で唯一「平成の名水百選」に選ばれた原水を与えることで、価値あるおいしいもち豚が生産されています。

概要

管理主体：㈱スワインファームジャパン
代表者：中山　修　代表取締役社長
所在地：市原市石神1269
電話：0436-96-1721
FAX：0436-96-1722
URL：www.sfj.jp
メールアドレス：sfj001@nakayama-c.com

千　葉　県

ろいやるさんげん

ロイヤル三元

飼育管理

出荷日齢：180日齢

出荷体重：115kg

指定肥育地・牧場
：山武郡横芝光町（斉藤ファーム）

飼料の内容
：植物性飼料と木酢液使用

商標登録・GI登録・銘柄規約について

商標登録の有無：－
登録取得年月日：－

ＧＩ登録：－

銘柄規約の有無：－
規約設定年月日：－
規約改定年月日：－

農場HACCP・JGAPについて

農場HACCP：－
ＪＧＡＰ：－

交配様式

雌　（ランドレース（雌）×大ヨークシャー（雄））
×
雄　デュロック

主な流通経路および販売窓口

◆主 な と 畜 場
：千葉県印旛食肉センター事業協同組合

◆主 な 処 理 場
：中島商店

◆年 間 出 荷 頭 数
：600頭

◆主 要 卸 売 企 業
：ビックミート中村

◆輸出実績国・地域
：－

◆今後の輸出意欲
：－

販売指定店制度について

指定店制度：－
販促ツール：パンフレット、リーフレット、ポスターなど

特長

● 豚肉本来の生態を生かしてストレスの少ない肥育環境と木酢液を加えた植物原料中心の飼料で育てました。

概要

管理主体	㈱ビックミート中村	電話	03-3629-2901
代表者	中村　省吾　代表取締役社長	FAX	03-3629-2920
所在地	東京都足立区神明南 1-1-15	URL	－
		メールアドレス	bigmeat@d9.dion.ne.jp

東　京　都

とうきょう　えっくす

TOKYO X

交配様式

トウキョウ X 純粋種

飼育管理

出荷日齢：210日齢
出荷体重：110～120kg
指定肥育地・牧場
：ー
飼料の内容
：TOKYO Xの能力を最大限に生かすべく糖分でのエネルギー供給にこだわり、健康な発育や環境への配慮も考え常に改良を重ねた指定飼料を使用。

商標登録・GI 登録・銘柄規約について

商標登録の有無：有
登録取得年月日：2005 年 6 月17日

G I 登 録：

銘柄規約の有無：有
規約設定年月日：2001 年 7 月18日
規約改定年月日：2023 年 6 月30日

農場 HACCP・JGAP について

農場 HACCP：ー
J G A P：ー

主な流通経路および販売窓口

◆主 な と 畜 場
：和光ミートセンター、東京食肉市場
◆主 な 処 理 場
：ミートコンパニオン　神奈川事業所、東京食肉市場
◆年 間 出 荷 頭 数
：10,000 頭
◆主 要 卸 売 企 業
：ミートコンパニオン、伸越商事、石橋ミート、鈴商ミートサプライ、ロピア
◆輸出実績国・地域
：ー
◆今後の輸出意欲
：ー

販売指定店制度について

指定店制度：有
販促ツール：シール、のぼり、はっぴ

特長

- 7年にわたり育種改良を続け、遺伝的に固定した新たな系統豚として日本種豚登録協会（現日本養豚協会）に平成9年に登録された。
- 「Safety」「Biotics」「Animal Welfare」「Quality」の４つの理念に基づいて育てられている。
- 肉質はきめ細かで、良質な脂肪が微細にのっている。

概要

管 理 主 体：TOKYO X　生産組合
代 表 者：澤井　保人
所 在 地：東京都立川市柴崎町 3-5-24 JA 東京第２ビル 3F
全国農業協同組合連合会 東京都本部内
電 話：ー
F A X：042-633-9773
U R L：tokyox.jp
メールアドレス：info@tokyox.jp

神奈川県

えがおがいちばん!!いいじまぽーく

笑顔が一番!! イイジマポーク

笑顔が一番!!
イイジマポーク

飼育管理

出荷日齢：180日齢
出荷体重：約120kg
指定肥育地・牧場
：－
飼料の内容
：自家配合

商標登録・GI登録・銘柄規約について

商標登録の有無：－
登録取得年月日：－

GI登録：－

銘柄規約の有無：－
規約設定年月日：－
規約改定年月日：－

農場HACCP・JGAPについて

農場HACCP：－
JGAP：－

交配様式

	雌		雄
雌	（ランドレース×大ヨークシャー）		
	×		
雄	デュロック		
雌	（大ヨークシャー×ランドレース）		
	×		
雄	デュロック		

主な流通経路および販売窓口

◆主なと畜場
：神奈川食肉センター
◆主な処理場
：同上
◆年間出荷頭数
：2,000頭
◆主要卸売企業
：－
◆輸出実績国・地域
：－
◆今後の輸出意欲
：－

販売指定店制度について

指定店制度：－
販促ツール：－

特長

●神奈川県が造成した系統豚「カナガワヨーク」と「ユメカナエル」を活用し、自ら改良したデュロックで、おいしさのトドメをさしている。

概要

管理主体：座間市豚肉直売部
代表者：飯島　忠晴
所在地：座間市東原2-2-22
電話：046-253-0298
FAX：046-253-1500
URL：－
メールアドレス：－

神奈川県

かながわゆめぽーく

かながわ夢ポーク

かながわ
夢ポーク
神奈川県産
（一社）神奈川県養豚協会
認定証

飼育管理

出荷日齢：170日齢
出荷体重：約115kg
指定肥育地・牧場
：－
飼料の内容
：夢ポーク指定配合

商標登録・GI登録・銘柄規約について

商標登録の有無：－
登録取得年月日：－

GI登録：－

銘柄規約の有無：有
規約設定年月日：2003年4月1日
規約改定年月日：－

農場HACCP・JGAPについて

農場HACCP：－
JGAP：－

交配様式

	雌		雄
雌	（大ヨークシャー×ランドレース）		
	×		
雄	デュロック		
雌	（ランドレース×大ヨークシャー）		
	×		
雄	デュロック		

主な流通経路および販売窓口

◆主なと畜場
：横浜市食肉市場
◆主な処理場
：同上
◆年間出荷頭数
：8,000頭
◆主要卸売企業
：フィード・ワン・フーズ
◆輸出実績国・地域
：－
◆今後の輸出意欲
：－

販売指定店制度について

指定店制度：－
販促ツール：－

特長

●飼料原料に乾燥さつまいも、お茶粉末を利用している。

概要

管理主体：かながわ夢ポーク推進協議会
代表者：臼井　欽一　会長
所在地：海老名市本郷3678
電話：046-238-2502
FAX：046-238-7127
URL：www.kanagawa-youton.com/kanagawayume/
メールアドレス：－

北海道
青森県
岩手県
宮城県
秋田県
山形県
福島県
茨城県
栃木県
群馬県
埼玉県
千葉県
東京都
神奈川県
山梨県
長野県
新潟県
富山県
石川県
福井県
岐阜県
静岡県
愛知県
三重県
滋賀県
京都府
大阪府
兵庫県
奈良県
鳥取県
島根県
岡山県
広島県
山口県
徳島県
香川県
愛媛県
福岡県
佐賀県
長崎県
熊本県
大分県
宮崎県
鹿児島県
沖縄県
全国

神奈川県

きよかわめぐみぽーく

清川恵水ポーク

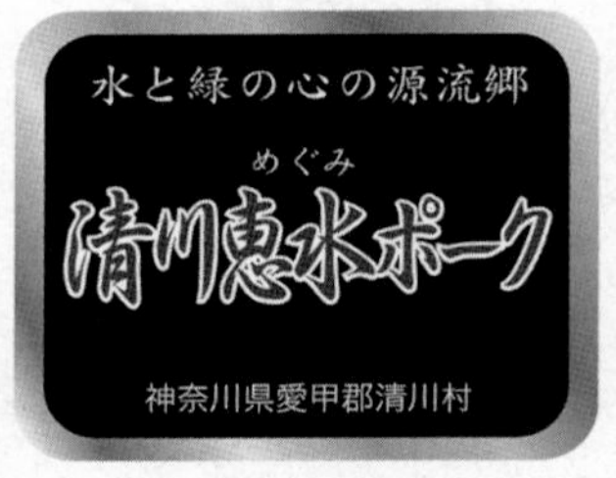

飼育管理

出荷日齢：180日齢

出荷体重：115kg前後

指定肥育地・牧場
：清川村

飼料の内容
：—

商標登録・GI登録・銘柄規約について

商標登録の有無：有
登録取得年月日：2021年更新済

GI登録：未定

銘柄規約の有無：—
規約設定年月日：—
規約改定年月日：—

農場HACCP・JGAPについて

農場HACCP：—
JGAP：—

交配様式

雌 （ランドレース（雌）×大ヨークシャー（雄））
×
雄 デュロック

主な流通経路および販売窓口

◆主なと畜場
：神奈川食肉センター、横浜市食肉公社
◆主な処理場
：同上
◆年間出荷頭数
：9,000頭
◆主要卸売企業
：横浜市食肉市場、ＪＡ全農ミートフーズ
◆輸出実績国・地域
：—
◆今後の輸出意欲
：—

販売指定店制度について

指定店制度：—
販促ツール：シール、ポスター、のぼり、ミニのぼり

特長

- 厳選した原料を使用し、人工乳から各ステージに合わせ自家農場で配合した飼料を給与。
- 飼育環境の適正化により体重41kg以降、出荷まで抗生物質を無添加。
- 種豚選抜において肉のきめ細かさにこだわり生産している。
- この結果、肉はきめが細かく、軟らかで、脂はさらりとして甘みがある。

概要

管理主体：㈲山口養豚場
代表者：山口　昌興　代表取締役社長
所在地：愛甲郡清川村煤ヶ谷1913
電話：046-288-1856
FAX：046-288-1640
URL：—
メールアドレス：masaoki1007@nifty.com

神奈川県

こうざぶた

高座豚

飼育管理

出荷日齢：180日齢

出荷体重：115～125kg

指定肥育地・牧場
：旧高座郡地域、秦野市、横浜市、平塚市

飼料の内容
：成長４ステージに合わせた配合飼料

商標登録・GI登録・銘柄規約について

商標登録の有無：有
登録取得年月日：1984年12月

GI登録：未定

銘柄規約の有無：有
規約設定年月日：1983年７月15日
規約改定年月日：2011年２月26日

農場HACCP・JGAPについて

農場HACCP：—
JGAP：—

交配様式

雌 （ランドレース（雌）×大ヨークシャー（雄））
×
雄 デュロック

主な流通経路および販売窓口

◆主なと畜場
：神奈川食肉センター、横浜市食肉市場
◆主な処理場
：ミートコンパニオン、ムサシノミート、フィード・ワン・フーズ
◆年間出荷頭数
：18,000頭
◆主要卸売企業
：セントラルフーズ
◆輸出実績国・地域
：—
◆今後の輸出意欲
：—

販売指定店制度について

指定店制度：有
販促ツール：シール、リーフレット、のぼり、はっぴ、ポスター

特長

- 高座豚研究会細則に合わせた飼育管理により、赤身肉の中に含まれる脂質が豊富（ビューローベリタスジャパン㈱分析結果より）で、良質な脂が甘い香りとジューシーな食感を味わえます。

概要

管理主体：高座豚研究会
代表者：飯島　瑞樹　会長
所在地：茅ヶ崎市芹沢579
電話：0467-51-0319
FAX：同上
URL：—
メールアドレス：—

神　奈　川　県

しょうなんぽーく

湘南ポーク

飼育管理

出荷日齢：190日齢

出荷体重：約115kg

指定肥育地・牧場
：－

飼料の内容
：育成期以降、穀物飼料
育成期以降、抗生物質無添加

交配様式

雌（ランドレース × 大ヨークシャー）（雌 × 雄）× 雄 デュロック

雌（大ヨークシャー × ランドレース）× 雄 デュロック

雌（ランドレース × 大ヨークシャー）× 雄 バークシャー

商標登録・GI登録・銘柄規約について

商標登録の有無：有
登録取得年月日：2002年7月26日

GI登録：－

銘柄規約の有無：有
規約設定年月日：1988年1月13日
規約改定年月日：－

農場HACCP・JGAPについて

農場HACCP：－
JGAP：－

主な流通経路および販売窓口

◆主なと畜場
：神奈川食肉センター、横浜市食肉市場

◆主な処理場
：同上

◆年間出荷頭数
：8,000頭

◆主要卸売企業
：－

◆輸出実績国・地域
：－

◆今後の輸出意欲
：－

販売指定店制度について

指定店制度：－
販促ツール：－

特長

●生産豚肉の安全性を確認し販売している。
●風味あるきめ細かい絶賛の味として評価が高い。
●熟成した高品質な豚肉として販売している。

概要

管理主体	さがみ農協藤沢市養豚部	電話	0466-49-5100
代表者	和田　智也	FAX	0466-48-6682
所在地	藤沢市宮原3550	URL	－
		メールアドレス	－

神　奈　川　県

しょうなんみやじぶた

湘南みやじ豚

飼育管理

出荷日齢：180日齢

出荷体重：115kg

指定肥育地・牧場
：藤沢市内自社農場

飼料の内容
：麦類、米、さつまいも、他

交配様式

雌（ランドレース × 大ヨークシャー）（雌 × 雄）× 雄 デュロック

商標登録・GI登録・銘柄規約について

商標登録の有無：有
登録取得年月日：2006年

GI登録：－

銘柄規約の有無：－
規約設定年月日：－
規約改定年月日：－

農場HACCP・JGAPについて

農場HACCP：推進農場（2013年）
JGAP：－

主な流通経路および販売窓口

◆主なと畜場
：神奈川食肉センター

◆主な処理場
：オダコー

◆年間出荷頭数
：1,200頭

◆主要卸売企業
：自社のみ

◆輸出実績国・地域
：－

◆今後の輸出意欲
：－

販売指定店制度について

指定店制度：－
販促ツール：バーベキューイベントなど

特長

●飼料、系統、飼育環境ストレスフリーにこだわり徹底的に味にこだわった飼育方法。
●みやじ豚の農場で育てられた豚のみがみやじ豚。

概要

管理主体	㈱みやじ豚	電話	0466-48-2331
代表者	宮治　勇輔	FAX	0466-329-729
所在地	藤沢市打戻539	URL	miyajibuta.com
		メールアドレス	order@miyajibuta.com

神　奈　川　県

たんざわこうげんぶた

丹沢高原豚

飼育管理

出荷日齢：約180日齢

出荷体重：約125kg前後

指定肥育地・牧場
：愛川町・丹沢農場肥育農場

飼料の内容
：大豆、とうもろこし（分別生産流通管理済み）、大麦、米、さつまいも、他

商標登録・GI登録・銘柄規約について

商標登録の有無：有
登録取得年月日：ー

ＧＩ登録：ー

銘柄規約の有無：ー
規約設定年月日：ー
規約改定年月日：ー

農場HACCP・JGAPについて

農場HACCP：ー
ＪＧＡＰ：ー

交配様式

雌（ランドレース（雌）×大ヨークシャー（雄））
×
雄 デュロック

雌（大ヨークシャー×ランドレース）
×
雄 デュロック

主な流通経路および販売窓口

◆主なと畜場
：神奈川食肉センター

◆主な処理場
：同上

◆年間出荷頭数
：13,000頭

◆主要卸売企業
：全国の生協、流通（主に宅配）企業

◆輸出実績国・地域
：ー

◆今後の輸出意欲
：ー

販売指定店制度について

指定店制度：ー
販促ツール：シール、のぼり

特長

概要

管理主体：㈱丹沢農場
代表者：松下　憲司
所在地：愛甲郡愛川町三増1228-1

電話：046-281-0875
ＦＡＸ：046-281-1968
ＵＲＬ：tanzawa-ham.co.jp
メールアドレス：ebinachikusan@blue.ocn.ne.jp

神　奈　川　県

はまぽーく

はまぽーく

飼育管理

出荷日齢：180日齢

出荷体重：約115kg

指定肥育地・牧場
：横浜市内養豚場

飼料の内容
：肥育用配合配合

商標登録・GI登録・銘柄規約について

商標登録の有無：有
登録取得年月日：2006年12月8日

ＧＩ登録：ー

銘柄規約の有無：有
規約設定年月日：2004年4月1日
規約改定年月日：ー

農場HACCP・JGAPについて

農場HACCP：ー
ＪＧＡＰ：ー

交配様式

雌（ランドレース（雌）×大ヨークシャー（雄））
×
雄 デュロック

主な流通経路および販売窓口

◆主なと畜場
：横浜市食肉市場

◆主な処理場
：同上

◆年間出荷頭数
：約5,000頭

◆主要卸売企業
：横浜市内食肉卸売業者など

◆輸出実績国・地域
：ー

◆今後の輸出意欲
：ー

販売指定店制度について

指定店制度：ー
販促ツール：シール、のぼり

特長

- 食品循環型飼料はボイル乾燥したものを配合飼料に2割を添加して誕生した豚肉。
- 給与添加期間（30～60 kg）
- 肉質の色は淡紅色を呈し、脂は甘みがあり、肉質は軟らかい。

概要

管理主体：横浜はまぽーく出荷グループ
代表者：横山　清　会長
所在地：横浜市泉区和泉町5049

電話：045-802-3453
ＦＡＸ：045-802-3531
ＵＲＬ：ー
メールアドレス：ー

神奈川県

やまゆりぽーく
やまゆりポーク

飼育管理

出荷日齢：180～190日齢

出荷体重：115kg

指定肥育地・牧場
：やまゆりポーク生産指定農場

飼料の内容
：子豚用やまゆりＢ、肉豚用やまゆりＣの指定配合

商標登録・GI登録・銘柄規約について

商標登録の有無：有
登録取得年月日：1992年１月17日

ＧＩ登録：ー

銘柄規約の有無：ー
規約設定年月日：1990年４月１日
規約改定年月日：2022年４月22日

農場HACCP・JGAPについて

農場HACCP：ー
ＪＧＡＰ：ー

交配様式

雌　（ランドレース（雌）×大ヨークシャー（雄））
×
雄　デュロック

雌　（大ヨークシャー×ランドレース）
×
雄　デュロック

主な流通経路および販売窓口

◆主なと畜場
：横浜市食肉市場、神奈川食肉センター
◆主な処理場
：同上

◆年間出荷頭数
：11,000頭
◆主要卸売企業
：ＪＡ全農かながわ、指定食肉専門店
◆輸出実績国・地域
：ー

◆今後の輸出意欲
：ー

販売指定店制度について

指定店制度：ー
販促ツール：リーフレット、ポスター、のぼり

特長

- 大麦を配合した専用飼料に、さらにビタミンＥを多く配合することにより、良質な肉質を実現しました。
- 脂肪が白く、赤身が軟らかく、風味豊かです。
- 衛生面についても十分に考慮された飼育管理により、肉質の安全性向上にも努めています。

概要

管理主体：全農神奈川県本部
代表者：根本　芳明　県本部長
所在地：平塚市土屋1275-1
電話：0463-58-9541
FAX：0463-58-9625
URL：www.zennoh.or.jp/kn/
メールアドレス：ー

山梨県

こうしゅうしんげんぶた

甲州信玄豚

飼育管理

出荷日齢：約180日齢

出荷体重：115～118kg

指定肥育地・牧場
：甲府市　柿嶋ファーム

飼料の内容
：オリジナル配合飼料に小麦（パン粉）、国産飼料米（山梨県産中心）や大豆をメインに配合

商標登録・GI登録・銘柄規約について

商標登録の有無：有
登録取得年月日：2007年2月9日

ＧＩ登録：ー

銘柄規約の有無：ー
規約設定年月日：ー
規約改定年月日：ー

農場HACCP・JGAPについて

農場HACCP：ー
ＪＧＡＰ：ー

交配様式

雌　（ランドレース（雌）×大ヨークシャー（雄））
×
雄　デュロック

主な流通経路および販売窓口

◆主なと畜場
：山梨県食肉流通センター

◆主な処理場
：同上

◆年間出荷頭数
：700頭

◆主要卸売企業
：自社営業部

◆輸出実績国・地域
：ー

◆今後の輸出意欲
：ー

販売指定店制度について

指定店制度：有
販促ツール：シール、のぼり、パンフレット

特長

- 国産飼料米と良質なパン粉を飼料に配合することにより、肉質は軟らかく、融点が40℃未満で口溶けが良く、あっさりとして食べやすいのが特長です。
- 病気に感染しやすい幼少期を除いて抗生物質は使用せず、一般豚と比較して、オレイン酸が多く含まれた健康な豚肉です。

概要

管理主体：オオタ総合食品㈱
代表者：多田　勝　代表取締役
所在地：中巨摩郡昭和町築地新居1741-1
電話：055-230-8100
FAX：055-230-8129
URL：www.smile-ohta.jp
メールアドレス：info@smile-ohta.jp

山梨県

こうしゅうにゅうさんきんとん　くりすたるぽーく

甲州乳酸菌豚 クリスタルポーク

飼育管理

出荷日齢：約180日齢

出荷体重：ー

指定肥育地・牧場
：千野ファーム

飼料の内容
：麦を中心に給与、乳酸菌

商標登録・GI登録・銘柄規約について

商標登録の有無：有
登録取得年月日：2010年11月5日

ＧＩ登録：未定

銘柄規約の有無：ー
規約設定年月日：ー
規約改定年月日：ー

農場HACCP・JGAPについて

農場HACCP：ー
ＪＧＡＰ：ー

交配様式

雌　（ランドレース（雌）×大ヨークシャー（雄））
×
雄　（バークシャー×デュロック）

主な流通経路および販売窓口

◆主なと畜場
：山梨県食肉市場

◆主な処理場
：大森畜産

◆年間出荷頭数
：1,200頭

◆主要卸売企業
：大森畜産

◆輸出実績国・地域
：ー

◆今後の輸出意欲
：ー

販売指定店制度について

指定店制度：ー
販促ツール：シール、パンフレット、のぼり

特長

- 蒸気圧ぺん大麦を中心とした飼料に、乳酸菌を中心とした添加飼料を与えて育てています。
- ジューシーで軟らかく、臭みがなく、うまみはしっかり、後味はさっぱりしています。
- 冷めてもおいしさは変わりません。

概要

管理主体：㈱大森畜産
代表者：大森　司　代表取締役
所在地：甲府市城東4-1-4
電話：055-232-8201
FAX：055-232-8202
URL：www.big-forest.co.jp
メールアドレス：info@big-forest.co.jp

山梨県

こうしゅうふじざくらぽーく

甲州富士桜ポーク

飼育管理

出荷日齢：170～180日齢
出荷体重：110～120kg
指定肥育地・牧場
　：甲州富士桜ポーク生産組合員の農場
飼料の内容
　：肥育後期（仕上げ期）に甲州富士桜ポーク専用飼料（大麦等を含む穀類70%以上、キャノーラ油かす、オリゴ糖配合など）を給与

商標登録・GI登録・銘柄規約について

商標登録の有無：有
登録取得年月日：1999年11月26日

ＧＩ登録：未定

銘柄規約の有無：有
規約設定年月日：1993年9月16日
規約改定年月日：2013年10月30日

農場 HACCP・JGAP について

農場 HACCP：無
ＪＧＡＰ：無

交配様式

雌　（ランドレース × 大ヨークシャー）
×
雄　フジザクラＤＢ
（山梨県でデュロック種とバークシャー種を基礎豚として７世代掛け合わせ造成した合成系統豚）

主な流通経路および販売窓口

◆主なと畜場
　：山梨食肉流通センター
◆主な処理場
　：同上
◆年間出荷頭数
　：4,000頭
◆主要卸売企業
　：渡辺畜産、岩野、大森畜産、山梨食肉流通センター
◆輸出実績国・地域
　：マカオ、香港
◆今後の輸出意欲
　：有

販売指定店制度について

指定店制度：無
販促ツール：シール、のぼり、パンフレット、ポスター

特長

- 米国アイオワ州と山梨県の50年の国際交流から生まれた銘柄豚で物語がたくさん詰まっています。
- 山梨県が開発した系統豚「フジザクラＤＢ」（デュロック種とバークシャー種の合成豚）を止め雄として生産されます（ＬＷＤＢ）
- 甲州富士桜ポーク生産マニュアルに沿って飼育され、枝肉の規格品質が銘柄基準に合格したものだけが銘柄豚になります。

概要

管理主体：甲州富士桜ポーク生産組合
代表者：五味　祐一　会長
所在地：中央市藤巻 1587
電話：055-262-2288
ＦＡＸ：055-262-3632
ＵＲＬ：www.y-meat-center.co.jp
メールアドレス：Info@y-meat-center.co.jp

山梨県

ふじがねぽーく

富士ヶ嶺ポーク

飼育管理

出荷日齢：約170日齢
出荷体重：117kg
指定肥育地・牧場
　：山梨県
飼料の内容
　：指定配合、乳酸菌

商標登録・GI登録・銘柄規約について

商標登録の有無：ー
登録取得年月日：ー

ＧＩ登録：ー

銘柄規約の有無：ー
規約設定年月日：ー
規約改定年月日：ー

農場 HACCP・JGAP について

農場 HACCP：申請中
ＪＧＡＰ：ー

交配様式

雌　（ランドレース × 大ヨークシャー）
×
雄　バークシャー

雌　（ランドレース × 大ヨークシャー）
×
雄　デュロック

主な流通経路および販売窓口

◆主なと畜場
　：山梨県食肉市場
◆主な処理場
　：同上
◆年間出荷頭数
　：3,600頭
◆主要卸売企業
　：ー
◆輸出実績国・地域
　：ー
◆今後の輸出意欲
　：有

販売指定店制度について

指定店制度：有
販促ツール：シール、のぼり、ホームページ

特長

- 富士の麓で地下 300m の伏流水で育てています。
- 温度、湿度、換気、スペースなど豚の最適な環境の中で肥育。
- 特有の臭いが少なく、脂が甘く、上品な味わいがあります。

概要

管理主体：㈲丸一高村本店
代表者：高村　元康
所在地：南都留郡富士河口湖町富士ヶ嶺 1250
電話：0555-62-1129
ＦＡＸ：0555-62-3603
ＵＲＬ：yamanakakoham.com
メールアドレス：ー

山梨県

わいんとん
ワイントン

飼育管理

出荷日齢：約180日齢

出荷体重：約120～130kg

指定肥育地・牧場
：－

飼料の内容
：自家配合、配合飼料

商標登録・GI 登録・銘柄規約について

商標登録の有無：有
登録取得年月日：2003年3月3日

G I 登 録：

銘柄規約の有無：有
規約設定年月日：2011年7月8日
規約改定年月日：－

農場 HACCP・JGAP について

農場 HACCP：準備中
J G A P：準備中

交配様式

雌 （ランドレース（雌）× 大ヨークシャー（雄））
×
雄 デュロック

主な流通経路および販売窓口

◆主なと畜場
：山梨食肉流通センター

◆主な処理場
：同上

◆年間出荷頭数
：1,000頭

◆主要卸売企業
：組合員

◆輸出実績国・地域
：－

◆今後の輸出意欲
：有

販売指定店制度について

指定店制度：有
販促ツール：シール、のぼり、ホームページ

特長

● 飼料はパン、きなこ、大麦、アッペン大麦、とうもろこし、ほかを配合。
● 山梨県マンズワインで醸造した専用ワインを飲用。
● 脂肪分は甘みが強く、さっぱりとして、繊維が細かく配置されているために適度な弾力があり軟らかい。 ●やまなしアニマルウェルフェア認証

概要

管理主体：㈱ミソカワイントン
代表者：晦日 哲也 代表取締役
所在地：甲州市塩山上萩原 1601
電話：0553-32-0646
FAX：0553-34-8129
URL：www.wainton.co.jp
メールアドレス：wainton@kcnet.ne.jp

長　野　県

あづみのほうぼくとん

安曇野放牧豚

飼育管理

出荷日齢：約240日齢
出荷体重：約150kg
指定肥育地・牧場
　：安曇野市・藤原畜産
飼料の内容
　：放牧豚専用の飼料
　地場産の野菜、果実、野草

商標登録・GI登録・銘柄規約について

商標登録の有無：ー
登録取得年月日：ー

GＩ登　録：未定

銘柄規約の有無：有
規約設定年月日：2000年4月1日
規約改定年月日：ー

農場 HACCP・JGAP について

農場 HACCP：ー
JGAP：ー

交配様式

雌　(ランドレース(雌)×大ヨークシャー(雄))
×
雄　デュロック

主な流通経路および販売窓口

◆主なと畜場
　：松本食肉公社

◆主な処理場
　：同上

◆年間出荷頭数
　：350頭

◆主要卸売企業
　：オーガニックスーパークランデール

◆輸出実績国・地域
　：ー

◆今後の輸出意欲
　：ー

販売指定店制度について

指定店制度：有
販促ツール：シール、カタログ

特長

- 24時間の放牧で毎日、日光に当たり、ストレスがありません。
- 四季折々の地場産の野菜、果実を食べて健康に育ちます。
- 肉質はしっかりと味があり、豚臭さがなく、甘みがあり、脂はシャキシャキしています。

概要

管理主体：㈲藤原畜産
代表者：藤原　仁　代表取締役社長
所在地：安曇野市明科中川手6223-1
電話：0263-50-7128
FAX：0263-50-7183
URL：azuminohoubokuton.naganoblog.jp
メールアドレス：azumino_fujin@yahoo.co.jp

長　野　県

きたしんしゅうみゆきぽーく

北信州みゆきポーク

飼育管理

出荷日齢：180日齢
出荷体重：110〜120kg
指定肥育地・牧場
　：ー
飼料の内容
　：指定配合飼料

商標登録・GI登録・銘柄規約について

商標登録の有無：有
登録取得年月日：1997年7月11日

GＩ登　録：ー

銘柄規約の有無：有
規約設定年月日：1992年4月1日
規約改定年月日：ー

農場 HACCP・JGAP について

農場 HACCP：ー
JGAP：ー

交配様式

雌　(ランドレース(雌)×大ヨークシャー(雄))
×
雄　デュロック

ランドレース×大ヨークシャー

主な流通経路および販売窓口

◆主なと畜場
　：長野県食肉公社

◆主な処理場
　：長野県農協直販

◆年間出荷頭数
　：2,000頭

◆主要卸売企業
　：全農長野県本部

◆輸出実績国・地域
　：ー

◆今後の輸出意欲
　：ー

販売指定店制度について

指定店制度：ー
販促ツール：シール、のぼり、ポスター

特長

- 給与飼料の統一や飼育管理マニュアルに沿った肥育方法で行っています。

概要

管理主体：ながの農業協同組合
代表者：宮澤　清志　代表理事組合長
所在地：長野市大字中御所字岡田131-14
電話：0269-62-5600
FAX：0269-81-2171
URL：ー
メールアドレス：ー

長野県

くりんとん・しんしゅうくりんとん

くりん豚・信州くりん豚

飼育管理

出荷日齢：190〜220日齢

出荷体重：118〜125kg

指定肥育地・牧場
：―

飼料の内容
：中部飼料、4カ月からいもぶた仕上げ

商標登録・GI登録・銘柄規約について

商標登録の有無：有
登録取得年月日：2014年10月31日

GI登録：未定

銘柄規約の有無：―
規約設定年月日：―
規約改定年月日：―

農場HACCP・JGAPについて

農場HACCP：―
JGAP：―

交配様式

雌 （大ヨークシャー[雌] × ランドレース[雄]）
×
雄 デュロック

主な流通経路および販売窓口

◆主なと畜場
：長野県食肉公社

◆主な処理場
：同上

◆年間出荷頭数
：1,000頭（くりん豚以外 2,500頭）

◆主要卸売企業
：吉清

◆輸出実績国・地域
：有

◆今後の輸出意欲
：有

販売指定店制度について

指定店制度：―
販促ツール：のぼり、ポスター、キャラステッカー

特長

● 脂身が苦手な女性や子供でもなじみやすい肉質が特徴。

概要

管理主体	知久養豚	電話	090-3083-4604
代表者	知久　隆文	FAX	0265-33-3702
所在地	下伊那郡喬木村 284-13	URL	www.kurinton.com
		メールアドレス	―

長野県

こうすいとん

紅酔豚

飼育管理

出荷日齢：180日齢

出荷体重：110〜115kg

指定肥育地・牧場
：中野市ふるさと牧場

飼料の内容
：酵母菌、乳酸菌、ミネラル、食品未料品などを配合した酵母発酵飼料

商標登録・GI登録・銘柄規約について

商標登録の有無：有
登録取得年月日：2011年4月1日

GI登録：―

銘柄規約の有無：―
規約設定年月日：―
規約改定年月日：―

農場HACCP・JGAPについて

農場HACCP：―
JGAP：―

交配様式

ランドレース[雌] × 大ヨークシャー[雄]

ハイブリッド

主な流通経路および販売窓口

◆主なと畜場
：北信食肉センター

◆主な処理場
：大信畜産

◆年間出荷頭数
：2,000頭

◆主要卸売企業
：―

◆輸出実績国・地域
：―

◆今後の輸出意欲
：―

販売指定店制度について

指定店制度：有
販促ツール：シール

特長

● 不飽和脂肪酸を多く含んでいます。
● また筋肉繊維が細く、軟らかく、ジューシーであくや臭みが無いのが特徴です。

概要

管理主体	信州eループ事業協同組合	電話	026-213-4067
代表者	高野　保雄	FAX	026-213-4089
所在地	長野市川中島町御厨 5-2	URL	eloop.jp
		メールアドレス	takano@eloop.jp

長野県

こまがたけさんろくとん
駒ケ岳山麓豚

飼育管理

出荷日齢：180日齢

出荷体重：110～120kg前後

指定肥育地・牧場
：長野県契約２農場

飼料の内容
：配合飼料

商標登録・GI 登録・銘柄規約について

商標登録の有無：－
登録取得年月日：－

G I 登 録：－

銘柄規約の有無：－
規約設定年月日：－
規約改定年月日：－

農場 HACCP・JGAP について

農場 HACCP：－
J G A P：－

交配様式

雌 (ランドレース × 大ヨークシャー)（雌、雄）
×
雄 デュロック

主な流通経路および販売窓口

◆主 な と 畜 場
：長野県食肉公社

◆主 な 処 理 場
：長野県農協直販

◆年 間 出 荷 頭 数
：4,000 頭

◆主 要 卸 売 企 業
：全農長野県本部

◆輸出実績国・地域
：－

◆今後の輸出意欲
：－

販売指定店制度について

指定店制度：有
販促ツール：パネル、シール、リーフレット、のぼり

特長

● 自然の恵みと清らかな水で、徹底した管理のもとで飼育した安全で安心な豚肉、成長に合わせ設計された飼料を使うことで、豚肉独特のくせのない、甘い脂肪のある豚に育てられています。
● この豚肉はニシザワで販売されています。

概要

管理主体	全農長野県本部	電話	026-236-2217
代表者	－	FAX	026-236-2387
所在地	長野市大字南長野北石堂町 1177-3	URL	－
		メールアドレス	－

長野県

じゅんみとん
純味豚

じっくり育てた
純味豚
(株) キラヤ

飼育管理

出荷日齢：180日齢

出荷体重：110～125kg

指定肥育地・牧場
：長野県下伊那地区契約農場

飼料の内容
：配合飼料

商標登録・GI 登録・銘柄規約について

商標登録の有無：－
登録取得年月日：－

G I 登 録：－

銘柄規約の有無：－
規約設定年月日：－
規約改定年月日：－

農場 HACCP・JGAP について

農場 HACCP：－
J G A P：－

交配様式

雌 (ランドレース × 大ヨークシャー)（雌、雄）
×
雄 デュロック

ランドレース × 大ヨークシャー

主な流通経路および販売窓口

◆主 な と 畜 場
：長野県食肉公社

◆主 な 処 理 場
：長野県農協直販

◆年 間 出 荷 頭 数
：2,000 頭

◆主 要 卸 売 企 業
：全農長野県本部

◆輸出実績国・地域
：－

◆今後の輸出意欲
：－

販売指定店制度について

指定店制度：有
販促ツール：パネル、シール、リーフレット、のぼり

特長

● 長野県下伊那地区の指定農場で親豚の系統を統一し、こだわりの飼料を肉豚に与え計画的に生産されています。
● 豚肉のおいしさを目指し、顔のみえる販売を行っています。
● この豚肉はキラヤで販売されています。

概要

管理主体	全農長野県本部	電話	026-236-2217
代表者	－	FAX	026-236-2387
所在地	長野市大字南長野北石堂町 1177-3	URL	－
		メールアドレス	－

北海道 青森県 岩手県 宮城県 秋田県 山形県 福島県 茨城県 栃木県 群馬県 埼玉県 千葉県 東京都 神奈川県 山梨県 長野県 新潟県 富山県 石川県 福井県 岐阜県 静岡県 愛知県 三重県 滋賀県 京都府 大阪府 兵庫県 奈良県 鳥取県 島根県 岡山県 広島県 山口県 徳島県 香川県 愛媛県 福岡県 佐賀県 長崎県 熊本県 大分県 宮崎県 鹿児島県 沖縄県 全国

長野県

しんしゅうえーぽーく

信州Aポーク

飼育管理

出荷日齢：180日齢

出荷体重：110～120kg前後

指定肥育地・牧場
：長野県内指定ＳＰＦ農場

飼料の内容
：肥育後期の飼料に国産飼料米を添加

商標登録・GI登録・銘柄規約について

商標登録の有無：ー
登録取得年月日：ー

ＧＩ登録：ー

銘柄規約の有無：ー
規約設定年月日：ー
規約改定年月日：ー

農場HACCP・JGAPについて

農場HACCP：ー
ＪＧＡＰ：ー

交配様式

雌（ランドレース（雌）× 大ヨークシャー（雄））
×
雄 デュロック

主な流通経路および販売窓口

◆主なと畜場
：長野県食肉公社

◆主な処理場
：長野県農協直販

◆年間出荷頭数
：15,000頭

◆主要卸売企業
：全農長野県本部

◆輸出実績国・地域
：ー

◆今後の輸出意欲
：ー

販売指定店制度について

指定店制度：有
販促ツール：パネル、シール、リーフレット、のぼり

特長

● 国産飼料米を飼料に加えることで、美味しさ、うまみに影響するオレイン酸を高めることで豚特有の臭みが少なく、適度の脂が入って肉のキメが細かくジューシーで軟らかなあっさりとした食べやすさが特徴です。
● この豚肉は長野県Ａ・コープで販売されています。

概要

管理主体	全農長野県本部	電話	026-236-2217
代表者	ー	FAX	026-236-2387
所在地	長野市大字南長野北石堂町 1177-3	URL	ー
		メールアドレス	ー

長野県

しんしゅうおれいんとん

信州オレイン豚

飼育管理

出荷日齢：約200日齢
出荷体重：約115kg
指定肥育地・牧場
：三澤農場

飼料の内容
：契約飼料工場でとうもろこし、マイロ、麦を主体とした原料を信州向けにブレンドし、信州産玄米を添加した飼料を使用

商標登録・GI登録・銘柄規約について

商標登録の有無：有
登録取得年月日：2013年4月5日

ＧＩ登録：未定

銘柄規約の有無：有
規約設定年月日：2013年4月5日
規約改定年月日：ー

農場HACCP・JGAPについて

農場HACCP：ー
ＪＧＡＰ：ー

交配様式

雌（ランドレース（雌）× 大ヨークシャー（雄））
×
雄 デュロック

主な流通経路および販売窓口

◆主なと畜場
：長野県食肉公社松本支社

◆主な処理場
：長野県農協直販松本食肉工場

◆年間出荷頭数
：3,000頭

◆主要卸売企業
：サンフレッシュ食品、信州セキュアフーズ

◆輸出実績国・地域
：ー

◆今後の輸出意欲
：ー

販売指定店制度について

指定店制度：ー
販促ツール：ポスター、リーフレット、証明書

特長

● 「信州オレイン豚」は、全国に先駆けて豚肉の脂肪酸を測定する「食肉脂質測定装置」を導入し、１頭１頭オレイン酸含有率を測定し、自主基準値45%以上の豚だけを「信州オレイン豚」として提供します。

概要

管理主体	長野県農協直販㈱	電話	026-285-5500
代表者	内田 信一 代表取締役社長	FAX	026-285-5901
所在地	長野市市場 2-1	URL	www.nagachoku.co.jp
		メールアドレス	ー

長野県

しんしゅうこめぶた
信州米豚

信州米豚

飼育管理

出荷日齢：180日齢前後
出荷体重：110kg前後
指定肥育地・牧場
：長野県内
飼料の内容
：飼料米を給餌

商標登録・GI登録・銘柄規約について

商標登録の有無：有
登録取得年月日：2013年3月8日

GI登録：ー

銘柄規約の有無：有
規約設定年月日：2012年6月
規約改定年月日：ー

農場HACCP・JGAPについて

農場HACCP：ー
JGAP：ー

交配様式

雌（ランドレース（雌）×大ヨークシャー（雄））
×
雄 デュロック

主な流通経路および販売窓口

◆主なと畜場
：北信食肉センター
◆主な処理場
：大信畜産工業
◆年間出荷頭数
：10,000頭
◆主要卸売企業
：マルイチ産商
◆輸出実績国・地域
：ー
◆今後の輸出意欲
：ー

販売指定店制度について

指定店制度：ー
販促ツール：ー

特長

● 飼料米を給餌。
● 豚肉のオレイン酸値を測定。

概要

管理主体：㈱マルイチ産商
代表者：根橋 博志 常務執行役員畜産事業部長
所在地：長野市若穂川田3800-11
電話：026-282-1150
FAX：026-282-1155
URL：www.maruichi.com
メールアドレス：ー

長野県

しんしゅうそだちたてしなむぎぶた
信州そだち蓼科麦豚

飼育管理

出荷日齢：約200日齢
出荷体重：約115kg
指定肥育地・牧場
：グリーンフィールド蓼科農場・花里農場
飼料の内容
：麦類を多く含んだ専用飼料を肥育後期段階に給与

商標登録・GI登録・銘柄規約について

商標登録の有無：ー
登録取得年月日：ー

GI登録：未定

銘柄規約の有無：ー
規約設定年月日：ー
規約改定年月日：ー

農場HACCP・JGAPについて

農場HACCP：ー
JGAP：ー

交配様式

雌（ランドレース（雌）×大ヨークシャー（雄））
×
雄 デュロック

主な流通経路および販売窓口

◆主なと畜場
：長野県食肉公社松本支社
◆主な処理場
：長野県農協直販松本食肉工場
◆年間出荷頭数
：2,500頭
◆主要卸売企業
：丸水長野県水
◆輸出実績国・地域
：ー
◆今後の輸出意欲
：ー

販売指定店制度について

指定店制度：有
販促ツール：店頭POP

特長

● 麦類を多く含んだ専用飼料を肥育後期段階に給与し、生産地（信州蓼科地区）・農場を指定。

概要

管理主体：長野県農協直販㈱
代表者：内田 信一 代表取締役社長
所在地：長野市市場2-1
電話：026-285-5500
FAX：026-285-5901
URL：www.nagachoku.co.jp
メールアドレス：ー

北海道
青森県
岩手県
宮城県
秋田県
山形県
福島県
茨城県
栃木県
群馬県
埼玉県
千葉県
東京都
神奈川県
山梨県
長野県
新潟県
富山県
石川県
福井県
岐阜県
静岡県
愛知県
三重県
滋賀県
京都府
大阪府
兵庫県
奈良県
鳥取県
島根県
岡山県
広島県
山口県
徳島県
香川県
愛媛県
福岡県
佐賀県
長崎県
熊本県
大分県
宮崎県
鹿児島県
沖縄県
全　国

長　野　県

しんしゅうたろうぽーく

信州太郎ぽーく

信州太郎ぽーく®

飼育管理

出荷日齢：165日齢
出荷体重：120kg前後
指定肥育地・牧場
　：長野県タローファーム
飼料の内容
　：指定専用飼料

商標登録・GI登録・銘柄規約について

商標登録の有無：有
登録取得年月日：2016年10月28日

ＧＩ登録：未定

銘柄規約の有無：ー
規約設定年月日：ー
規約改定年月日：ー

農場HACCP・JGAPについて

農場HACCP：ー
ＪＧＡＰ：ー

交配様式

雌　（大ヨークシャー（雌）×ランドレース（雄））
×
雄　デュロック

主な流通経路および販売窓口

◆主なと畜場
　：不定

◆主な処理場
　：不定

◆年間出荷頭数
　：4,000頭

◆主要卸売企業
　：ナナーズ、プロミート

◆輸出実績国・地域
　：ー

◆今後の輸出意欲
　：ー

販売指定店制度について

指定店制度：ー
販促ツール：シール、ポスター、のぼり旗、卓上POP、チラシ

特長

- 食味の特長は脂身の甘味と赤身のモチモチの食感。
- 健康に育った豚肉はクセがなく、飼料由来の甘みをダイレクトに味わえる。
- 筋繊維のキメが細かくその弾性率が高いため、軟かいなかでもモチモチの食感が楽しめる。
- 「2016年第14回全国銘柄ポーク好感度コンテスト」で、肉質・食味が評価され優良賞（第3位）を獲得。

概要

管理主体：ピー・オア・ケイ㈱
代表者：木島　源太　代表取締役
所在地：上田市緑が丘1-16-13
電話：026871-0920
FAX：026871-0921
URL：taro-pork.jp/
メールアドレス：g.kijima@outlook.jp

長　野　県

ちよふくぶた

千代福豚

飼育管理

出荷日齢：200日齢
出荷体重：約115kg
指定肥育地・牧場
　：ー
飼料の内容
　：配合飼料

商標登録・GI登録・銘柄規約について

商標登録の有無：有
登録取得年月日：2004年7月12日

ＧＩ登録：ー

銘柄規約の有無：ー
規約設定年月日：ー
規約改定年月日：ー

農場HACCP・JGAPについて

農場HACCP：ー
ＪＧＡＰ：ー

交配様式

雌　（中ヨークシャー（雌）×大ヨークシャー（雄））
×
雄　デュロック

主な流通経路および販売窓口

◆主なと畜場
　：長野県食肉センター（松本市）

◆主な処理場
　：同上

◆年間出荷頭数
　：450頭

◆主要卸売企業
　：ー

◆輸出実績国・地域
　：ー

◆今後の輸出意欲
　：ー

販売指定店制度について

指定店制度：ー（宅配）
販促ツール：ー

特長

- 肉質はきめが細かく、ほんのりと甘く、とても香ばしい味。
- リサイクル飼料を利用している。
- 希少価値の豚（母豚）「中ヨークシャー」を餌育している。

概要

管理主体：岡田養豚
代表者：岡田　温
所在地：飯田市千代1622-1
電話：0265-59-2901
FAX：同上
URL：ー
メールアドレス：ー

長野県

はやしふぁーむとん
ハヤシファーム豚

げんとん
幻豚

しんしゅうゆきぶた
信州雪豚

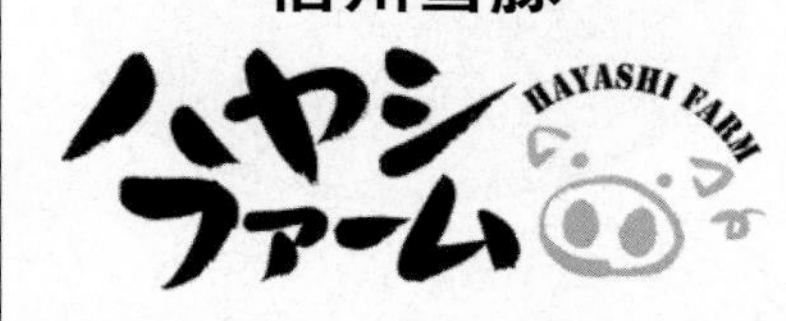

飼育管理

出荷日齢：210日齢

出荷体重：約115kg

指定肥育地・牧場
：－

飼料の内容
：蕎麦、米こうじ、アーモンド

商標登録・GI登録・銘柄規約について

商標登録の有無：有
登録取得年月日：2003年、2004年

GI登録：未定

銘柄規約の有無：－
規約設定年月日：－
規約改定年月日：－

農場HACCP・JGAPについて

農場HACCP：－
JGAP：－

交配様式

雌 （中ヨークシャー×大ヨークシャー）
×
雄 デュロック

主な流通経路および販売窓口

◆主なと畜場
：山梨県食肉市場

◆主な処理場
：同上

◆年間出荷頭数
：2,000頭

◆主要卸売企業
：協同飼料、長野県農協直販

◆輸出実績国・地域
：－

◆今後の輸出意欲
：有

販売指定店制度について

指定店制度：－
販促ツール：シール、のぼり、リーフレット

特長

●中ヨークシャー系の豚をそば主体の飼料で育てた、甘みのある霜降り肉です。

概要

管理主体：㈲ハヤシファーム
代表者：林　喜内　代表取締役
所在地：飯田市伊豆木1064
電話：0265-27-2661
FAX：0265-27-2099
URL：hayashifarm.jp
メールアドレス：k-1@hayashifarm.jp

新潟県

あさひぶた
朝日豚

新潟名産 朝日豚

飼育管理

出荷日齢：180日齢

出荷体重：約110kg

指定肥育地・牧場
：岩船郡関川村・山口ファーム

飼料の内容
：朝日豚専用飼料

商標登録・GI登録・銘柄規約について

商標登録の有無：ー
登録取得年月日：ー

G I 登 録：未定

銘柄規約の有無：有
規約設定年月日：1983年4月1日
規約改定年月日：ー

農場HACCP・JGAPについて

農場HACCP：ー
JGAP：ー

交配様式

雌 （大ヨークシャー×ランドレース）
×
雄 デュロック

雌 （ランドレース×大ヨークシャー）
×
雄 デュロック

主な流通経路および販売窓口

◆主なと畜場
：新潟市食肉センター

◆主な処理場
：渡邉食肉店

◆年間出荷頭数
：5,000頭

◆主要卸売企業
：渡邉食肉店

◆輸出実績国・地域
：ー

◆今後の輸出意欲
：ー

販売指定店制度について

指定店制度：有
販促ツール：シール、のぼり、ポスター

特長

- クリーンポーク認定農場でＨＡＣＣＰ方式を取り入れた安全な豚肉。
- 生産～加工～小売りの一元化による安心な豚肉。
- 脂質がよく、獣臭が少なく、軟らかさを追求した専用飼料で肥育。
- ほのかな甘みとクセのない豚肉です。

概要

管理主体	朝日豚流通組合	電話	0254-64-0544
代表者	山口 淳一	FAX	0254-64-0568
所在地	岩船郡関川村蛇喰433	URL	ー
		メールアドレス	ー

新潟県

あまぶた
甘豚

甘豚 新潟県産

飼育管理

出荷日齢：約170日齢

出荷体重：約115kg前後

指定肥育地・牧場
：タケファーム

飼料の内容
：新潟県産飼料用米を使用した自家配合飼料

商標登録・GI登録・銘柄規約について

商標登録の有無：有
登録取得年月日：2013年3月28日

G I 登 録：未定

銘柄規約の有無：有
規約設定年月日：ー
規約改定年月日：ー

農場HACCP・JGAPについて

農場HACCP：ー
JGAP：ー

交配様式

雌 （ランドレース×大ヨークシャー）
×
雄 デュロック

雌 （大ヨークシャー×ランドレース）
×
雄 デュロック

主な流通経路および販売窓口

◆主なと畜場
：新潟市食肉センター

◆主な処理場
：富士フィード＆ミート

◆年間出荷頭数
：3,200頭

◆主要卸売企業
：タケファーム

◆輸出実績国・地域
：ー

◆今後の輸出意欲
：有

販売指定店制度について

指定店制度：ー
販促ツール：シール、のぼり、パンフレット

特長

- 自家配合の飼料を与え、豚の出産から精肉の販売加工まで家族でしています。

概要

管理主体	㈱タケファーム	電話	025-369-0429
代表者	近藤 武志 代表取締役	FAX	025-388-6185
所在地	新潟市北区早通南1-3-4	URL	amabuta.co.jp
		メールアドレス	kondo@amabuta.com

新　潟　県

えちごこめぶたこしおう

越後米豚「越王」

飼育管理

出荷日齢：180日齢
出荷体重：110～115kg前後
指定肥育地・牧場
：南波農場
飼料の内容
：とうもろこし、マイロ、大豆かす中心の専用飼料。県産米（飼料米）を仕上げ期の２カ月間給餌

商標登録・GI 登録・銘柄規約について

商標登録の有無：有
登録取得年月日：2017 年 2 月17日

G　I　登　録：未定

銘柄規約の有無：有
規約設定年月日：－
規約改定年月日：－

農場 HACCP・JGAP について

農場 HACCP：－
J　G　A　P：－

交配様式

雌　（ランドレース（雌）× 大ヨークシャー（雄））
×
雄　デュロック

主な流通経路および販売窓口

◆主 な と 畜 場
：新潟ミートプラント
◆主 な 処 理 場
：ウオショク
◆年 間 出 荷 頭 数
：－
◆主 要 卸 売 企 業
：ウオショク
◆輸出実績国・地域
：－
◆今 後 の 輸 出 意 欲
：有

販売指定店制度について

指定店制度：－
販促ツール：シール、のぼり、ミニのぼり、ポスター

特長

- 新潟の米を食べて育った越王。
- 恵まれた自然環境で栽培したお米や栄養たっぷりの玄米のまま細かく砕いて混ぜた飼料で、のびのびすこやかに育っているのが越後米豚「越王」です。

概要

管 理 主 体：㈱ウオショク
代　表　者：宇尾野　隆　代表取締役
所　在　地：新潟市中央区鳥屋野 450-1
電　　話：025-283-7288
F　A　X：025-283-7218
U　R　L：www.uoshoku.co.jp/
メールアドレス：－

新　潟　県

えちごむらかみいわふねぶた

越後村上岩船豚

飼育管理

出荷日齢：180日齢
出荷体重：115kg前後
指定肥育地・牧場
：村上市内
飼料の内容
：中部飼料（指定配合）、マイロ、タピオカ、麦を配合

商標登録・GI 登録・銘柄規約について

商標登録の有無：－
登録取得年月日：－

G　I　登　録：－

銘柄規約の有無：－
規約設定年月日：－
規約改定年月日：－

農場 HACCP・JGAP について

農場 HACCP：－
J　G　A　P：－

交配様式

雌　（ランドレース（雌）× 大ヨークシャー（雄））
×
雄　デュロック

雌　（大ヨークシャー × ランドレース）
×
雄　デュロック

主な流通経路および販売窓口

◆主 な と 畜 場
：新潟ミートプラント
◆主 な 処 理 場
：富士フィード＆ミート
◆年 間 出 荷 頭 数
：11,000 頭（グループ全体）
◆主 要 卸 売 企 業
：－
◆輸出実績国・地域
：－
◆今 後 の 輸 出 意 欲
：－

販売指定店制度について

指定店制度：－
販促ツール：－

特長

- 豚肉の風味を良くするため、とうもろこし配合割合を減らし、油脂含量の少ない飼料を配合。
- 地元産の飼料米（30%）を与えて肉質、脂質のおいしさをさらに追求している。
- 脂肪酸バランスの良く、ドリップが少なくジューシーで軟らかな肉質。
- 新潟県畜産協会認定のクリーンポーク、県内イトーヨーカドーや産直販売店で販売している。

概要

管 理 主 体：㈲坂上ファーム
代　表　者：坂上　慎治
所　在　地：村上市小口川 278
電　　話：0254-56-6565
F　A　X：同上
U　R　L：－
メールアドレス：iwafune@sakaue-farm.com

新潟県

えちごもちぶた

越後もちぶた

飼育管理

出荷日齢：170日齢

出荷体重：120kg

指定肥育地・牧場
：－

飼料の内容
：指定委託配合

商標登録・GI登録・銘柄規約について

商標登録の有無：有
登録取得年月日：2002年

GI登録：－

銘柄規約の有無：－
規約設定年月日：－
規約改定年月日：－

農場HACCP・JGAPについて

農場HACCP：－
JGAP：－

交配様式

雌（ランドレース×大ヨークシャー）
×
雄 デュロック

雌（大ヨークシャー×ランドレース）
×
雄 デュロック

主な流通経路および販売窓口

◆主なと畜場
：新潟ミートプラント、しばたパッカーズ

◆主な処理場
：同上

◆年間出荷頭数
：90,000頭

◆主要卸売企業
：グローバルピッグファーム

◆輸出実績国・地域
：－

◆今後の輸出意欲
：－

販売指定店制度について

指定店制度：－
販促ツール：－

特長

● 独自の血統。
● 飼料はとうもろこしが主体。
● コンサルタント獣医による生産管理を行っています。

概要

管理主体	新潟ファームサービス㈱	電話	0256-77-8526
代表者	阿部 俊夫 代表取締役	FAX	0256-77-8527
所在地	新潟市西蒲区下和納3956	URL	－
		メールアドレス	－

新潟県

きたえちごぱいおにあぽーく

北越後パイオニアポーク

飼育管理

出荷日齢：170日齢

出荷体重：115kg前後

指定肥育地・牧場
：新発田市北越後農協出荷農場

飼料の内容
：くみあい配合飼料

商標登録・GI登録・銘柄規約について

商標登録の有無：－
登録取得年月日：－

GI登録：未定

銘柄規約の有無：－
規約設定年月日：－
規約改定年月日：－

農場HACCP・JGAPについて

農場HACCP：－
JGAP：－

交配様式

雌（ランドレース×大ヨークシャー）
×
雄 デュロック

雌（大ヨークシャー×ランドレース）
×
雄 デュロック

主な流通経路および販売窓口

◆主なと畜場
：新潟市食肉センター

◆主な処理場
：全農新潟県本部コープ畜産新潟営業所

◆年間出荷頭数
：1,500頭前後

◆主要卸売企業
：全農新潟県本部

◆輸出実績国・地域
：－

◆今後の輸出意欲
：－

販売指定店制度について

指定店制度：－
販促ツール：シール、のぼり、パネル

特長

● JAグループの豚肉として定められた指定配合飼料を肥育マニュアルに基づき給与しています。
● 新潟県が認定するクリーンポーク農場に認定されており、安全性の徹底に努めています。
● 生産者の細かな管理により、肉質はきめ細かく締まりのよいおいしい豚肉です。

概要

管理主体	北越後農業協同組合	電話	0254-26-7000
代表者	佐藤 正喜 代表理事理事長	FAX	0254-22-2838
所在地	新発田市島潟字弁天1449-1	URL	www.ja-kitaechigo.or.jp
		メールアドレス	－

新潟県

こしのこがねぶた
越乃黄金豚®

飼育管理

出荷日齢：180日齢
出荷体重：110～115kg前後
指定肥育地・牧場
：村上・胎内エリア
飼料の内容
：厳選したとうもろこしや小麦、玄米を中心に、特別な飼料を成長段階に合わせて給餌。

商標登録・GI登録・銘柄規約について

商標登録の有無：有
登録取得年月日：2009年7月24日
GI登録：未定
銘柄規約の有無：有
規約設定年月日：2002年2月1日
規約改定年月日：－

農場HACCP・JGAPについて

農場HACCP：－
JGAP：－

交配様式

	雌	雄
雌	（ランドレース × 大ヨークシャー）	
	×	
雄	デュロック	

主な流通経路および販売窓口

◆主なと畜場
：新潟ミートプラント
◆主な処理場
：ウオショク
◆年間出荷頭数
：10,000頭
◆主要卸売企業
：ウオショク
◆輸出実績国・地域
：香港
◆今後の輸出意欲
：有

販売指定店制度について

指定店制度：－
販促ツール：シール、のぼり

特長

- 純白で良質な脂肪は融点が低く、軟らかく食べ飽きしないおいしい豚肉。
- ビタミンE、α-リノレン酸の含有率が一般豚より多い健康的な豚肉。

概要

管理主体：㈱ウオショク
代表者：宇尾野 隆
所在地：新潟市中央区鳥屋野450-1
電話：025-283-7288
FAX：025-283-7218
URL：www.uoshoku.co.jp/
メールアドレス：－

新潟県

じゅんぱくのびあんか
純白のビアンカ

飼育管理

出荷日齢：－
出荷体重：－
指定肥育地・牧場
：長岡牧場
飼料の内容
：ヨーグルトフロマージュの製造過程でできるホエイ（乳清）を給与

商標登録・GI登録・銘柄規約について

商標登録の有無：有
登録取得年月日：2017年8月10日
GI登録：－
銘柄規約の有無：－
規約設定年月日：－
規約改定年月日：－

農場HACCP・JGAPについて

農場HACCP：－
JGAP：－

交配様式

主な流通経路および販売窓口

◆主なと畜場
：長岡市食肉センター
◆主な処理場
：佐藤食肉
◆年間出荷頭数
：－
◆主要卸売企業
：佐藤食肉
◆輸出実績国・地域
：－
◆今後の輸出意欲
：－

販売指定店制度について

指定店制度：－
販促ツール：ツールの提供有り

特長

- 佐藤食肉とヤスダヨーグルトと長岡農場と連携しつくり上げたブランド豚。
- 長岡市の広大な自然で育てられています。
- ビアンカとはイタリア語で「白」という意味で、ホエイの色や雪国新潟で育てられたという意味を込めて命名。
- その名にふさわしい上質なブランド豚です。

概要

管理主体：㈱佐藤食肉ミートセンター
代表者：佐藤 広国 代表
所在地：阿賀野市荒屋88-3
電話：0250-62-2149
FAX：0250-62-6707
URL：satoshokuniku.com
メールアドレス：hirokuni.satou@sato.shokuniku.com

新　潟　県

しろねぽーく

しろねポーク

飼育管理

出荷日齢：190日齢

出荷体重：120kg

指定肥育地・牧場
　：新潟市南区（旧白根市地域）

飼料の内容
　：配合飼料

商標登録・GI 登録・銘柄規約について

商標登録の有無：—
登録取得年月日：—

G　I　登　　録：未定

銘柄規約の有無：有
規約設定年月日：2007 年 3 月20日
規約改定年月日：2022 年 3 月24日

農場 HACCP・JGAP について

農場 HACCP：—
J　G　A　P：—

交配様式

雌　（ランドレース〔雌〕× 大ヨークシャー〔雄〕）
×
雄　デュロック

主な流通経路および販売窓口

◆主　な　と　畜　場
　：新潟市食肉センター

◆主　な　処　理　場
　：同上

◆年 間 出 荷 頭 数
　：4,000 頭

◆主 要 卸 売 企 業
　：全農新潟県本部

◆輸出実績国・地域
　：—

◆今後の輸出意欲
　：—

販売指定店制度について

指定店制度：—
販促ツール：シール、のぼり

特長

- 畜舎内は過密にならないように、風通しのよい広々とした豚舎で飼育しています。
- また使用する薬を制限するとともに、安心して食べられる豚肉の生産に努めています。
- 新潟市の「食と花の銘産品」に指定。

概要

管　理　主　体：新潟かがやき農業協同組合
代　　表　　者：小野　志乃武　代表理事理事長
所　　在　　地：新潟市西蒲区漆山 8833

電　　　　話：0256-70-1500
F　　A　　X：0256-70-1511
U　　R　　L：ja-kagayaki.or.jp
メールアドレス：—

新　潟　県

つなんぽーく（こしのひかりぽーく）

つなんポーク（越ノ光ポーク）

飼育管理

出荷日齢：180日齢

出荷体重：115kg

指定肥育地・牧場
　：新潟県津南町

飼料の内容
　：特定配合飼料、海藻、ＦＦＣミネラル

商標登録・GI 登録・銘柄規約について

商標登録の有無：—
登録取得年月日：—

G　I　登　　録：—

銘柄規約の有無：—
規約設定年月日：—
規約改定年月日：—

農場 HACCP・JGAP について

農場 HACCP：—
J　G　A　P：—

交配様式

雌　（ランドレース〔雌〕× 大ヨークシャー〔雄〕）
×
雄　デュロック

主な流通経路および販売窓口

◆主　な　と　畜　場
　：北信食肉センター

◆主　な　処　理　場
　：つなんポーク加工センター

◆年 間 出 荷 頭 数
　：7,000 頭

◆主 要 卸 売 企 業
　：つなんポーク加工センター、大信畜産工業

◆輸出実績国・地域
　：—

◆今後の輸出意欲
　：—

販売指定店制度について

指定店制度：—
販促ツール：—

特長

- 豪雪、名水、魚沼産コシヒカリの産地、大自然の環境で育った、ほんのりおいしい豚肉です。
- 独自飼料に海藻、ＦＦＣミネラルを与え、地域内の種豚ブリーダーから系統造成豚（ＬＷ）を使用。
- 新潟県クリーンポーク農場認定、衛生プログラム（ワクチン対応、ストレス防止）により豚の健康に努めています。
- クセがなくライトな脂身とまろやかさ、ビタミンEが 3 倍、オレイン酸は 10%アップ。
- 越ノ光ポークは肥育仕上げ用飼料に魚沼産コシヒカリ 20%配合し、60 日間食べさせて育てた豚肉。

概要

管 理 主 体：㈱つなんポーク
代　表　者：涌井　スミエ
所　在　地：中魚沼郡津南町大字赤沢 1966-1

電　　　　話：025-765-3459
F　　A　　X：025-765-2591
U　　R　　L：tsunanpork.com
メールアドレス：tsunanpork@titan.ocn.ne.jp

新　潟　県

つまりぽーく

妻有ポーク

地元で育った健康豚
妻有ポーク
クリーンポーク生産農場認定

飼育管理

出荷日齢：180日齢

出荷体重：115kg前後

指定肥育地・牧場
　：—

飼料の内容
　：専用銘柄

商標登録・GI 登録・銘柄規約について

商標登録の有無：有
登録取得年月日：—

G　I　登　録：—

銘柄規約の有無：有
規約設定年月日：2002 年12月
規約改定年月日：—

農場 HACCP・JGAP について

農場 HACCP：—

J　G　A　P：—

交配様式

雌　（ランドレース（雌）× 大ヨークシャー（雄））
×
雄　デュロック

主な流通経路および販売窓口

◆主 な と 畜 場
　：長岡市食肉センター

◆主 な 処 理 場
　：新潟コープ畜産

◆年 間 出 荷 頭 数
　：25,000 頭

◆主 要 卸 売 企 業
　：ＪＡ十日町、ＪＡ津南

◆輸出実績国・地域
　：—

◆今後の輸出意欲
　：—

販売指定店制度について

指定店制度：—
販促ツール：シール、のぼり、小冊子

特長

- 肉質が軟らかく、脂肪に甘みがあり、風味がよい。
- 子豚段階から出荷まで抗生剤が入らない飼料を給与。
- 肥育後期は肉質重視の麦入り専用飼料。
- ＨＡＣＣＰに基づく衛生管理、トレーサビリティシステムを実践。
- 新潟県のクリーンポーク認定農場。
- 第 36 回日本農業大賞受賞。

概要

管理主体	㈱妻有畜産	電話	025-768-2979
代表者	澤口　晋	FAX	同上
所在地	十日町市寿町 2-5-4	URL	tsumari-pork.com
		メールアドレス	—

新　潟　県

ゆきむろじゅくせいこがねぶた

雪室熟成黄金豚

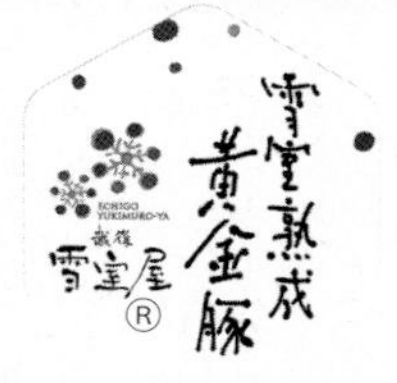

飼育管理

出荷日齢：180日齢

出荷体重：110～115kg

指定肥育地・牧場
　：村上･胎内エリア

飼料の内容
　：厳選したとうもろこしや小麦、玄米を中心に、特別な飼料を成長段階に合わせて給餌。

商標登録・GI 登録・銘柄規約について

商標登録の有無：有
登録取得年月日：2011 年 4 月22日

G　I　登　録：未定

銘柄規約の有無：有
規約設定年月日：2002 年 2 月 1 日
規約改定年月日：—

農場 HACCP・JGAP について

農場 HACCP：—

J　G　A　P：—

交配様式

雌　（ランドレース（雌）× 大ヨークシャー（雄））
×
雄　デュロック

主な流通経路および販売窓口

◆主 な と 畜 場
　：新潟ミートプラント

◆主 な 処 理 場
　：ウオショク

◆年 間 出 荷 頭 数
　：3,000 頭

◆主 要 卸 売 企 業
　：ウオショク

◆輸出実績国・地域
　：—

◆今後の輸出意欲
　：有

販売指定店制度について

指定店制度：—
販促ツール：シール、のぼり

特長

- 純白で良質な脂肪は融点が低く、軟らかく食べ飽きないおいしい豚肉。
- 雪を利用した自然の貯蔵庫「雪室」
- この雪室の中の一定した湿度、温度の状態で、新潟県産銘柄豚「越乃黄金豚」を保蔵し、熟成（スノーエージング）させたブランドです。

概要

管理主体	㈱ウオショク	電話	025-283-7288
代表者	宇尾野　隆	FAX	025-283-7218
所在地	新潟市中央区鳥屋野 450-1	URL	www.uoshoku.co.jp/
		メールアドレス	—

新　潟　県

ゆきむろじゅくせいぶた

雪室熟成豚

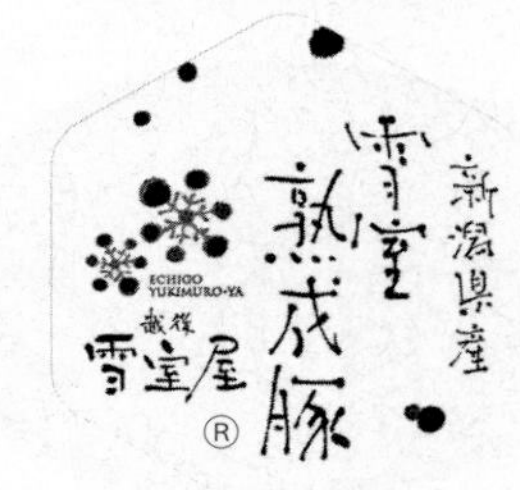

飼育管理

出荷日齢：180日齢

出荷体重：110～115kg

指定肥育地・牧場
：－

飼料の内容
：自家配合

商標登録・GI登録・銘柄規約について

商標登録の有無：有
登録取得年月日：2011年4月22日

GI登録：未定

銘柄規約の有無：－
規約設定年月日：－
規約改定年月日：－

農場HACCP・JGAPについて

農場HACCP：－
JGAP：－

交配様式

雌　（ランドレース（雌）×大ヨークシャー（雄））
×
雄　デュロック

主な流通経路および販売窓口

◆主な畜場
：新潟ミートプラント

◆主な処理場
：ウオショク

◆年間出荷頭数
：3,000頭

◆主要卸売企業
：ウオショク

◆輸出実績国・地域
：－

◆今後の輸出意欲
：有

販売指定店制度について

指定店制度：－
販促ツール：シール、のぼり

特長

- 雪を利用した自然の貯蔵庫「雪室」
- この雪室の中の一定した湿度、温度の状態で、良質な新潟県産豚肉を保蔵し、熟成（スノーエージング）させたブランドです。

概要

管理主体：㈱ウオショク
代表者：宇尾野　隆
所在地：新潟市中央区鳥屋野450-1

電話：025-283-7288
FAX：025-283-7218
URL：www.uoshoku.co.jp/
メールアドレス：－

富　山　県

とやまぽーく
とやまポーク

飼育管理

出荷日齢：180日齢

出荷体重：－

指定肥育地・牧場
：県内

飼料の内容
：－

商標登録・GI登録・銘柄規約について

商標登録の有無：有
登録取得年月日：1997年4月11日

ＧＩ登録：未定

銘柄規約の有無：－
規約設定年月日：－
規約改定年月日：－

農場HACCP・JGAPについて

農場HACCP：－
ＪＧＡＰ：－

交配様式

	雌	雄
雌	（ランドレース×大ヨークシャー）	
	×	
雄	デュロック	

雌	（大ヨークシャー×ランドレース）
	×
雄	デュロック

主な流通経路および販売窓口

◆主な と 畜 場
：富山食肉総合センター

◆主 な 処 理 場
：とやまミートパッカー

◆年 間 出 荷 頭 数
：45,000頭

◆主 要 卸 売 企 業
：全農富山県本部、牛勝、イワトラ

◆輸出実績国・地域
：－

◆今後の輸出意欲
：－

販売指定店制度について

指定店制度：－
販促ツール：シール、のぼり、ポスター

特長

- 富山県内で生産されたもの。
- 富山食肉総合センターでと畜されたもの。

概要

管理主体	富山県養豚組合連合会	電話	0766-86-3791
代表者	新村　嘉久　会長	FAX	0766-86-5652
所在地	射水市新堀28-4	URL	－
		メールアドレス	－

石　川　県

のとぶた

能　登　豚

飼育管理

出荷日齢：約180日齢

出荷体重：約110kg

指定肥育地・牧場
：石川県内

飼料の内容
：－

商標登録・GI 登録・銘柄規約について

商標登録の有無：－
登録取得年月日：－

G　I　登　録：未定

銘柄規約の有無：有
規約設定年月日：2014 年 2 月25日
規約改定年月日：－

農場 HACCP・JGAP について

農場 HACCP：－
J G A P：－

交配様式

	雌	雄
雌	（ランドレース × 大ヨークシャー）	
	×	
雄	デュロック など	

主な流通経路および販売窓口

◆主 な と 畜 場
：金沢食肉流通センター

◆主 な 処 理 場
：同上

◆年 間 出 荷 頭 数
：約３万頭

◆主 要 卸 売 企 業
：石川県内食肉流通業者

◆輸出実績国・地域
：－

◆今後の輸出意欲
：－

販売指定店制度について

指定店制度：－
販促ツール：シール、のぼり、チラシ

特長

- 石川県内で肥育されたもの。
- 石川県金沢食肉流通センターで処理されたもの。
- 日本食肉格付協会により格付けされたもの。
- 衛生的な管理のもとで生産されたもの。

概要

管 理 主 体：能登豚推進協議会
代 表 者：宮下　正博　会長
所 在 地：金沢市古府 1-217
電 話：076-287-3635
F A X：076-287-3636
U R L：－
メールアドレス：－

福井県

ふくいぽーく
ふくいポーク

飼育管理

出荷日齢：180日齢

出荷体重：130kg

指定肥育地・牧場
：－

飼料の内容
：－

商標登録・GI登録・銘柄規約について

商標登録の有無：－
登録取得年月日：－

G I 登 録：未定

銘柄規約の有無：－
規約設定年月日：－
規約改定年月日：－

農場HACCP・JGAPについて

農場 HACCP：－
J G A P：－

交配様式

雌（ランドレース（雌）×大ヨークシャー（雄））
×
雄 デュロック

主な流通経路および販売窓口

◆主な畜場
：金沢食肉流通センター

◆主な処理場
：福井県経済連食肉センター

◆年間出荷頭数
：1,500頭

◆主要卸売企業
：－

◆輸出実績国・地域
：－

◆今後の輸出意欲
：－

販売指定店制度について

指定店制度：－
販促ツール：シール、のぼり

特長

● 種豚の供給元を統一。

概要

管理主体	福井県経済農業協同組合連合会	電話	0776-54-0205
代表者	－	FAX	0776-54-0396
所在地	福井市高木中央 2-4202 生産販売部畜産課	URL	－
		メールアドレス	－

岐　阜　県

ぐじょうくらしっくぽーく

郡上クラシックポーク

郡上クラシックポーク

飼育管理

出荷日齢：165～200日齢

出荷体重：約110～115kg

指定肥育地・牧場
：郡上明宝牧場

飼料の内容
：品質の良い麦類と穀類を多く配合

商標登録・GI登録・銘柄規約について

商標登録の有無：有
登録取得年月日：2015年9月

GI登録：未定

銘柄規約の有無：有
規約設定年月日：2015年9月
規約改定年月日：－

農場HACCP・JGAPについて

農場HACCP：－
JGAP：－

交配様式

雌（ランドレース（雌）×大ヨークシャー（雄））
×
雄　デュロック

主な流通経路および販売窓口

◆主なと畜場
：養老町立食肉事業センター

◆主な処理場
：養老ミート

◆年間出荷頭数
：7,000頭

◆主要卸売企業
：養老ミート

◆輸出実績国・地域
：無

◆今後の輸出意欲
：有

販売指定店制度について

指定店制度：有
販促ツール：シール、リーフレット

特長

- 郡上の恵まれた自然、恵まれた水で育てられ、クラシック音楽（主にモーツァルト）をききながらすくすく育ちます。
- 肉は軟らかく、キメ細かく、脂にうまさがあります。

概要

管理主体	㈱郡上明宝牧場	電話	058-201-2929
代表者	田中　成典	FAX	058-201-2911
所在地	郡上市明宝畑佐879-8	URL	classic-pork.com
		メールアドレス	－

岐　阜　県

なっとくとん

納豆喰豚

納豆喰豚
飛騨 なっとく豚

飼育管理

出荷日齢：約175日齢

出荷体重：約120kg　※特別飼育も有り（プレミアム）なっとく豚…約120～125kg 雌のみ

指定肥育地・牧場
：堀田農産

飼料の内容
：飼料中にビタミンE 200mg／kgを使用。肥育豚飼料に納豆粉末を添加

商標登録・GI登録・銘柄規約について

商標登録の有無：有
登録取得年月日：2009年11月

GI登録：未定

銘柄規約の有無：－
規約設定年月日：－
規約改定年月日：－

農場HACCP・JGAPについて

農場HACCP：－
JGAP：－

交配様式

雌　大ヨークシャー（雌）
×
雄　デュロック（雄）

主な流通経路および販売窓口

◆主なと畜場
：名古屋市食肉市場

◆主な処理場
：フィード・ワン・フーズ、ナカムラ

◆年間出荷頭数
：約1,600頭

◆主要卸売企業
：天狗

◆輸出実績国・地域
：－

◆今後の輸出意欲
：－

販売指定店制度について

指定店制度：有
販促ツール：のぼり、パンフレット、指定店証明プレート

特長

- 飼料に納豆粉末を添加。ビタミンEがとくに豊富なため、鮮度が長持ちし、臭みがない。
- 疾病予防の投薬なし。
- 地下水を特殊装置に通して飲水に使用。
- 生産者が1社のため、品質、食味が均一である。

概要

管理主体	堀田農産㈲	電話	0576-55-0508
代表者	堀田　秀行	FAX	0576-55-0569
所在地	下呂市萩原町尾崎958	URL	www.hottanousan.jp
		メールアドレス	info@hottanousan.jp

岐阜県

ひだうまぶた
飛騨旨豚

うまぶた
飛騨旨豚

飼育管理

出荷日齢：ー

出荷体重：約110kg

指定肥育地・牧場
：吉野ジーピーファーム　白川農場・中津川農場

飼料の内容
：専用飼料

商標登録・GI登録・銘柄規約について

商標登録の有無：有
登録取得年月日：2012年5月18日

GI登録：未定

銘柄規約の有無：有
規約設定年月日：2014年7月9日
規約改定年月日：2022年8月1日

農場HACCP・JGAPについて

農場HACCP：ー
JGAP：ー

交配様式

ケンボロー

主な流通経路および販売窓口

◆主なと畜場
：岐阜県畜産公社

◆主な処理場
：岐阜アグリフーズ

◆年間出荷頭数
：約10,000頭

◆主要卸売企業
：岐阜アグリフーズ

◆輸出実績国・地域
：ー

◆今後の輸出意欲
：ー

販売指定店制度について

指定店制度：有
販促ツール：シール、ポスター、のぼり、はっぴ

特長

- 【安全】出荷まで飼料に抗生物質や合成抗菌剤を含まない。
- 【おいしさ】黒豚（バークシャー種）を交配。
- 【専用飼料】飼料に麦30%以上、飼料用米40%以上を給与。
- 【豚の健康】EMを利用した飼料。

概要

管理主体：飛騨旨豚協議会
代表者：吉野　毅
所在地：山県市高富227-4　岐阜アグリフーズ㈱　食肉販売課内
電話：0581-22-1361
FAX：0581-22-3719
URL：www.hidaumabuta.jp/
メールアドレス：ー

岐阜県

ひだけんとん・みのけんとん
飛騨けんとん・美濃けんとん

飼育管理

出荷日齢：約170日齢

出荷体重：約120kg

指定肥育地・牧場
：県内2農場

飼料の内容
：飼料中にヨモギ、ビタミンEを添加

商標登録・GI登録・銘柄規約について

商標登録の有無：ー
登録取得年月日：ー

GI登録：未定

銘柄規約の有無：有
規約設定年月日：1995年12月26日
規約改定年月日：2022年8月3日

農場HACCP・JGAPについて

農場HACCP：ー
JGAP：ー

交配様式

雌（ランドレース♀×大ヨークシャー♂）
×
雄 デュロック

雌（大ヨークシャー×ランドレース）
×
雄 デュロック

主な流通経路および販売窓口

◆主なと畜場
：岐阜市食肉市場

◆主な処理場
：ー

◆年間出荷頭数
：6,000頭（令和4年実績）

◆主要卸売企業
：岐阜県畜産公社

◆輸出実績国・地域
：ー

◆今後の輸出意欲
：ー

販売指定店制度について

指定店制度：有
販促ツール：シール、リーフレット、のぼり

特長

- 脂肪の酸化と肉汁の流出が少なく、良好な鮮度が保たれる。
- 軟らかく、あっさりとした豚肉。

概要

管理主体：飛騨けんとん・美濃けんとん普及推進協議会
代表者：山内　清久
所在地：関市西田原441
電話：0575-23-6177
FAX：0575-24-7554
URL：www.hida-mino-kenton.com
メールアドレス：ー

岐　阜　県

ぼーのぽーくぎふ

ボーノポークぎふ

飼育管理

出荷日齢：約180日齢
出荷体重：約120kg
指定肥育地・牧場
　：カタノピッグファーム瑞浪農場、ハシエダ養豚、Takahashi Farm
飼料の内容
　：協議会認定飼料

商標登録・GI 登録・銘柄規約について

商標登録の有無：有
登録取得年月日：2012 年 4 月 20 日

G　I　登　録：ー

銘柄規約の有無：有
規約設定年月日：2014 年 4 月 1 日
規約改定年月日：ー

交配様式

雌　（ランドレース（雌）× 大ヨークシャー（雄））
　　×
雄　デュロック（ボーノブラウン）

主な流通経路および販売窓口

◆主 な と 畜 場
　：関市食肉センター
◆主 な 処 理 場
　：中濃ミート事業協同組合
◆年 間 出 荷 頭 数
　：21,000 頭
◆主 要 卸 売 企 業
　：きなぁた瑞浪、肉のキング、肉のひぐち
◆輸出実績国・地域
　：ー
◆今後の輸出意欲
　：有（2017 年度海外で試食会実施）

販売指定店制度について

指定店制度：有
販促ツール：シール、のぼり、ポスター、リーフレット

農場 HACCP・JGAP について

農場 HACCP：ー
J G A P：ー

特長

● 岐阜県が開発した種豚「ボーノブラウン」と肉質を追求した専用飼料を用いて岐阜県内の契約農家で生産された豚肉。
● 霜降り割合が通常豚の約２倍で肉のうま味成分と脂身の甘みが強く、豚肉本来の味が堪能できます。

概要

管理主体：ボーノポーク銘柄推進協議会
代表者：早瀬　敦史
所在地：関市西田原 458
電話：0575-24-3080
FAX：0575-24-3040
URL：buonopork-gifu.com
メールアドレス：atut328@bell.ocn.ne.jp

岐　阜　県

みのへるしーぽーく

美濃ヘルシーポーク

飼育管理

出荷日齢：約170日齢
出荷体重：約117kg
指定肥育地・牧場
　：県内指定４農場
飼料の内容
　：美濃ヘルシーポーク専用飼料

商標登録・GI 登録・銘柄規約について

商標登録の有無：有
登録取得年月日：2007 年 2 月 23 日

G　I　登　録：未定

銘柄規約の有無：有
規約設定年月日：1989 年 9 月 26 日
規約改定年月日：2022 年 6 月 9 日

交配様式

雌　（ランドレース（雌）× 大ヨークシャー（雄））
　　×
雄　デュロック

雌　（大ヨークシャー × ランドレース）
　　×
雄　デュロック

ランドレース × 大ヨークシャー

大ヨークシャー × ランドレース

主な流通経路および販売窓口

◆主 な と 畜 場
　：岐阜市食肉市場など
◆主 な 処 理 場
　：ー
◆年 間 出 荷 頭 数
　：11,000 頭（令和 4 年度実績）
◆主 要 卸 売 企 業
　：ー
◆輸出実績国・地域
　：ー
◆今後の輸出意欲
　：ー

販売指定店制度について

指定店制度：有
販促ツール：シール、のぼり、ポスター、リーフレット

農場 HACCP・JGAP について

農場 HACCP：ー
J G A P：ー

特長

● セサミン（ごまかす）、ミネラル（海藻粉末）、カテキン（茶かす）を含む飼料で安全・安心・健康に育てられた岐阜県産銘柄豚。
● 肉質はきめ細かで、軟らかく、豚肉本来のうま味とコクを堪能できる。

概要

管理主体：美濃ヘルシーポーク銘柄推進協議会
代表者：阿部　浩明
所在地：関市西田原字大河原 441
電話：0575-23-6177
FAX：0575-24-7554
URL：www.zennoh.or.jp/gf/m.healthy.p/
メールアドレス：ー

岐　阜　県

ようろうさんろくぶた
養老山麓豚

飼育管理

出荷日齢：約180日齢

出荷体重：約110～120kg

指定肥育地・牧場
：特になし

飼料の内容
：ー

商標登録・GI登録・銘柄規約について

商標登録の有無：有
登録取得年月日：1999年12月

G I 登 録：未定

銘柄規約の有無：ー
規約設定年月日：ー
規約改定年月日：ー

農場HACCP・JGAPについて

農場HACCP：ー
J G A P：ー

交配様式

雌　（ランドレース（雌）× 大ヨークシャー（雄））
×
雄　デュロック

主な流通経路および販売窓口

◆主なと畜場
：養老町立食肉事業センター、岐阜市食肉市場、ほか公設市場

◆主な処理場
：養老ミート

◆年間出荷頭数
：1,200頭

◆主要卸売企業
：ー

◆輸出実績国・地域
：ー

◆今後の輸出意欲
：ー

販売指定店制度について

指定店制度：ー
販促ツール：シール

特長

● 養老ミートに搬入された国産豚肉から肉質や肉色を重視し、日本食肉格付協会から認定を受けた社員が厳しくチェック、選別した豚肉です。
● 山紫水明、養老山麓のうつくしい自然をイメージして、養老ミートが平成11年12月に商標登録したオリジナルブランド。

概要

管理主体：養老ミート㈱
代表者：田中　成典
所在地：養老郡養老町石畑288-1
電話：0584-32-0800
FAX：0584-32-1029
URL：www.yoro-meat.co.jp/
メールアドレス：ー

北海道
青森県
岩手県
宮城県
秋田県
山形県
福島県
茨城県
栃木県
群馬県
埼玉県
千葉県
東京都
神奈川県
山梨県
長野県
新潟県
富山県
石川県
福井県
岐阜県
静岡県
愛知県
三重県
滋賀県
京都府
大阪府
兵庫県
奈良県
鳥取県
島根県
岡山県
広島県
山口県
徳島県
香川県
愛媛県
福岡県
佐賀県
長崎県
熊本県
大分県
宮崎県
鹿児島県
沖縄県
全国

静岡県

あさぎりよーぐるとん
朝霧ヨーグル豚

飼育管理

出荷日齢：約180日齢

出荷体重：約120kg

指定肥育地・牧場
：ー

飼料の内容
：独自の乳酸発酵飼料

商標登録・GI登録・銘柄規約について

商標登録の有無：有
登録取得年月日：2003年10月10日

GI登録：ー

銘柄規約の有無：有
規約設定年月日：2003年4月1日
規約改定年月日：2011年7月1日

農場HACCP・JGAPについて

農場HACCP：ー
JGAP：ー

交配様式

雌（ランドレース×大ヨークシャー）（雌 / 雄）
×
雄 デュロック

主な流通経路および販売窓口

◆主なと畜場
：山梨食肉流通センター

◆主な処理場
：同上

◆年間出荷頭数
：3,000～3,500頭

◆主要卸売企業
：組合員

◆輸出実績国・地域
：ー

◆今後の輸出意欲
：有

販売指定店制度について

指定店制度：有
販促ツール：シール、のぼり、ポスター、認定証など

特長

● 筋繊維に脂肪が適度に入る（霜降り）
● 軟らかくて、冷めても硬くならない。
● 体に良い不飽和脂肪酸（ω-3系）が多い。

● 静岡県ニュービジネス大賞受賞（平成17年）。日本計画行政学会計画賞優秀賞（平成15年）。FOOD ACTION NIPPON アワード2010、2011入賞。JAPANブランド事業採択（平成21、22年）
● 特許取得（平成23年）

概要

管理主体：朝霧ヨーグル豚販売協同組合
代表者：松野　靖　理事長
所在地：富士宮市北山835
電話：0544-58-8839
FAX：0544-58-5403
URL：www.siz-sba.or.jp/asagiri/
メールアドレス：yo-gurton@ceres.ocn.ne.jp

静岡県

いきいききんか
いきいき金華

飼育管理

出荷日齢：190～200日齢

出荷体重：約125kg前後

指定肥育地・牧場
：ー

飼料の内容
：清水港飼料（指定配合飼料）

商標登録・GI登録・銘柄規約について

商標登録の有無：ー
登録取得年月日：ー

GI登録：ー

銘柄規約の有無：有
規約設定年月日：ー
規約改定年月日：ー

農場HACCP・JGAPについて

農場HACCP：有（2019年6月27日）
JGAP：ー

交配様式

フジキンカ

主な流通経路および販売窓口

◆主なと畜場
：小笠食肉センター

◆主な処理場
：同上

◆年間出荷頭数
：500頭

◆主要卸売企業
：玉澤

◆輸出実績国・地域
：ー

◆今後の輸出意欲
：ー

販売指定店制度について

指定店制度：ー
販促ツール：ー

特長

● 飼料は清水港飼料に一本化している。
● しずおか食セレクション認定、しずおか農林水産物認証を取得。

概要

管理主体：㈱マルス農場
代表者：杉山　房雄　代表取締役
所在地：静岡市清水区幸町5-12
電話：054-334-5060
FAX：054-334-5963
URL：ー
メールアドレス：marusu@air.ocn.ne.jp

静岡県

えんしゅうくろぶた
遠州黒豚

飼育管理

出荷日齢：230日齢
出荷体重：約110kg
指定肥育地・牧場
：ー
飼料の内容
：指定配合飼料

商標登録・GI登録・銘柄規約について

商標登録の有無：有
登録取得年月日：2007年7月6日

GI登録：ー

銘柄規約の有無：ー
規約設定年月日：ー
規約改定年月日：ー

農場HACCP・JGAPについて

農場HACCP：ー
JGAP：ー

交配様式

バークシャー

主な流通経路および販売窓口

◆主なと畜場
：小笠食肉センター
◆主な処理場
：小笠食肉センター、栗山商店
◆年間出荷頭数
：1,800頭
◆主要卸売企業
：ー
◆輸出実績国・地域
：ー
◆今後の輸出意欲
：有

販売指定店制度について

指定店制度：ー
販促ツール：ー

特長

- とんかつに揚げると最高に美味。
- 超うす切りにして豚しゃぶも非常に好評です。
- 自社独自の飼料で大切に育てています。
- しずおか農林水産物認証制度に認定されています。

概要

管理主体	㈲栗山畜産	電話	0537-86-3072
代表者	栗山 貴之 代表取締役	FAX	0537-86-3103
所在地	御前崎市池新田8561-1	URL	ー
		メールアドレス	ー

静岡県

えんしゅうのゆめのゆめぽーく
遠州の夢の夢ポーク

飼育管理

出荷日齢：190日齢
出荷体重：105～110kg
指定肥育地・牧場
：自社農場のみ
飼料の内容
：麦の含有量が多い（20%以上）

商標登録・GI登録・銘柄規約について

商標登録の有無：有
登録取得年月日：2001年8月21日

GI登録：未定

銘柄規約の有無：有
規約設定年月日：2000年4月1日
規約改定年月日：2009年4月1日

農場HACCP・JGAPについて

農場HACCP：ー
JGAP：ー

交配様式

雌 （ランドレース（雌）×大ヨークシャー（雄））
×
雄 デュロック

主な流通経路および販売窓口

◆主なと畜場
：小笠食肉センター
◆主な処理場
：同上
◆年間出荷頭数
：1,800頭以上
◆主要卸売企業
：玉澤、肉のマルユウ
◆輸出実績国・地域
：ー
◆今後の輸出意欲
：ー

販売指定店制度について

指定店制度：ー
販促ツール：ー

特長

- 脂がサラッと軽い食感。
- 肉の臭みがない。
- 日持ちが良い

概要

管理主体	河合畜産	電話	053-436-8179
代表者	河合 範明	FAX	同上
所在地	浜松市北区大原町304	URL	ー
		メールアドレス	ー

北海道
青森県
岩手県
宮城県
秋田県
山形県
福島県
茨城県
栃木県
群馬県
埼玉県
千葉県
東京都
神奈川県
山梨県
長野県
新潟県
富山県
石川県
福井県
岐阜県
静岡県
愛知県
三重県
滋賀県
京都府
大阪府
兵庫県
奈良県
鳥取県
島根県
岡山県
広島県
山口県
徳島県
香川県
愛媛県
福岡県
佐賀県
長崎県
熊本県
大分県
宮崎県
鹿児島県
沖縄県
全　国

静　岡　県

おくやまのこうげんぽーく／おくはまなこりゅうじんとん

奥山の高原ポーク（家庭用）奥浜名湖竜神豚（業務用）

交配様式

雌（大ヨークシャー（雌）×ランドレース（雄））× 雄 デュロック

飼育管理

出荷日齢：180日齢
出荷体重：118kg前後
指定肥育地・牧場
：浜松市北区引佐町
飼料の内容
：国有林からの自然水使用。自家配合飼料、3大栄養素と46種の微量栄養素、竹炭パウダー、竹酢を添加

商標登録・GI登録・銘柄規約について

商標登録の有無：有（竜神豚）
登録取得年月日：2005年8月1日

G　I　登　録：

銘柄規約の有無：－
規約設定年月日：－
規約改定年月日：－

農場HACCP・JGAPについて

農場HACCP：－
J　G　A　P：－

主な流通経路および販売窓口

◆主なと畜場
：浜松市食肉市場
◆主な処理場
：同上
◆年間出荷頭数
：約700頭
◆主要卸売企業
：渡辺精肉店、すぎもとミート販売
◆輸出実績国・地域
：－
◆今後の輸出意欲
：有

販売指定店制度について

指定店制度：有
販促ツール：パンフレット、物品

特長

- 自家配合飼料で給餌。竹酢、竹炭パウダーを添加し、コレステロールを40%カットしています。
- 豚肉は脂質が命であり、ジューシーでコクのある味を出し、ブレンディなおいしさを味わえます。
- 脂肪は27～36℃で溶ける極上の味わい。
- ドイツ・フランクフルトで開催されたIFFA国際食肉産業専門見本市で金メダルを受賞。
- 茶葉を緑餌として直投与（カテキン）
- ぶどうから抽出した抗酸化作用のポリフェノール添加（長持ち、長距離輸送可能<グレープトン>）

概要

管理主体	MIWAピッグファーム	電話	053-543-0927／090-3158-6604
代表者	三輪　美喜雄	FAX	053-543-0927
所在地	浜松市北区引佐町奥山1806-101	URL	－
		メールアドレス	－

静　岡　県

きんとんおう

金　豚　王

交配様式

フジキンカ

飼育管理

出荷日齢：約200日齢
出荷体重：120kg前後
指定肥育地・牧場
：－
飼料の内容
：経済連指定配合飼料

商標登録・GI登録・銘柄規約について

商標登録の有無：有
登録取得年月日：2010年10月15日

G　I　登　録：未定

銘柄規約の有無：有
規約設定年月日：2010年12月22日
規約改定年月日：－

農場HACCP・JGAPについて

農場HACCP：－
J　G　A　P：－

主な流通経路および販売窓口

◆主なと畜場
：小笠食肉センター
◆主な処理場
：同上
◆年間出荷頭数
：600頭
◆主要卸売企業
：小笠食肉センター、かねまる精肉店
◆輸出実績国・地域
：－
◆今後の輸出意欲
：－

販売指定店制度について

指定店制度：－
販促ツール：－

特長

- 認定農場で生産管理することで品質の高い豚肉を生産しています。
- 金華豚の遺伝子を1/8受け継いだフジキンカ同士で作成された肉豚。

概要

管理主体	静岡県経済農業協同組合連合会	電話	054-284-9730
代表者	代表理事理事長　石川　和弘	FAX	054-287-2684
所在地	静岡市駿河区曲金3-8-1	URL	jashizuoka-keizairen.net/
		メールアドレス	－

静岡県

ごてんばきんかとん

御殿場金華豚

交配様式

金華豚純粋

飼育管理

出荷日齢：200日齢

出荷体重：70kg前後

指定肥育地・牧場
：—

飼料の内容
：自家配合飼料

商標登録・GI登録・銘柄規約について

商標登録の有無：有
登録取得年月日：2016年1月8日

GI登録：—

銘柄規約の有無：有
規約設定年月日：1989年4月1日
規約改定年月日：—

農場HACCP・JGAPについて

農場HACCP：—
JGAP：—

主な流通経路および販売窓口

◆主な と畜場
：山梨食肉流通センター

◆主な処理場
：山﨑精肉店

◆年間出荷頭数
：150頭

◆主要卸売企業
：山﨑精肉店

◆輸出実績国・地域
：—

◆今後の輸出意欲
：—

販売指定店制度について

指定店制度：—
販促ツール：シール

特長

● 金華豚は中国浙江省の金華地区で飼育されている在来品種であり、肉質の特徴として保水性に優れ、きめが細かく、舌ざわりがよい。

概要

管理主体	御殿場金華豚研究会	電話	0550-82-4661
代表者	三輪　和司	FAX	0550-82-4181
所在地	御殿場市萩原483	URL	—
		メールアドレス	—

静岡県

しずおかがためいがらとんふじのくにいきいきぽーく

静岡型銘柄豚 ふじのくに「いきいきポーク」

交配様式

雌　（ランドレース×大ヨークシャー）（雌・雄）
×
雄　デュロック

飼育管理

出荷日齢：180～190日齢

出荷体重：115kg前後

指定肥育地・牧場
：—

飼料の内容
：清水港飼料（指定配合）
ハーブスパイス由来の抽出物添加

商標登録・GI登録・銘柄規約について

商標登録の有無：—
登録取得年月日：—

GI登録：—

銘柄規約の有無：有
規約設定年月日：1997年4月1日
規約改定年月日：—

農場HACCP・JGAPについて

農場HACCP：有（2019年6月27日）
JGAP：—

主な流通経路および販売窓口

◆主な と畜場
：小笠食肉センター

◆主な処理場
：同上

◆年間出荷頭数
：8,000頭

◆主要卸売企業
：玉澤、花城ミートサプライ

◆輸出実績国・地域
：—

◆今後の輸出意欲
：—

販売指定店制度について

指定店制度：—
販促ツール：—

特長

● 飼料は清水港飼料に一本化している。
● しずおか食セレクション認定、しずおか農林水産物認証を取得。
● ジューシーな霜降り豚だから、軟らかくて香りがよい。

概要

管理主体	㈱マルス農場	電話	054-334-5060
代表者	杉山　房雄　代表取締役社長	FAX	054-334-5963
所在地	静岡市清水区幸町5-12	URL	—
		メールアドレス	marusu@air.ocn.ne.jp

静　岡　県

しずおかがためいがらとんふじのくにはまなこそだち

静岡型銘柄豚 ふじのくに浜名湖そだち

飼育管理

出荷日齢：180日齢

出荷体重：110kg

指定肥育地・牧場
　：浜松市北区

飼料の内容
　：とうもろこし、飼料米、大豆粕

商標登録・GI 登録・銘柄規約について

商標登録の有無：有
登録取得年月日：ー

G　I　登　録：未定

銘柄規約の有無：有
規約設定年月日：1998 年10月
規約改定年月日：ー

農場 HACCP・JGAP について

農場 HACCP：ー
Ｊ Ｇ Ａ Ｐ：有

交配様式

雌　（大ヨークシャー[雌] × ランドレース[雄]）
×
雄　デュロック

主な流通経路および販売窓口

◆主 な と 畜 場
　：浜松市食肉市場

◆主 な 処 理 場
　：同上

◆年 間 出 荷 頭 数
　：3,600 頭

◆主 要 卸 売 企 業
　：ー

◆輸出実績国・地域
　：ー

◆今後の輸出意欲
　：有

販売指定店制度について

指定店制度：有
販促ツール：シール、のぼり

特長

- 静岡県が造成したフジロック、フジヨークを使用。
- 飼料と飼料添加物、安全管理などにこだわる。

概要

管　理　主　体　：㈲三和畜産とんきい
代　　表　　者　：鈴木　芳雄　代表取締役
所　　在　　地　：浜松市北区細江町中川 1190-1

電　　　　話　：053-522-2969
Ｆ　　Ａ　　Ｘ　：053-522-0086
Ｕ　　Ｒ　　Ｌ　：www.tonkii.com/
メールアドレス　：hamanako@tonkii.com

静　岡　県

しずおかろっこくとん

静岡六穀豚

飼育管理

出荷日齢：約180〜190日齢

出荷体重：110〜115kg

指定肥育地・牧場
　：静岡県・ヤマショウ畜産

飼料の内容
　：6種の穀物をバランス良く配合した指定配合飼料

商標登録・GI 登録・銘柄規約について

商標登録の有無：ー
登録取得年月日：ー

G　I　登　録：未定

銘柄規約の有無：ー
規約設定年月日：ー
規約改定年月日：ー

農場 HACCP・JGAP について

農場 HACCP：未定
Ｊ Ｇ Ａ Ｐ：未定

交配様式

三種間交配種

主な流通経路および販売窓口

◆主 な と 畜 場
　：浜松市食肉地方卸売市場

◆主 な 処 理 場
　：アイ・ポーク（沼津工場）

◆年 間 出 荷 頭 数
　：8,000 頭

◆主 要 卸 売 企 業
　：伊藤ハム米久ホールディングス

◆輸出実績国・地域
　：ー

◆今後の輸出意欲
　：ー

販売指定店制度について

指定店制度：ー
販促ツール：シール、ボード、POP 各種

特長

- ６種類の穀物をメインにしたオリジナル配合飼料を与えて育てました。
- でんぷん質が高い小麦・大麦・米と、栄養価の高いとうもろこし・マイロ（こうりゃん）・大豆をバランス良く飼料に配合。
- 肉のうまみ、まろやかなコクをつくり出すとともに、しまりのある肉質、淡い肉色、きれいな白上がりの脂肪色にもこだわりました。

概要

管理主体：伊藤ハム米久ホールディングス㈱
代 表 者：繁竹　輝之
所 在 地：東京都目黒区三田 1-7-13 ヒューリック目黒三田

電　　　話：055-929-2807（沼津事務所）
Ｆ　Ａ　Ｘ：055-926-1502（　同　上　）
Ｕ　Ｒ　Ｌ：www.yonekyu.co.jp/rokkokuton/
メールアドレス：ー

静　岡　県

てぃーとん
TEA豚

飼育管理

出荷日齢：180日齢前後

出荷体重：115～120kg

指定肥育地・牧場
：北川牧場

飼料の内容
：－

商標登録・GI登録・銘柄規約について

商標登録の有無：有
登録取得年月日：2016年4月15日

G　I　登　録：未定

銘柄規約の有無：－
規約設定年月日：－
規約改定年月日：－

農場HACCP・JGAPについて

農場HACCP：－
JGAP：－

交配様式

雌　（ランドレース×大ヨークシャー）
×
雄　デュロック

主な流通経路および販売窓口

◆主なと畜場
：小笠食肉センター

◆主な処理場
：同上

◆年間出荷頭数
：－

◆主要卸売企業
：－

◆輸出実績国・地域
：－

◆今後の輸出意欲
：－

販売指定店制度について

指定店制度：－
販促ツール：のぼり、シール、パンフレット

特長

- 静岡の特産であるお茶を飲ませ、また広々とした豚舎で、のびのびストレスなく育ています。
- くせがなくあっさりとした脂の甘い豚肉です。

概要

管理主体	北川牧場	電話	090-1988-4395
代表者	北川　雅視	FAX	0543-69-1281
所在地	静岡市清水区承元寺町93	URL	kitagawafarm.webcrow.jp
		メールアドレス	masami330202@gmail.com

静　岡　県

とことんぽーく
とこ豚ポーク

飼育管理

出荷日齢：190日齢

出荷体重：110kg

指定肥育地・牧場
：－

飼料の内容
：仕上げ専用飼料「とこ豚C7」

商標登録・GI登録・銘柄規約について

商標登録の有無：－
登録取得年月日：－

G　I　登　録：未定

銘柄規約の有無：有
規約設定年月日：1990年4月1日
規約改定年月日：2013年4月1日

農場HACCP・JGAPについて

農場HACCP：－
JGAP：－

交配様式

雌　（ランドレース×大ヨークシャー）
×
雄　デュロック

雌　（大ヨークシャー×ランドレース）
×
雄　デュロック

主な流通経路および販売窓口

◆主なと畜場
：浜松市食肉市場

◆主な処理場
：－

◆年間出荷頭数
：約5,000頭

◆主要卸売企業
：－

◆輸出実績国・地域
：－

◆今後の輸出意欲
：－

販売指定店制度について

指定店制度：有
販促ツール：シール、のぼり、ポスター

特長

- コクのある豚肉本来の「おいしさ」があります。
- 肉色がよく、安定した肉質です。

概要

管理主体	浜松地域銘柄豚振興協議会	電話	053-430-0911
代表者	－	FAX	053-420-0441
所在地	浜松市北区根洗町1213	URL	－
		メールアドレス	tiku-en@topia.ja-shizuoka.or.jp

静岡県

とぴあはままつぽーく

とぴあ浜松ポーク

飼育管理

出荷日齢：約190日齢

出荷体重：約110kg

指定肥育地・牧場
：ＪＡとぴあ浜松管内

飼料の内容
：仕上げ飼料、麦類５～10%以上添加

商標登録・GI登録・銘柄規約について

商標登録の有無：－
登録取得年月日：－

ＧＩ登録：未定

銘柄規約の有無：有
規約設定年月日：2008年４月１日
規約改定年月日：2016年２月１日

農場HACCP・JGAPについて

農場HACCP：－
ＪＧＡＰ：－

交配様式

雌（ランドレース×大ヨークシャー）
×
雄 デュロック

雌（大ヨークシャー×ランドレース）
×
雄 デュロック

主な流通経路および販売窓口

◆主なと畜場
：浜松市食肉市場

◆主な処理場
：－

◆年間出荷頭数
：約15,000頭

◆主要卸売企業
：－

◆輸出実績国・地域
：－

◆今後の輸出意欲
：－

販売指定店制度について

指定店制度：有
販促ツール：シール、のぼり、ポスター

特長

- 獣医師の指導による衛生管理の徹底を実践。
- 地産地消を推進し、消費者へ安全安心で良質な豚肉を提供。
- 脂肪が白く、しまりも良く、きめが細かく、舌ざわりのよい豚肉。

概要

管理主体：とぴあ浜松農業協同組合
代表者：－
所在地：浜松市北区根洗町1213
電話：053-430-0911
FAX：053-420-0441
URL：－
メールアドレス：tiku-en@topia.ja-shizuoka.or.jp

静岡県

ふじなちゅらるぽーく

富士なちゅらるぽーく

飼育管理

出荷日齢：180日齢

出荷体重：110～120kg

指定肥育地・牧場
：－

飼料の内容
：－

商標登録・GI登録・銘柄規約について

商標登録の有無：－
登録取得年月日：－

ＧＩ登録：－

銘柄規約の有無：－
規約設定年月日：－
規約改定年月日：－

農場HACCP・JGAPについて

農場HACCP：－
ＪＧＡＰ：－

交配様式

雌（ランドレース×大ヨークシャー）
×
雄 デュロック

主な流通経路および販売窓口

◆主なと畜場
：小笠食肉センター

◆主な処理場
：同上

◆年間出荷頭数
：1,800頭

◆主要卸売企業
：－

◆輸出実績国・地域
：－

◆今後の輸出意欲
：－

販売指定店制度について

指定店制度：－
販促ツール：－

特長

- 静岡県のしずおか農林水産物認証制度の認定農場。
- 獣医師が育てた幻の豚肉。
- あっさりとした甘みのあるライトな仕上がり。

概要

管理主体：㈱ＹＳＣ
代表者：山崎　清一　代表取締役
所在地：富士宮市根原143-48
電話：0544-52-3700
FAX：0544-52-2670
URL：www.ysc-land.com
メールアドレス：duroc100@gmail.com

静　岡　県

ふじのくにゆめはーぶとん

ふじのくに　夢ハーブ豚

浜松市やらまいか認定豚

飼育管理

出荷日齢：180日齢
出荷体重：120kg
指定肥育地・牧場
：湖西市新居町・津田畜産豚舎
飼料の内容
：肥育初期：とうもろこし、マイロ、大豆油かす、菜種油かす、米ぬか、魚粉など。
肥育後期：とうもろこし、大麦、大豆油かす、菜種油かす、ふすま、米ぬかなど。その他：肥育3カ月間、7種のブレンドハーブとパン粉を毎日与える

商標登録・GI 登録・銘柄規約について

商標登録の有無：－
登録取得年月日：－

ＧＩ登録：未定

銘柄規約の有無：－
規約設定年月日：－
規約改定年月日：－

農場 HACCP・JGAP について

農場 HACCP：－
ＪＧＡＰ：－

交配様式

雌　（ヨークシャー（雌）× ランドレース（雄））
×
雄　デュロック

主な流通経路および販売窓口

◆主なと畜場
：東三河食肉流通センター

◆主な処理場
：同上

◆年間出荷頭数
：1,200 頭見込み

◆主要卸売企業
：浜城ミート、自社直売所（まんさく工房）

◆輸出実績国・地域
：－

◆今後の輸出意欲
：－

販売指定店制度について

指定店制度：－
販促ツール：シール、ＰＯＰ

特長

- ７種類のブレンドハーブを肥育初期から３か月間与え続けることで、肉の臭みが無く、さっぱりとした食味になった。
- 小麦主体原料も同時に与え続けることで、脂肪が白く引き締まって肉にはサシが入り、赤身の味のノリと脂のコクが付与された。
- 濃厚なうまみを持ちながらも、臭みが無く、さっぱりとした味わいの豚肉を実現した。

概要

管理主体：㈱玉澤
代表者：玉澤　伸太郎　代表取締役
所在地：浜松市南区田尻町 922
電話：053-442-2067
ＦＡＸ：053-442-2372
ＵＲＬ：www.tamazawa029.co.jp/
メールアドレス：fresh@tamazawa029.co.jp

静　岡　県

ぷれみあむきんかばにらとん

プレミアムきんかバニラ豚

飼育管理

出荷日齢：220日齢

出荷体重：130kg

指定肥育地・牧場
：浜松市北区

飼料の内容
：とうもろこし、飼料米、大豆粕

商標登録・GI 登録・銘柄規約について

商標登録の有無：－
登録取得年月日：－

ＧＩ登録：未定

銘柄規約の有無：有
規約設定年月日：2010 年 9 月
規約改定年月日：－

農場 HACCP・JGAP について

農場 HACCP：－
ＪＧＡＰ：有

交配様式

フジキンカ

主な流通経路および販売窓口

◆主なと畜場
：浜松市食肉市場

◆主な処理場
：同上

◆年間出荷頭数
：600 頭

◆主要卸売企業
：－

◆輸出実績国・地域
：－

◆今後の輸出意欲
：有

販売指定店制度について

指定店制度：有
販促ツール：シール

特長

- 静岡県が開発した「フジキンカ」を利用したもの。
- 飼料添加物は配合飼料工場では不使用。
- 安全管理、飼料添加物にこだわった高品質な豚肉。

概要

管理主体：㈲三和畜産とんきい
代表者：鈴木　芳雄　代表取締役
所在地：浜松市北区細江町中川 1190-1
電話：053-522-2969
ＦＡＸ：053-522-0086
ＵＲＬ：www.tonkii.com/
メールアドレス：hamanako@tonkii.com

北海道
青森県
岩手県
宮城県
秋田県
山形県
福島県
茨城県
栃木県
群馬県
埼玉県
千葉県
東京都
神奈川県
山梨県
長野県
新潟県
富山県
石川県
福井県
岐阜県
静岡県
愛知県
三重県
滋賀県
京都府
大阪府
兵庫県
奈良県
鳥取県
島根県
岡山県
広島県
山口県
徳島県
香川県
愛媛県
福岡県
佐賀県
長崎県
熊本県
大分県
宮崎県
鹿児島県
沖縄県
全　国

静　岡　県

わいえすしーふじきんか

YSC富士金華

飼育管理

出荷日齢：170〜240日齢

出荷体重：90〜130kg前後

指定肥育地・牧場
：ー

飼料の内容
：ー

商標登録・GI登録・銘柄規約について

商標登録の有無：有（富士金華）
登録取得年月日：2011年6月

GI登録：ー

銘柄規約の有無：ー
規約設定年月日：ー
規約改定年月日：ー

農場HACCP・JGAPについて

農場HACCP：ー
JGAP：ー

交配様式

フジキンカ（静岡県作出）

主な流通経路および販売窓口

◆主なと畜場
：山梨食肉流通センター

◆主な処理場
：同上

◆年間出荷頭数
：200頭

◆主要卸売企業
：ー

◆輸出実績国・地域
：ー

◆今後の輸出意欲
：ー

販売指定店制度について

指定店制度：ー
販促ツール：シール

特長

- フジキンカの特徴である霜降りおよび肉の軟らかさに加え、風味がよい。
- 濃い味の豚肉に仕上げるための飼養管理をしている。
- しずおか農林水産物認証を取得し、安全安心な生産方法を確立している。

概要

管理主体	㈱YSC
代表者	山崎　清一　代表取締役
所在地	富士宮市根原143-48
電話	0544-52-3700
FAX	0544-52-2670
URL	www.ysc-land.com
メールアドレス	duroc100@gmail.com

愛知県

いしかわさんちのあいぽーく

石川さんちのあいぽーく

石川さんちの あいぽーく ブリオⓇ

飼育管理

出荷日齢：175日齢

出荷体重：110～120kg

指定肥育地・牧場
：半田農場、常滑矢田農場

飼料の内容
：指定配合飼料

商標登録・GI登録・銘柄規約について

商標登録の有無：有
登録取得年月日：1999年5月14日

GI登録：未定

銘柄規約の有無：－
規約設定年月日：－
規約改定年月日：－

農場HACCP・JGAPについて

農場HACCP：有（2018年6月19日）
JGAP：有（2019年1月8日）

交配様式

雌（大ヨークシャー（雌）×ランドレース（雄））
×
雄 デュロック

主な流通経路および販売窓口

◆主なと畜場
：名古屋市食肉市場

◆主な処理場
：ナカムラ、自社工場

◆年間出荷頭数
：30,000頭

◆主要卸売企業
：中日本フード

◆輸出実績国・地域
：－

◆今後の輸出意欲
：－

販売指定店制度について

指定店制度：有
販促ツール：シール、のぼり、ポスター

特長

- 徹底した衛生管理システムで生産。
- 特別注文飼料を給与した軟らかでジューシーな豚肉。
- ほのかな甘みとあっさり感のある脂は絶品。
- 飼料メーカー協力のもと独自の指定配合飼料で飼育。

概要

管理主体：㈱ブリオ
代表者：石川 嘉納
所在地：半田市吉田町4-167
電話：0569-84-3387
FAX：0569-20-5415
URL：aipork.com
メールアドレス：brio@ipc-tokai.or.jp

愛知県

おわりぶた

尾張豚

愛知県産 尾張豚

飼育管理

出荷日齢：180日齢前後

出荷体重：110～120kg

指定肥育地・牧場
：－

飼料の内容
：生産者各自基準

商標登録・GI登録・銘柄規約について

商標登録の有無：有
登録取得年月日：2007年12月14日

GI登録：－

銘柄規約の有無：有
規約設定年月日：2007年12月14日
規約改定年月日：－

農場HACCP・JGAPについて

農場HACCP：－
JGAP：－

交配様式

雌（大ヨークシャー（雌）×ランドレース（雄））
×
雄 デュロック

雌（ランドレース×大ヨークシャー）
×
雄 デュロック

主な流通経路および販売窓口

◆主なと畜場
：名古屋市食肉市場

◆主な処理場
：ＪＡあいち経済連食肉部名古屋ミートセンター

◆年間出荷頭数
：9,600頭

◆主要卸売企業
：杉本食肉産業

◆輸出実績国・地域
：－

◆今後の輸出意欲
：－

販売指定店制度について

指定店制度：－
販促ツール：シール、のぼり

特長

- 肉質の良くなる植物性飼料（麦、マイロ）を使い、動物性飼料は一切使いません。
- ビタミンE、オレイン酸、イノシン酸を豊富に含み、自然な甘み、コクとうまみに優れている。
- 肉質は軟らかく、あっさりしたうまみが特徴

概要

管理主体：杉本食肉産業㈱
代表者：杉本 豊繁
所在地：名古屋市昭和区緑町2-20
電話：052-741-3251
FAX：052-731-9523
URL：－
メールアドレス：－

北海道
青森県
岩手県
宮城県
秋田県
山形県
福島県
茨城県
栃木県
群馬県
埼玉県
千葉県
東京都
神奈川県
山梨県
長野県
新潟県
富山県
石川県
福井県
岐阜県
静岡県
愛知県
三重県
滋賀県
京都府
大阪府
兵庫県
奈良県
鳥取県
島根県
岡山県
広島県
山口県
徳島県
香川県
愛媛県
福岡県
佐賀県
長崎県
熊本県
大分県
宮崎県
鹿児島県
沖縄県
全　国

愛　知　県

さんしゅうぶた

三　州　豚

飼育管理

出荷日齢：150～180日齢

出荷体重：110～120kg

指定肥育地・牧場
：田原農場

飼料の内容
：麦を主体としたリサイクル飼料

商標登録・GI 登録・銘柄規約について

商標登録の有無：有
登録取得年月日：2011 年 2 月 4 日

G　I　登　録：ー

銘柄規約の有無：ー
規約設定年月日：ー
規約改定年月日：ー

農場 HACCP・JGAP について

農場 HACCP：ー
J　G　A　P：ー

交配様式

雌　（ランドレース（雌）× 大ヨークシャー（雄））
×
雄　デュロック

主な流通経路および販売窓口

◆主　な　と　畜　場
：小笠食肉センター、東三河食肉センター

◆主　な　処　理　場
：鳥市精肉店、ストックマン

◆年　間　出　荷　頭　数
：6,000 頭

◆主　要　卸　売　企　業
：米久、ＪＡ

◆輸出実績国・地域
：ー

◆今後の輸出意欲
：有

販売指定店制度について

指定店制度：有
販促ツール：シール、置物、チラシ

特長

- 真っ白な脂身にしっとりとしたコクとうまみがあり、味わい深い豚肉。
- 安心・安全のため育成期からの飼料には抗生物質を使用していない。
- リサイクル飼料を活用し、環境保全にも役立っている。

概要

管　理　主　体：トヨタファーム
代　表　者：鋤柄　雄一
所　在　地：豊田市堤本町落田 12-1
電　話：0565-52-4757
F　A　X：0565-52-5043
U　R　L：www.toyotafarm.com
メールアドレス：butasuki@hm8.aitai.ne.jp

愛　知　県

しゅうれいとん

秀　麗　豚

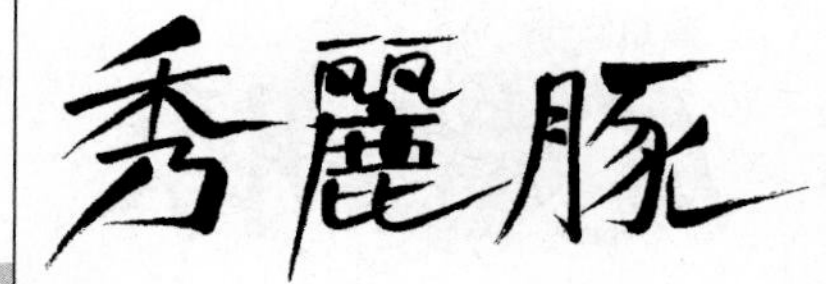

飼育管理

出荷日齢：180日齢

出荷体重：約115kg

指定肥育地・牧場
：ー

飼料の内容
：有

商標登録・GI 登録・銘柄規約について

商標登録の有無：有
登録取得年月日：2002 年 3 月 8 日

G　I　登　録：ー

銘柄規約の有無：有
規約設定年月日：2002 年 2 月 1 日
規約改定年月日：ー

農場 HACCP・JGAP について

農場 HACCP：ー
J　G　A　P：ー

交配様式

雌　（大ヨークシャー（雌）× ランドレース（雄））
×
雄　デュロック

雌　（ランドレース × 大ヨークシャー）
×
雄　デュロック

主な流通経路および販売窓口

◆主　な　と　畜　場
：東三河食肉流通センター、小笠食肉センター、印旛食肉センター、日本畜産振興、名古屋市食肉市場

◆主　な　処　理　場
：小笠食肉センター、日本畜産振興

◆年　間　出　荷　頭　数
：30,000 頭

◆主　要　卸　売　企　業
：伊藤ハム、高橋精肉店、ニクセン、米久

◆輸出実績国・地域
：ー

◆今後の輸出意欲
：ー

販売指定店制度について

指定店制度：ー
販促ツール：パックシール、のぼり、パネル、ポスター

特長

- 食肉産業展銘柄ポークコンテスト最優秀賞受賞。
- 秀麗豚の母豚は「サーティ」またはそれに準ずるものに限定しているため、キメが細かくソフトでジューシーな肉。
- オリジナル混合飼料「秀麗」を使用しているので、臭みを抑え、甘くておいしい豚肉。

概要

管理主体：豊橋飼料㈱
代　表　者：平野　正規　代表取締役社長
所　在　地：豊橋市明海町 5-9
電　話：0532-23-5060
F　A　X：0532-23-4690
U　R　L：www.toyohashi-shiryo.co.jp/
メールアドレス：y-maekawa@toyohashi-shiryo.co.jp

愛知県

ちたけんこうぶた
ちた健康豚

飼育管理
出荷日齢：180日齢

出荷体重：115kg前後

指定肥育地・牧場
：小栗ピッグファーム

飼料の内容
：独自の給与基準に基づく

商標登録・GI登録・銘柄規約について
商標登録の有無：―
登録取得年月日：―

ＧＩ登録：―

銘柄規約の有無：―
規約設定年月日：―
規約改定年月日：―

農場 HACCP・JGAP について
農場 HACCP：―
ＪＧＡＰ：―

交配様式
雌　（ランドレース（雌）× 大ヨークシャー（雄））
×
雄　デュロック

主な流通経路および販売窓口
◆主な と畜場
：オグリピッグファーム

◆主な処理場
：半田食肉センター

◆年間出荷頭数
：1,500 頭
◆主要卸売企業
：石川屋

◆輸出実績国・地域
：―

◆今後の輸出意欲
：有

販売指定店制度について
指定店制度：―
販促ツール：シール、のぼり

特長
- 肥料に大麦比率を多く使用。
- 良質なタンパク質を多く含み、霜が多く乗ったキレイな豚肉を生産。
- 知多半島で唯一、獣医師免許を持つ牧場です。

概要
管理主体：㈱小栗ピッグファーム
代表者：石川　大介
所在地：半田市奥町 3-33
電話：0569-22-6161
ＦＡＸ：0569-24-6161
ＵＲＬ：ishikawaya.co.jp/
メールアドレス：oguripigfarm@gmail.com

愛知県

ちたぶた
知多豚

飼育管理
出荷日齢：180日齢

出荷体重：115kg前後

指定肥育地・牧場
：―

飼料の内容
：独自の給与基準に基づく

商標登録・GI登録・銘柄規約について
商標登録の有無：―
登録取得年月日：―

ＧＩ登録：―

銘柄規約の有無：―
規約設定年月日：―
規約改定年月日：―

農場 HACCP・JGAP について
農場 HACCP：―
ＪＧＡＰ：―

交配様式
雌　（大ヨークシャー（雌）× ランドレース（雄））
×
雄　デュロック

雌　（ランドレース × 大ヨークシャー）
×
雄　デュロック

主な流通経路および販売窓口
◆主な と畜場
：半田食肉センター

◆主な処理場
：石川屋

◆年間出荷頭数
：3,000 頭
◆主要卸売企業
：―

◆輸出実績国・地域
：―

◆今後の輸出意欲
：―

販売指定店制度について
指定店制度：―
販促ツール：シール、のぼり

特長
- 愛知県の系統造成豚を利用しているため、生産された豚肉の品質は安定している。
- 徹底した飼育管理のもと育てられた安心・安全な豚肉。

概要
管理主体：あいち知多農業協同組合
代表者：山本　和孝　組合長
所在地：常滑市多屋字茨廻間 1-111
電話：0569-82-4029
ＦＡＸ：0569-82-3144
ＵＲＬ：―
メールアドレス：―

愛　知　県

ちたぽーく
知多ポーク

飼育管理

出荷日齢：180日齢

出荷体重：110～120kg

指定肥育地・牧場
：常滑市久米字西笠松189

飼料の内容
：有

商標登録・GI 登録・銘柄規約について

商標登録の有無：有
登録取得年月日：2017 年 3 月10日

G I 登 録：ー

銘柄規約の有無：ー
規約設定年月日：ー
規約改定年月日：ー

農場 HACCP・JGAP について

農場 HACCP：ー
J G A P：ー

交配様式

雌（大ヨークシャー（雌）× ランドレース（雄））
×
雄　デュロック

主な流通経路および販売窓口

◆主なと畜場
：名古屋市食肉市場

◆主な処理場
：ＪＡあいち経済連名古屋ミートセンター

◆年間出荷頭数
：30,000 頭

◆主要卸売企業
：ー

◆輸出実績国・地域
：ー

◆今後の輸出意欲
：ー

販売指定店制度について

指定店制度：ー
販促ツール：シール、のぼり、パンフレット

特長

- 全農ＳＰＦ。
- ビタミンＥの抗酸化作用により、豚肉の酸化が抑制され鮮度が長く保たれる。
- 肉質に良いタピオカ、マイロなど植物性飼料を給与している。

概要

管理主体：㈱知多ピッグ
代表者：都築　周典
所在地：常滑市久米荒子 20
電話：0569-42-2309
FAX：0569-43-3506
URL：ー
メールアドレス：ー

愛　知　県

つづきぽーく
都築ぽーく

飼育管理

出荷日齢：180日齢

出荷体重：110～120kg

指定肥育地・牧場
：常滑市久米字西笠松189

飼料の内容
：全農ＳＰＦ豚飼料米給与

商標登録・GI 登録・銘柄規約について

商標登録の有無：ー
登録取得年月日：ー

G I 登 録：ー

銘柄規約の有無：ー
規約設定年月日：ー
規約改定年月日：ー

農場 HACCP・JGAP について

農場 HACCP：ー
J G A P：ー

交配様式

雌（大ヨークシャー（雌）× ランドレース（雄））
×
雄　デュロック

主な流通経路および販売窓口

◆主なと畜場
：名古屋市食肉市場

◆主な処理場
：ＪＡあいち経済連名古屋ミートセンター

◆年間出荷頭数
：30,000 頭

◆主要卸売企業
：ー

◆輸出実績国・地域
：ー

◆今後の輸出意欲
：ー

販売指定店制度について

指定店制度：ー
販促ツール：パンフレット、のぼり

特長

- ビタミンＥの抗酸化作用により、豚肉の酸化が抑制され鮮度が長く保たれる。
- 肉質に良いタピオカ、マイロなど植物性飼料を給与している。
- １生産者による出荷のためトレースは明確。
- 全農ＳＰＦ

概要

管理主体：㈱知多ピッグ
代表者：都築　周典
所在地：常滑市久米荒子 20
電話：0569-42-2309
FAX：0569-43-3506
URL：ー
メールアドレス：ー

愛　知　県

なごやぽーく
名古屋ポーク

飼育管理
出荷日齢：180日齢
出荷体重：110～120kg
指定肥育地・牧場
：常滑市久米字西笠松189
飼料の内容
：有

商標登録・GI登録・銘柄規約について
商標登録の有無：有
登録取得年月日：2017年3月10日

GI登録：—

銘柄規約の有無：—
規約設定年月日：—
規約改定年月日：—

農場HACCP・JGAPについて
農場HACCP：—
JGAP：—

交配様式
雌（大ヨークシャー（雌）×ランドレース（雄））
×
雄　デュロック

主な流通経路および販売窓口
◆主なと畜場
：名古屋市食肉市場
◆主な処理場
：—
◆年間出荷頭数
：30,000頭
◆主要卸売企業
：名古屋市場登録買参人
◆輸出実績国・地域
：—
◆今後の輸出意欲
：—

販売指定店制度について
指定店制度：—
販促ツール：シール、のぼり、パンフレット

特長
- 全農SPF。
- ビタミンEの抗酸化作用により、豚肉の酸化が抑制され鮮度が長く保たれる。
- 肉質に良いタピオカ、マイロなど植物性飼料を給与している。
- 飼料米給与

概要
管理主体	㈱知多ピッグ	電話	0569-42-2309
代表者	都築　周典	FAX	0569-43-3506
所在地	常滑市久米荒子20	URL	—
		メールアドレス	—

愛　知　県

びしゅうとん
尾州豚

飼育管理
出荷日齢：175日齢
出荷体重：105～120kg
指定肥育地・牧場
：—
飼料の内容
：指定配合飼料

商標登録・GI登録・銘柄規約について
商標登録の有無：有
登録取得年月日：2009年9月29日

GI登録：未定

銘柄規約の有無：有
規約設定年月日：2009年9月29日
規約改定年月日：—

農場HACCP・JGAPについて
農場HACCP：有（2018年6月19日）
JGAP：有（2021年7月16日）

交配様式
雌（ランドレース（雌）×大ヨークシャー（雄））
×
雄　デュロック

主な流通経路および販売窓口
◆主なと畜場
：名古屋市食肉市場
◆主な処理場
：愛知経済連名古屋ミートセンター
◆年間出荷頭数
：2,400頭
◆主要卸売企業
：—
◆輸出実績国・地域
：—
◆今後の輸出意欲
：—

販売指定店制度について
指定店制度：—
販促ツール：シール

特長
- 徹底した衛生管理システムで生産。
- 肉のうまみにこだわって生産。
- ほのかな甘みとあっさり感のある脂は絶品。

概要
管理主体	杉本食肉産業㈱	電話	052-741-3251
代表者	杉本　達哉	FAX	052-731-9523
所在地	名古屋市昭和区緑町2-20	URL	www.oniku-sugimoto.com
		メールアドレス	—

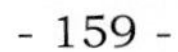

北海道
青森県
岩手県
宮城県
秋田県
山形県
福島県
茨城県
栃木県
群馬県
埼玉県
千葉県
東京都
神奈川県
山梨県
長野県
新潟県
富山県
石川県
福井県
岐阜県
静岡県
愛知県
三重県
滋賀県
京都府
大阪府
兵庫県
奈良県
鳥取県
島根県
岡山県
広島県
山口県
徳島県
香川県
愛媛県
福岡県
佐賀県
長崎県
熊本県
大分県
宮崎県
鹿児島県
沖縄県
全国

愛知県

ぶたみん
ぶたミン

飼育管理

出荷日齢：約180日齢
出荷体重：約110kg
指定肥育地・牧場
：愛知県内認定農場
飼料の内容
：ごま油粕など特徴原料を独自の割合で配合した専用飼料を給与。また肉質向上のため、飼料米、大麦を多配。

商標登録・GI登録・銘柄規約について

商標登録の有無：商標出願中
登録取得年月日：

ＧＩ登録：未定

銘柄規約の有無：無
規約設定年月日：
規約改定年月日：

農場HACCP・JGAPについて

農場HACCP：無
ＪＧＡＰ：無

交配様式

雌（ランドレース×大ヨークシャー）（雌×雄）
×
雄 デュロック

雌（大ヨークシャー×ランドレース）
×
雄 デュロック

主な流通経路および販売窓口

◆主なと畜場
：名古屋市中央卸売市場南部市場、東三河食肉流通センター、半田食肉センター、豊田食肉センター
◆主な処理場
：愛知県経済農業協同組合連合会（東三河ミートセンター、名古屋ミートセンター）
◆年間出荷頭数
：15,000頭
◆主要卸売企業
：愛知県経済農業協同組合連合会
◆輸出実績国・地域
：無
◆今後の輸出意欲
：無

販売指定店制度について

指定店制度：無
販促ツール：シール、トップボード、レールポップ

特長

- 食を通じて「健康」を届けたい、との思いから「ぶたミン」は誕生しました。
- ごま油粕を配合した専用飼料を給与しています。
- ビタミンB1、ビタミンEが一般の豚肉よりも多く含まれ、ごま油粕由来のセサミンが脂肪中に含まれています。
- 独自の肉質基準を満たした豚肉のみが「ぶたミン」として認定されます。

概要

管理主体：愛知県経済農業協同組合連合会
代表者：田中　徹
所在地：豊橋市西幸町笠松111
電話：0532-47-8232
ＦＡＸ：0532-47-8245
ＵＲＬ：www.ja-aichi.or.jp/main/product/chikusan/index.html
メールアドレス：boo@ja-aichi.or.jp

愛知県

みかわおいんくぶた
三河おいんく豚

飼育管理

出荷日齢：約180日齢
出荷体重：約115kg
指定肥育地・牧場
：西尾市一色町千間千生新田179-20
飼料の内容
：豚肉本来の安全性を守るため、動物由来の飼料原料および食品残さは使用せず、とうもろこし主体の独自配合飼料を与えている。飲用水についても同様に豚肉の安全性を守るため、上水道を酸化還元水にし与えている。

商標登録・GI登録・銘柄規約について

商標登録の有無：有
登録取得年月日：2004年11月26日

ＧＩ登録：ー

銘柄規約の有無：有
規約設定年月日：2003年4月1日
規約改定年月日：ー

農場HACCP・JGAPについて

農場HACCP：ー
ＪＧＡＰ：ー

交配様式

雌（大ヨークシャー×ランドレース）（雌×雄）
×
雄 デュロック

主な流通経路および販売窓口

◆主なと畜場
：名古屋市食肉市場、東三河食肉流通センター
◆主な処理場
：ＪＡあいち名古屋ミートセンター、ＪＡあいち豊橋ミートセンター
◆年間出荷頭数
：10,000頭
◆主要卸売企業
：ー
◆輸出実績国・地域
：ー
◆今後の輸出意欲
：ー

販売指定店制度について

指定店制度：ー
販促ツール：トレードマーク、チラシ、シール、ポスター

特長

- オインク農場のみで生産されたオンリーワン銘柄。肉色が鮮やかでキメ細かく、ビタミン豊富でヘルシー。脂肪に甘みがあり、風味が良く、あっさり食べることができる。
- 調理してもあくが出にくく、柔らかでジューシー！
- 清潔で管理の行き届いた環境の中で、すくすくと育てられている。

概要

管理主体：㈲オインク
代表者：渡邉　勝行
所在地：西尾市一色町松木島宮東184
電話：0563-73-6744
ＦＡＸ：0563-72-0987
ＵＲＬ：www.oink.ne.jp
メールアドレス：oink@live.jp

愛知県

みかわポーク

みかわぽーく

飼育管理

出荷日齢：約180日齢
出荷体重：約110kg
指定肥育地・牧場
：愛知県内認定農場
飼料の内容
：肉のおいしさ追求のため、飼料に6種類の穀物を配合。品質向上、食料自給率向上のため飼料米を配合

商標登録・GI登録・銘柄規約について

商標登録の有無：有
登録取得年月日：1993年4月5日

GI登録：未定

銘柄規約の有無：有
規約設定年月日：1988年12月
規約改定年月日：2023年1月

農場HACCP・JGAPについて

農場HACCP：無
JGAP：無

交配様式

雌（ランドレース[雌]×大ヨークシャー[雄]）
×
雄 デュロック

雌（大ヨークシャー×ランドレース）
×
雄 デュロック

主な流通経路および販売窓口

◆主なと畜場
：東三河食肉流通センター、名古屋市中央卸売市場南部市場、半田食肉センター、豊田食肉センター
◆主な処理場
：愛知県経済農業協同組合連合会（東三河ミートセンター、名古屋ミートセンター）
◆年間出荷頭数
：20,000頭
◆主要卸売企業
：愛知県経済農業協同組合連合会
◆輸出実績国・地域
：無
◆今後の輸出意欲
：無

販売指定店制度について

指定店制度：無
販促ツール：シール、のぼり、リーフレット、トップボード

特長

- 誕生から30年以上の歴史。
- 統一された飼料でいつも同じおいしさ。
- 品質、食糧自給率向上のために飼料米を給与。
- 一頭一頭ロースカットして肉質を確認し、認定基準を満たした肉豚のみ認定。

概要

管理主体：愛知県経済農業協同組合連合会
代表者：田中　徹
所在地：豊橋市西幸町笠松111
電話：0532-47-8232
FAX：0532-47-8245
URL：www.ja-aichi.or.jp/main/product/chikusan/index.html
メールアドレス：boo@ja-aichi.or.jp

愛知県

夢やまびこ豚

ゆめやまびことん

飼育管理

出荷日齢：170日齢
出荷体重：110～120kg
指定肥育地・牧場
：－
飼料の内容
：やまびこ会指定銘柄「やまびこシリーズ」を使用

商標登録・GI登録・銘柄規約について

商標登録の有無：有
登録取得年月日：2003年9月12日

GI登録：－

銘柄規約の有無：有
規約設定年月日：1998年6月1日
規約改定年月日：－

農場HACCP・JGAPについて

農場HACCP：有（2021年3月）
JGAP：－

交配様式

雌（大ヨークシャー[雌]×ランドレース[雄]）
×
雄 デュロック

主な流通経路および販売窓口

◆主なと畜場
：東三河食肉センター、小笠食肉市場
◆主な処理場
：伊藤ハム、愛知経済連、静岡経済連、全農ミートフーズ、豊田食肉センター、北信食肉センター
◆年間出荷頭数
：100,000頭
◆主要卸売企業
：全農ミートフーズ、伊藤ハム、マルイチ産商、三河畜産工業
◆輸出実績国・地域
：－
◆今後の輸出意欲
：－

販売指定店制度について

指定店制度：－
販促ツール：のぼり

特長

- 全粒粉砕とうもろこしを使用した指定飼料を給与し、味わい深いジューシーな豚肉。
- 肥育豚にビタミンEを添加することにより、新鮮さや軟らかさが増した豚肉。

概要

管理主体：やまびこ会
代表者：稲吉　弘之　会長
所在地：額田郡幸田町大字逆川字奥88
電話：0564-62-6210
FAX：0564-62-6202
URL：－
メールアドレス：－

北海道
青森県
岩手県
宮城県
秋田県
山形県
福島県
茨城県
栃木県
群馬県
埼玉県
千葉県
東京都
神奈川県
山梨県
長野県
新潟県
富山県
石川県
福井県
岐阜県
静岡県
愛知県
三重県
滋賀県
京都府
大阪府
兵庫県
奈良県
鳥取県
島根県
岡山県
広島県
山口県
徳島県
香川県
愛媛県
福岡県
佐賀県
長崎県
熊本県
大分県
宮崎県
鹿児島県
沖縄県
全国

三重県

いせうましぶた

伊勢うまし豚

飼育管理

出荷日齢：約160日齢以上
出荷体重：約110kg
指定肥育地・牧場
：三重県内指定牧場
飼料の内容
：協議会認定飼料

商標登録・GI登録・銘柄規約について

商標登録の有無：有
登録取得年月日：2015年8月7日

GI登録：—

銘柄規約の有無：有
規約設定年月日：2006年4月1日
規約改定年月日：2017年6月20日

農場 HACCP・JGAP について

農場 HACCP：—
JGAP：—

交配様式

雌（ランドレース × 大ヨークシャー）（雌・雄）
×
雄 デュロック

雌（大ヨークシャー × ランドレース）
×
雄 デュロック

主な流通経路および販売窓口

◆主なと畜場
：松阪食肉公社、四日市畜産公社

◆主な処理場
：ＪＡ全農みえミート

◆年間出荷頭数
：13,000頭

◆主要卸売企業
：ＪＡ全農みえミート

◆輸出実績国・地域
：—

◆今後の輸出意欲
：—

販売指定店制度について

指定店制度：—
販促ツール：シール、のぼり

特長

- 仕上げ期の飼料に「木酢酸」、「アマニ油」、三重県熊野市産の柑橘である「新姫の皮」をブレンドすることで、豊かなうまみと強いコク、豚特有の臭みを抑えた良い香りの肉質を実現。
- 生産者が何度も勉強会や食味試食を行い、キメの細かい高品質な豚肉を安定的に供給。

概要

管理主体：三重県産銘柄豚普及協議会	電話：059-233-5335
代表者：上田 恭平 会長	FAX：059-233-5945
所在地：津市一身田平野6	URL：—
	メールアドレス：—

三重県

えええやんさくらぽーく

ええやんさくらポーク

飼育管理

出荷日齢：約180日齢
出荷体重：約120kg
指定肥育地・牧場：三重県北部の鈴鹿山麓、養老山麓の指定農場（小林ファーム、松葉ピッグファーム、佐藤ピッグファーム、クボタピッグファーム、ヤマザキファーム、あがたファーム）
飼料の内容：トウモロコシを主体とした純植物性原料で、さらに100℃の蒸気で加熱処理することで食べやすいエサの形状になり栄養が消化吸収しやすく、豚が元気に育ちます。またビタミンEを強化することで、抗酸化作用が向上し、ドリップが少なく、日持ちがよい。結果、うまみのある良質な豚肉をお届けできます。

商標登録・GI登録・銘柄規約について

商標登録の有無：有
登録取得年月日：2021年8月30日

GI登録：取得済

銘柄規約の有無：有
規約設定年月日：2021年8月30日
規約改定年月日：—

農場 HACCP・JGAP について

農場 HACCP：有（2021年3月2日）
JGAP：有（2019年5月13日）

交配様式

雌（ランドレース × 大ヨークシャー）（雌・雄）
×
雄 デュロック

主な流通経路および販売窓口

◆主なと畜場
：四日市市食肉センター

◆主な処理場
：同上

◆年間出荷頭数
：60,000頭

◆主要卸売企業
：三重県四日市畜産公社

◆輸出実績国・地域
：無

◆今後の輸出意欲
：有

販売指定店制度について

指定店制度：無
販促ツール：シール、ポスター、のぼり、パンフレット

特長

- 三重県の北部で養豚農家6農場が生産するブランド豚です。
- 餌はええやんさくらポーク独自の配合飼料を使用し、100度の温度で加熱することで殺菌を行い、消化吸収しやすくなり健康に育つことができます。
- 一番の特徴は生産者が出荷する段階で良い豚のみを厳選していることです。厳選することで、より肉質の良い豚肉を食卓に届けることができます。ワンランク上のさくらポークです。

概要

管理主体：三重県畜産事業協同組合	電話：059-352-4824
代表者：加藤 勝也 理事長	FAX：059-352-6863
所在地：四日市市新正四丁目19-3	URL：eeyan-sakurapork.com
	メールアドレス：—

滋　賀　県

くらおぽーく（ばーむくーへんぶた<とん>）

藏尾ポーク
（バームクーヘン豚）

飼育管理

出荷日齢：210～240日齢

出荷体重：110～120kg

指定肥育地・牧場
：蒲生郡日野町

飼料の内容
：自社で飼料を製造。小麦主体の良質な原料を選んで製造している。

商標登録・GI登録・銘柄規約について

商標登録の有無：有
登録取得年月日：2011年2月4日

GI登録：未定

銘柄規約の有無：有
規約設定年月日：2006年12月22日
規約改定年月日：2008年6月27日

農場HACCP・JGAPについて

農場HACCP：－
JGAP：－

交配様式

雌　（ランドレース（雌）×大ヨークシャー（雄））
×
雄　デュロック

雌　（大ヨークシャー×ランドレース）
×
雄　デュロック

主な流通経路および販売窓口

◆主なと畜場
：大阪市食肉市場

◆主な処理場
：同上

◆年間出荷頭数
：3,500～4,000頭

◆主要卸売企業
：伊勢屋

◆輸出実績国・地域
：－

◆今後の輸出意欲
：－

販売指定店制度について

指定店制度：有
販促ツール：登録証

特長

- 自社で製造した飼料を主体に独自に配合し、長期肥育。
- 肉質は上品な味わいと脂質の甘さが特長。

概要

管理主体	㈲藏尾ポーク	電話	072-894-8106（店舗）
代表者	藏尾　忠　代表取締役	FAX	072-894-8952（店舗）
所在地	蒲生郡日野町（牧場） 大阪府枚方市禁野本町1-16-1（店舗）	URL	kuraopork.com
		メールアドレス	info@kuraopork.com

京　都　府

きょうたんばこうげんとん

京丹波高原豚

飼育管理

出荷日齢：180日齢

出荷体重：115kg

指定肥育地・牧場
：京都府

飼料の内容
：肥育後期仕上げにパン粉30%以上添加した飼料を60日以上給与

商標登録・GI 登録・銘柄規約について

商標登録の有無：有
登録取得年月日：2015 年 8 月21日

G I 登 録：未定

銘柄規約の有無：有
規約設定年月日：2006 年 8 月31日
規約改定年月日：ー

農場 HACCP・JGAP について

農場 HACCP：推進農場

J G A P：ー

交配様式

雌（ランドレース × 大ヨークシャー）
×
雄 デュロック

雌（大ヨークシャー × ランドレース）
×
雄 デュロック

主な流通経路および販売窓口

◆主 な と 畜 場
：京都市食肉市場、大阪市食肉市場、西宮市食肉市場

◆主 な 処 理 場
：同上

◆年 間 出 荷 頭 数
：10,000 頭

◆主 要 卸 売 企 業
：ー

◆輸出実績国・地域
：ー

◆今後の輸出意欲
：ー

販売指定店制度について

指定店制度：ー
販促ツール：シール、のぼり、チラシ

特長

- ほど良くサシが入っており、ジューシーで軟らかい肉質。
- 脂肪は白く甘みがある。
- パン粉などのエコフィードの活用。
- 品評会で安定した実績をもつブランド。

概要

管理主体：㈲日吉ファーム
代表者：藤堂　祐士　代表取締役
所在地：南丹市日吉町上胡麻榎木谷 11

電話：0771-74-0307
FAX：0771-74-0734
URL：www.kyochiku.com/hiyoshifarm
メールアドレス：fuafc701@kcn.jp

京　都　府

きょうとぽーく

京都ぽーく

飼育管理

出荷日齢：180日齢以上

出荷体重：約110kg

指定肥育地・牧場
：京都府内

飼料の内容
：肥育後期仕上げ時期に大麦およびパン粉を30%以上添加した飼料を60日以上給与

商標登録・GI 登録・銘柄規約について

商標登録の有無：有
登録取得年月日：2009 年 8 月21日

G I 登 録：未定

銘柄規約の有無：有
規約設定年月日：2006 年 8 月31日
規約改定年月日：2013 年12月19日

農場 HACCP・JGAP について

農場 HACCP：推進農場

J G A P：無

交配様式

雌（ランドレース × 大ヨークシャー）
×
雄 デュロック

雌（大ヨークシャー × ランドレース）
×
雄 デュロック

主な流通経路および販売窓口

◆主 な と 畜 場
：京都中央食肉市場
西宮市食肉市場（湯はぎのみ）

◆主 な 処 理 場
：同上

◆年 間 出 荷 頭 数
：5,000 頭

◆主 要 卸 売 企 業
：青田畜産、いけだ食品、京都協同管理、農業法人京都特産ぽーく

◆輸出実績国・地域
：無

◆今後の輸出意欲
：無

販売指定店制度について

指定店制度：無
販促ツール：シール、のぼり

特長

- 日本食肉格付基準の「上」「中」「並」規格。
- 京都ぽーく推進協議会内の品質管理委員会で選定する優良種豚の交配により生産された肉豚。
- 出荷日齢は 180 日以上で、肥育後期仕上げ時期に大麦およびパン粉を 30%以上添加した飼料を 60 日以上給与。
- 飼養管理マニュアルに沿って肥育した、脂肪に甘みがあり、うまみのある軟らかい肉質。

概要

管理主体：京都府養豚協議会
代表者：北側　勉
所在地：京都市南区東九条西山王町 1
京都 JA ビル B1

電話：075-681-4280
FAX：075-692-2110
URL：ー
メールアドレス：tanida@kyochiku.com

大阪府

おおさかなんこうぷれみあむぽーく

大阪南港プレミアムポーク

飼育管理

出荷日齢：－

出荷体重：－

指定肥育地・牧場
：－

飼料の内容
：－

商標登録・GI登録・銘柄規約について

商標登録の有無：－
登録取得年月日：－

GI登録：未定

銘柄規約の有無：有
規約設定年月日：2015年4月1日
規約改定年月日：2016年4月1日

農場HACCP・JGAPについて

農場HACCP：－
JGAP：－

交配様式

－

主な流通経路および販売窓口

◆主なと畜場
：大阪市食肉市場

◆主な処理場
：同上

◆年間出荷頭数
：100頭

◆主要卸売企業
：－

◆輸出実績国・地域
：－

◆今後の輸出意欲
：有

販売指定店制度について

指定店制度：－
販促ツール：パックシール

特長

●大阪南港市場に出荷していただく肉豚のうち、特に良質な枝肉について選抜を行い出荷者に了解の上、認定している。

概要

管理主体	大阪市食肉市場㈱	電話	06-6675-2110
代表者	田中　達夫　社長	FAX	06-6675-2112
所在地	大阪市住之江区南港南5-2-48	URL	www.e-daisyoku.com
		メールアドレス	daisyoku@osaka-syokuniku.com

大阪府

かわかみさんちのいぬなきぶた

川上さん家の犬鳴豚

飼育管理

出荷日齢：220日齢

出荷体重：70～80kg（枝肉重量）

指定肥育地・牧場
：関紀産業

飼料の内容
：パン、めん、パスタなどの小麦主体エコフィード

商標登録・GI登録・銘柄規約について

商標登録の有無：有
登録取得年月日：2009年7月21日

GI登録：－

銘柄規約の有無：－
規約設定年月日：－
規約改定年月日：－

農場HACCP・JGAPについて

農場HACCP：－
JGAP：－

交配様式

雌（ランドレース×大ヨークシャー）雌
×
雄 デュロック

雌（ランドレース×大ヨークシャー）雌
×
雄 デュロック
×
雄 バークシャー

主な流通経路および販売窓口

◆主なと畜場
：大阪市食肉市場

◆主な処理場
：ミートプラザタカノ

◆年間出荷頭数
：2,000頭

◆主要卸売企業
：－

◆輸出実績国・地域
：－

◆今後の輸出意欲
：－

販売指定店制度について

指定店制度：－
販促ツール：シール、のぼり

特長

● 炭水化物源としてとうもろこしに頼らず、パン、うどん、パスタなどの小麦主体のエコフィードを給与。
● エコフィードにより飼料経費軽減が可能となったため、約40日間の長期肥育を実現。
● 精肉店だけに任さず、自社でも精肉販売をしている。

概要

管理主体	有関紀産業	電話	072-468-0045
代表者	川上　幸男　代表取締役	FAX	072-468-0044
所在地	泉佐野市上之郷636-2	URL	inunakibuta.gourmet.coocan.jp
		メールアドレス	ecopork001@gmail.com

北海道 青森県 岩手県 宮城県 秋田県 山形県 福島県 茨城県 栃木県 群馬県 埼玉県 千葉県 東京都 神奈川県 山梨県 長野県 新潟県 富山県 石川県 福井県 岐阜県 静岡県 愛知県 三重県 滋賀県 京都府 大阪府 兵庫県 奈良県 鳥取県 島根県 岡山県 広島県 山口県 徳島県 香川県 愛媛県 福岡県 佐賀県 長崎県 熊本県 大分県 宮崎県 鹿児島県 沖縄県 全国

兵　庫　県

えびすもちぶた
えびすもち豚

飼育管理

出荷日齢：180～200日齢
出荷体重：約120kg
指定肥育地・牧場
　：淡路島
飼料の内容
　：バナナを配合した指定配合による専用飼料

商標登録・GI 登録・銘柄規約について

商標登録の有無：有
登録取得年月日：―

ＧＩ登録：未定

銘柄規約の有無：―
規約設定年月日：―
規約改定年月日：―

農場 HACCP・JGAP について

農場 HACCP：―
ＪＧＡＰ：―

交配様式

―

主な流通経路および販売窓口

◆主 な と 畜 場
　：西宮市食肉センター
◆主 な 処 理 場
　：マルヤスミート
◆年 間 出 荷 頭 数
　：2,000 頭
◆主 要 卸 売 企 業
　：―
◆輸出実績国・地域
　：―
◆今後の輸出意欲
　：―

販売指定店制度について

指定店制度：有
販促ツール：シール、のぼり、パネル

特長

- 脂肪の甘み、融点の低さが特徴。
- 赤身はモモでもパサつかず軟らかい。

概要

管理主体	マルヤスファーム	電話	0799-46-0466
代表者	安次嶺　剛	FAX	同上
所在地	南あわじ市倭文神道 939	URL	―
		メールアドレス	―

兵　庫　県

こうべぽーく
神戸ポーク

神戸生まれのヘルシーポーク
KOBE PORK
Healthy Taste
神戸 髙尾牧場

飼育管理

出荷日齢：180日齢
出荷体重：約118kg
指定肥育地・牧場
　：―
飼料の内容
　：低タンパク飼料、ビタミンＥ強化、パン粉５％配合飼料を60日以上給与

商標登録・GI 登録・銘柄規約について

商標登録の有無：有
登録取得年月日：2012 年 7 月 6 日

ＧＩ登録：―

銘柄規約の有無：有
規約設定年月日：2009 年 7 月 27 日
規約改定年月日：2014 年 3 月 4 日

農場 HACCP・JGAP について

農場 HACCP：有（2017 年 6 月 8 日）
ＪＧＡＰ：―

交配様式

雌（雌 大ヨークシャー × 雄 ランドレース）
×
雄 デュロック

主な流通経路および販売窓口

◆主 な と 畜 場
　：神戸市食肉市場
◆主 な 処 理 場
　：同上
◆年 間 出 荷 頭 数
　：5,000 頭
◆主 要 卸 売 企 業
　：神戸中央畜産荷受
◆輸出実績国・地域
　：香港
◆今後の輸出意欲
　：―

販売指定店制度について

指定店制度：有
販促ツール：シール、のぼり（大・小）、パネル、パンフレット、認定証、銘板

特長

- 水質の優れた地下水を使用。
- 兵庫県認証食品に認証済み。

概要

管理主体	㈲髙尾牧場	電話	078-991-5063
代表者	髙尾　茂樹　代表取締役	FAX	同上
所在地	神戸市西区櫨谷町寺谷 809-8-2	URL	www.takao-bokujo.co.jp
		メールアドレス	info@takao-bokujo.co.jp

兵　庫　県

こうべぽーくぷれみあむ

神戸ポークプレミアム

飼育管理

出荷日齢：180日齢
出荷体重：約118kg
指定肥育地・牧場
：－
飼料の内容
：パン粉40％配合、ビタミンE強化飼料を50日以上給与

商標登録・GI登録・銘柄規約について

商標登録の有無：有
登録取得年月日：2012年7月6日

GI登録：－

銘柄規約の有無：有
規約設定年月日：2011年3月1日
規約改定年月日：2014年3月4日

農場HACCP・JGAPについて

農場HACCP：有（2017年6月8日）
JGAP：－

交配様式

雌（大ヨークシャー［雌］×ランドレース［雄］）
×
雄　デュロック

主な流通経路および販売窓口

◆主なと畜場
：神戸市食肉市場
◆主な処理場
：同上
◆年間出荷頭数
：4,000頭
◆主要卸売企業
：神戸中央畜産荷受
◆輸出実績国・地域
：－
◆今後の輸出意欲
：－

販売指定店制度について

指定店制度：有
販促ツール：シール、のぼり、パネル、パンフレット、認定証、銘板

特長

- オレイン酸含有量が42％以上（分析値）
- 雌豚のみ。
- 水質の優れた地下水を使用。

概要

管理主体：㈲髙尾牧場
代表者：髙尾　茂樹　代表取締役
所在地：神戸市西区櫨谷町寺谷809-8-2
電話：078-991-5063
FAX：同上
URL：www.takao-bokujo.co.jp
メールアドレス：info@takao-bokujo.co.jp

兵　庫　県

ごーるでん・ぼあ・ぽーく（あわじいのぶた）

ゴールデン・ボア・ポーク（淡路いのぶた）

飼育管理

出荷日齢：270日以上
出荷体重：100～110kg
指定肥育地・牧場
：南あわじ市サングリエ牧場
飼料の内容
：独自の飼料を指定し、淡路産飼料米、酒かす、淡路産ビール粕を飼料として給与。生後4カ月齢以降は抗生物質を投与しない。

商標登録・GI登録・銘柄規約について

商標登録の有無：申請中
登録取得年月日：－

GI登録：－

銘柄規約の有無：有
規約設定年月日：－
規約改定年月日：－

農場HACCP・JGAPについて

農場HACCP：－
JGAP：－

交配様式

雌（<イノブタ×猪>［雌］×バークシャー［雄］）
×
雄　デュロック

主な流通経路および販売窓口

◆主なと畜場
：眉山食品、西宮市食肉市場
◆主な処理場
：眉山食品、マルヤスミート
◆年間出荷頭数
：1,800頭
◆主要卸売企業
：－
◆輸出実績国・地域
：香港、マカオ
◆今後の輸出意欲
：有

販売指定店制度について

指定店制度：－
販促ツール：シール、のぼり、ポスター

特長

- 脂身は甘く、融点が低い。

概要

管理主体：㈱嶋本食品
代表者：嶋本　育史
所在地：兵庫県南あわじ市松帆志知川154
電話：0799-36-2089
FAX：0799-36-3989
URL：www.shimamotoshokuhin.com
メールアドレス：info@shimamotoshokuhin.com

兵庫県

こはく
琥珀

飼育管理

出荷日齢：170日齢
出荷体重：115kg
指定肥育地・牧場
：三田農場
飼料の内容
：バナナを配合した専用飼料

商標登録・GI登録・銘柄規約について

商標登録の有無：有
登録取得年月日：2021年5月18日
G I 登 録：未定
銘柄規約の有無：－
規約設定年月日：－
規約改定年月日：－

農場HACCP・JGAPについて

農場HACCP：未定
J G A P：未定

交配様式

雌 × 雄
ハイポー × デュロック

主な流通経路および販売窓口

◆主な と 畜 場
：西宮市食肉センター
◆主な処理場
：マルヤスミート
◆年間出荷頭数
：1,900頭
◆主要卸売企業
：－
◆輸出実績国・地域
：－
◆今後の輸出意欲
：－

販売指定店制度について

指定店制度：有
販促ツール：シール、のぼり、パネル

特長

- 脂肪の甘み、融点の低さが特徴。
- 赤身はモモでもパサつかず柔らかい。

概要

管理主体	丸永　三田農場	電話	079-564-6000
代表者	米重　文博　代表取締役社長	FAX	079-564-6008
所在地	三田市川除150-1	URL	marunaga-feeds.co.jp
		メールアドレス	－

兵庫県

さんだぽーく
三田ポーク

飼育管理

出荷日齢：170日齢
出荷体重：115kg
指定肥育地・牧場
：三田農場
飼料の内容
：オリジナル指定配合飼料プラス
パン粉

商標登録・GI登録・銘柄規約について

商標登録の有無：有
登録取得年月日：2010年
G I 登 録：－
銘柄規約の有無：有
規約設定年月日：2010年
規約改定年月日：2018年

農場HACCP・JGAPについて

農場HACCP：－
J G A P：－

交配様式

雌 × 雄
ハイポー × デュロック

主な流通経路および販売窓口

◆主な と 畜 場
：神戸市食肉市場 他
◆主な処理場
：同上
◆年間出荷頭数
：20,000頭
◆主要卸売企業
：－
◆輸出実績国・地域
：－
◆今後の輸出意欲
：有

販売指定店制度について

指定店制度：－
販促ツール：シール

特長

- オリジナル配合飼料により甘い脂とコクの深い味わいが絶品。
- 兵庫県認証食品「ひょうご安心ブランド」認証。

概要

管理主体	丸永㈱　三田農場	電話	079-564-6000
代表者	米重　文博　代表取締役社長	FAX	079-564-6008
所在地	三田市川除150-1	URL	marunaga-feeds.co.jp
		メールアドレス	－

兵　庫　県

ひょうごゆきひめぽーく

ひょうご雪姫ポーク

飼育管理

出荷日齢：80～200日齢
出荷体重：120kg前後
指定肥育地・牧場
：協和資糧上月ファーム、feinkost、協立精肉センター
飼料の内容
：肥育期はエコフィードを利用し、その内出荷前の50日以上は麦由来のでんぷん質飼料（パンくず、めんくず等）を風乾物重量で40%以上配合した飼料を給与

商標登録・GI登録・銘柄規約について

商標登録の有無：有
登録取得年月日：2010年8月6日

ＧＩ登録：未定

銘柄規約の有無：有
規約設定年月日：2007年5月23日
規約改定年月日：2013年1月22日

農場HACCP・JGAPについて

農場HACCP：－
ＪＧＡＰ：－

交配様式

三元交配種、二元交配種
またはハイブリッド豚

主な流通経路および販売窓口

◆主な と畜場
：県内と畜場

◆主な処理場
：同上

◆年間出荷頭数
：4,400頭

◆主要卸売企業
：feinkost、協立精肉センター、高野食品

◆輸出実績国・地域
：アラブ首長国連邦（ドバイ）

◆今後の輸出意欲
：有

販売指定店制度について

指定店制度：有
販促ツール：シール、のぼり、パンフレット、チラシなど

特長

- ロース肉中の脂肪含有量が多く、見た目がきれい。
- 調理したロース肉の硬さを測定した結果、軟らかい。
- 融点が低いため舌触りが滑らか。
- 脂肪中のオレイン酸含有量が多く含まれる。

概要

管理主体：ひょうご雪姫ポークブランド推進協議会
代表者：佐藤　拓永　会長
所在地：神戸市中央区海岸通１
公益社団法人兵庫県畜産協会
電話：078-381-9362
FAX：078-331-7744
URL：yukihimepork.com
メールアドレス：yukihime@hyotiku.ecweb.jp

奈　良　県

ごうぽーく
郷Pork

飼育管理

出荷日齢：200〜240日

出荷体重：95〜140kg

指定肥育地・牧場
：奈良市東鳴川町630

飼料の内容
：配合飼料を使用せず、自社でのエコフィード使用

商標登録・GI 登録・銘柄規約について

商標登録の有無：有
登録取得年月日：2011 年 6 月 6 日

G I 登 録：未定

銘柄規約の有無：有
規約設定年月日：2012 年 1 月
規約改定年月日：ー

農場 HACCP・JGAP について

農場 HACCP：ー
J G A P：ー

交配様式（雌 / 雄）

雌（ランドレース × 大ヨークシャー）
×
雄 デュロック

（ランドレース × 大ヨークシャー）

（大ヨークシャー × デュロック）

主な流通経路および販売窓口

◆主なと畜場
：大阪市食肉市場

◆主な処理場
：ー

◆年間出荷頭数
：1,200 頭

◆主要卸売企業
：奈良県、大阪府、和歌山県、京都府、滋賀県

◆輸出実績国・地域
：ー

◆今後の輸出意欲
：有

販売指定店制度について

指定店制度：ー
販促ツール：シール、ポスター、パンフレット

特長

- 自社食品残さ回収、飼料製造まで行い、一切配合飼料を使用せずに育てた豚。
- 飼育日数も少し長めで、肉にきめ細やかなサシと甘みのある肉質でオレイン酸が多く含まれている。

概要

管理主体	㈱村田商店	電話	0742-34-1836
代表者	村田　芳子　代表取締役	FAX	同上
所在地	奈良市法華寺町 898	URL	ー
		メールアドレス	murataśyotenn@ae.auone-net.jp

奈　良　県

やまとぽーく
ヤマトポーク

飼育管理

出荷日齢：180日齢

出荷体重：115kg前後

指定肥育地・牧場
：ー

飼料の内容
：ヤマトポーク専用肥育飼料を給与

商標登録・GI 登録・銘柄規約について

商標登録の有無：ー
登録取得年月日：ー

G I 登 録：未定

銘柄規約の有無：有
規約設定年月日：2008 年 2 月 8 日
規約改定年月日：ー

農場 HACCP・JGAP について

農場 HACCP：ー
J G A P：ー

交配様式（雌 / 雄）

雌（ランドレース × 大ヨークシャー）
×
雄 デュロック

雌（大ヨークシャー × ランドレース）
×
雄 デュロック

主な流通経路および販売窓口

◆主なと畜場
：奈良県食肉センター

◆主な処理場
：同上

◆年間出荷頭数
：2,000 頭

◆主要卸売企業
：ー

◆輸出実績国・地域
：ー

◆今後の輸出意欲
：ー

販売指定店制度について

指定店制度：有
販促ツール：シール、のぼり

特長

- 優秀な種豚と厳選された母豚から生産。
- ヤマトポーク専用肥育飼料を給与。
- 肉の中に上質な脂肪が適度に入り、ジューシーな味わいの良い豚肉。
- 指定販売店 10 件、指定飲食店・加工業者 16 件。

概要

管理主体	奈良県ヤマトポーク流通推進協議会	電話	0742-27-7450
代表者	村井　浩　会長	FAX	0742-22-1471
所在地	奈良市登大路町 30 奈良県食と農の振興部畜産課内	URL	www.yamatopork.com
		メールアドレス	ー

鳥　取　県

だいせんるびー

大山ルビー

交配様式

雌　　雄
デュロック×バークシャー

飼育管理

出荷日齢：ー

出荷体重：ー

指定肥育地・牧場
：ー

飼料の内容
：ー

商標登録・GI 登録・銘柄規約について

商標登録の有無：有
登録取得年月日：2011 年 1 月 7 日

G I 登 録：ー

銘柄規約の有無：ー
規約設定年月日：ー
規約改定年月日：ー

農場 HACCP・JGAP について

農場 HACCP：ー
J G A P：ー

主な流通経路および販売窓口

◆主 な と 畜 場
：鳥取県食肉センター

◆主 な 処 理 場
：同上

◆年 間 出 荷 頭 数
：800 頭

◆主 要 卸 売 企 業
：鳥取東伯ミート、マエダポーク、はなふさ

◆輸出実績国・地域
：ー

◆今 後 の 輸 出 意 欲
：ー

販売指定店制度について

指定店制度：有
販促ツール：パンフレット、シール、のぼり

特長

●さしが多く、オレイン酸が豊富。
●肉質がきめ細かく軟らかく、脂が甘くておいしい。

概要

管 理 主 体：鳥取県産ブランド豚振興会	電　話：0857-21-2756
代 表 者：平口　正則　会長	F A X：0857-37-0084
所 在 地：鳥取市末広温泉町 723 （事務局：鳥取県畜産推進機構）	U R L：ー
	メールアドレス：ー

島根県

いわみぽーく

石見ポーク

飼育管理

出荷日齢：170日齢

出荷体重：117kg

指定肥育地・牧場
：邑智ピッグファーム

飼料の内容
：指定配合飼料

商標登録・GI 登録・銘柄規約について

商標登録の有無：—
登録取得年月日：—

G I 登 録：未定

銘柄規約の有無：—
規約設定年月日：—
規約改定年月日：—

農場 HACCP・JGAP について

農場 HACCP：—
J G A P：—

交配様式

ケンボロー

主な流通経路および販売窓口

◆主なと畜場
：島根県食肉公社

◆主な処理場
：ディブロ

◆年間出荷頭数
：8,000 頭

◆主要卸売企業
：ディブロ

◆輸出実績国・地域
：—

◆今後の輸出意欲
：—

販売指定店制度について

指定店制度：—
販促ツール：—

特長

- あっさりしている。
- 軟らかい。
- 獣臭がしない。
- 脂に甘みがある。

概要

管理主体：㈲ディブロ
代表者：服部 功 代表
所在地：邑智郡邑南町矢上 4605
電話：0855-95-1585
FAX：0855-95-2330
URL：www.devero.co.jp
メールアドレス：info@devero.co.jp

島根県

おくいずもぽーく

奥出雲ポーク

飼育管理

出荷日齢：175日齢

出荷体重：115kg

指定肥育地・牧場
：島根県飯石郡飯南町

飼料の内容
：—

商標登録・GI 登録・銘柄規約について

商標登録の有無：—
登録取得年月日：—

G I 登 録：—

銘柄規約の有無：—
規約設定年月日：—
規約改定年月日：—

農場 HACCP・JGAP について

農場 HACCP：—
J G A P：—

交配様式

雌 （ランドレース（雌）× 大ヨークシャー（雄））
×
雄 デュロック

主な流通経路および販売窓口

◆主なと畜場
：島根県食肉公社

◆主な処理場
：同上

◆年間出荷頭数
：8,000 頭

◆主要卸売企業
：丸大食品株式会

◆輸出実績国・地域
：—

◆今後の輸出意欲
：—

販売指定店制度について

指定店制度：—
販促ツール：シール、ポスター

特長

- 肉の保水性が高く、柔らかくて甘い。
- 肉の臭みがなく、クセが無い。
- SPF 認証を受けており、特定疾病に罹患しておらず衛生レベルが高い。

概要

管理主体：奥出雲ファーム㈲
代表者：片岡 穂士宏 代表取締役
所在地：飯石郡飯南町下来島 3405-1
電話：0854-76-3138
FAX：同上
URL：shimane-buta.jp/index206.htm
メールアドレス：—

島根県

ごうつまるひめぽーく

江津まる姫ポーク

飼育管理

出荷日齢：170日齢

出荷体重：115kg

指定肥育地・牧場
：マルナガファーム松川農場

飼料の内容
：オリジナル指定配合

商標登録・GI登録・銘柄規約について

商標登録の有無：有
登録取得年月日：2011年

GI登録：ー

銘柄規約の有無：有
規約設定年月日：2011年
規約改定年月日：ー

農場HACCP・JGAPについて

農場HACCP：ー
JGAP：ー

交配様式

ハイポー × デュロック

主な流通経路および販売窓口

◆主なと畜場
：島根県食肉公社

◆主な処理場
：同上

◆年間出荷頭数
：4,000頭

◆主要卸売企業
：浅利観光

◆輸出実績国・地域
：ー

◆今後の輸出意欲
：ー

販売指定店制度について

指定店制度：ー
販促ツール：シール、のぼり

特長

- 雌の極上・上のみを選別
- じっくりと育てられた豚の脂はなめらかな口溶けで甘く良質であり、どのような料理にも適している。

概要

管理主体	㈲マルナガファーム	電話	0855-53-1166
代表者	米重　文博　代表取締役社長	FAX	0855-53-1239
所在地	江津市敬川町2302-2	URL	marunaga-feeds.co.jp
		メールアドレス	ー

島根県

しまねぽーく

島根ポーク

飼育管理

出荷日齢：170日齢

出荷体重：118kg

指定肥育地・牧場
：ー

飼料の内容
：ー

商標登録・GI登録・銘柄規約について

商標登録の有無：有
登録取得年月日：2004年8月13日

GI登録：ー

銘柄規約の有無：ー
規約設定年月日：ー
規約改定年月日：ー

農場HACCP・JGAPについて

農場HACCP：有(2022年3月7日)
JGAP：ー

交配様式

ケンボロー

主な流通経路および販売窓口

◆主なと畜場
：島根県食肉公社

◆主な処理場
：同上

◆年間出荷頭数
：15,000頭

◆主要卸売企業
：ー

◆輸出実績国・地域
：ー

◆今後の輸出意欲
：ー

販売指定店制度について

指定店制度：ー
販促ツール：ー

特長

- ケンボロー種の特長を最も引き出す飼料を開発している。

概要

管理主体	㈱島根ポーク	電話	0855-42-1679
代表者	永野　雅彦　代表取締役	FAX	0855-42-1294
所在地	浜田市金城町七条イ986-1	URL	ー
		メールアドレス	ー

島根県

ふようぽーく
芙蓉ポーク

飼育管理

出荷日齢：170日齢
出荷体重：118kg
指定肥育地・牧場
：—
飼料の内容
：—

商標登録・GI登録・銘柄規約について

商標登録の有無：有
登録取得年月日：2004年12月3日

GI登録：—

銘柄規約の有無：—
規約設定年月日：—
規約改定年月日：—

農場HACCP・JGAPについて

農場HACCP：有（2022年3月7日）
JGAP：—

交配様式

ケンボロー

主な流通経路および販売窓口

◆主なと畜場
：島根県食肉公社

◆主な処理場
：同上

◆年間出荷頭数
：17,000頭

◆主要卸売企業
：—

◆輸出実績国・地域
：—

◆今後の輸出意欲
：—

販売指定店制度について

指定店制度：—
販促ツール：—

特長

● 脂質の良さと赤身肉の味には定評がある。

概要

管理主体	㈱島根ポーク	電話	0855-42-1679
代表者	永野 雅彦 代表取締役	FAX	0855-42-1294
所在地	浜田市金城町七条イ986-1	URL	—
		メールアドレス	—

岡山県

おかやまくろぶた
おかやま黒豚

飼育管理

出荷日齢：約220日齢

出荷体重：約115kg

指定肥育地・牧場
：協和養豚、岡山JA畜産（美星農場）

飼料の内容
：たんぱく質原料は純植物性で、穀類を主原料にした専用飼料

商標登録・GI登録・銘柄規約について

商標登録の有無：ー
登録取得年月日：ー

GI登録：未定

銘柄規約の有無：ー
規約設定年月日：ー
規約改定年月日：ー

農場HACCP・JGAPについて

農場HACCP：ー
JGAP：ー

交配様式

バークシャー

主な流通経路および販売窓口

◆主なと畜場
：岡山県食肉市場

◆主な処理場
：同上

◆年間出荷頭数
：1,000頭

◆主要卸売企業
：ー

◆輸出実績国・地域
：ー

◆今後の輸出意欲
：ー

販売指定店制度について

指定店制度：有
販促ツール：ポスター、シール、のぼり、リーフレット

特長

- 県内指定農場で生産された純粋バークシャー種。
- 黒豚特有の甘みとおいしさ。

概要

管理主体	岡山県産豚肉消費促進協議会	電話	086-296-5033
代表者	藤原　雅人　会長	FAX	086-296-5089
所在地	岡山市南区藤田566-126	URL	ー
		メールアドレス	ー

岡山県

ぴーちぽーくとんとんとん
ピーチポークとんトン豚

飼育管理

出荷日齢：約175日齢

出荷体重：約115kg

指定肥育地・牧場
：岡山ＪＡ畜産（吉備農場、荒戸山ＳＰＦ農場）

飼料の内容
：たん白質原料は純植物性で、穀類を主原料にした指定配合飼料

商標登録・GI登録・銘柄規約について

商標登録の有無：有
登録取得年月日：2005年9月22日

GI登録：未定

銘柄規約の有無：ー
規約設定年月日：ー
規約改定年月日：ー

農場HACCP・JGAPについて

農場HACCP：ー
JGAP：ー

交配様式

雌　（ランドレース×大ヨークシャー）
×
雄　デュロック

主な流通経路および販売窓口

◆主なと畜場
：岡山県食肉市場

◆主な処理場
：同上

◆年間出荷頭数
：19,000頭

◆主要卸売企業
：ー

◆輸出実績国・地域
：ー

◆今後の輸出意欲
：ー

販売指定店制度について

指定店制度：ー
販促ツール：ポスター、シール、のぼり、リーフレット

特長

- “純おかやま育ち”のＳＰＦ豚。
- 「安心・美味しい・やわらかい」の３拍子そろいの♪とん・トン・豚♪

概要

管理主体	全国農業協同組合連合会岡山県本部	電話	086-296-5033
代表者	佐賀　弘　県本部長	FAX	086-296-5089
所在地	岡山市南区藤田566-126	URL	www.hare-meat-egg.jp/
		メールアドレス	ー

岡　山　県

まむ・はーと　びーでぃーとん

マム・ハート　BD豚

飼育管理

出荷日齢：190日齢
出荷体重：115kg
指定肥育地・牧場
：岡山ＪＡ畜産　美星農場

飼料の内容
：小麦主体の指定配合量

交配様式

雌　　　雄
（バークシャー×デュロック）

主な流通経路および販売窓口

◆主なと畜場
：岡山県食肉市場

◆主な処理場
：岡山食肉センター

◆年間出荷頭数
：1,200頭

◆主要卸売企業
：－

◆輸出実績国・地域
：－

◆今後の輸出意欲
：－

商標登録・GI登録・銘柄規約について

商標登録の有無：有
登録取得年月日：－

ＧＩ登録：－

銘柄規約の有無：－
規約設定年月日：－
規約改定年月日：－

販売指定店制度について

指定店制度：有
販促ツール：－

農場HACCP・JGAPについて

農場HACCP：－
ＪＧＡＰ：－

特長

● バークシャー種の雌豚にデュロック種豚を掛け合わせ、小麦主体の指定配合飼料で肥育。

概要

管理主体：㈱マムハートホールディングス
代表者：松田　欣也
所在地：津山市戸島893-15
電話：0868-28-7012
FAX：0868-28-7021
URL：www.maruilife.co.jp
メールアドレス：a-inagaki@maruilife.co.jp

広　島　県

せとうちろっこくとん
瀬戸内六穀豚

飼育管理

出荷日齢：170～180日齢

出荷体重：110～115kg

指定肥育地・牧場
：広島県・自社牧場・預託牧場

飼料の内容
：６種の穀物をバランス良く配合した指定配合飼料

商標登録・GI登録・銘柄規約について

商標登録の有無：ー
登録取得年月日：ー

ＧＩ登録：未定

銘柄規約の有無：ー
規約設定年月日：ー
規約改定年月日：ー

農場HACCP・JGAPについて

農場HACCP：ー
ＪＧＡＰ：ー

交配様式

三種間交配種

主な流通経路および販売窓口

◆主な畜場
：広島市中央卸売市場食肉市場
岡山県営食肉地方卸売市場

◆主な処理場
：広島食肉市場
岡山県食肉センター

◆年間出荷頭数
：51,000頭

◆主要卸売企業
：伊藤ハム米久ホールディングス

◆輸出実績国・地域
：ー

◆今後の輸出意欲
：ー

販売指定店制度について

指定店制度：ー
販促ツール：シール、のぼり、ポスター、ボード、POP各種

特長

- ６種類の穀物をメインにオリジナル配合飼料を与えて育てました。
- でんぷん質が高い小麦、大麦、米と栄養価の高いとうもろこし、マイロ（こうりゃん）、大豆をバランス良く飼料に配合。
- 肉のうまみ、まろやかなこくを作り出すとともに、しまりのある肉質、淡い肉色、きれいな白上がりの脂肪色にもこだわりました。
- 母豚からの一貫生産を行うことで安定した供給および品質を実現しています。

概要

管理主体：大洋ポーク㈱（伊藤ハム米久ホールディングス㈱関連会社）
代表者：富田　孝信　社長
所在地：三原市深町1821-1
電話：0848-36-5010
FAX：0848-36-5181
URL：www.yonekyu.co.jp/rokkokuton/
メールアドレス：ー

山口県

かのあじわいぶた

鹿野あじわい豚

飼育管理

出荷日齢：180日齢
出荷体重：約110kg
指定肥育地・牧場
：鹿野ファーム・阿武農場
飼料の内容
：（子豚～肉豚）大麦、ライ麦、国産米多給。緑茶粉末を配合

商標登録・GI登録・銘柄規約について

商標登録の有無：有
登録取得年月日：2012年11月9日

GI登録：未定

銘柄規約の有無：－
規約設定年月日：－
規約改定年月日：－

農場HACCP・JGAPについて

農場HACCP：－
JGAP：－

交配様式

ハイポー

主な流通経路および販売窓口

◆主なと畜場
：福岡食肉市場

◆主な処理場
：福岡食肉販売

◆年間出荷頭数
：4,000頭

◆主要卸売企業
：－

◆輸出実績国・地域
：－

◆今後の輸出意欲
：－

販売指定店制度について

指定店制度：－
販促ツール：シール

特長

- 飼育体系は各ステージのオールイン・オールアウト方式を採用し、約110日以上の休薬期間を設けている。
- 大麦、ライ麦をふんだんに含む配合飼料を約110日以上与え、味と締まりにこだわった。
- 緑茶粉末を飼料に配合することでカテキンやビタミンEの抗酸化作用によりドリップを減らす取り組みを行う。

概要

管理主体：㈲鹿野ファーム
代表者：隅　明憲
所在地：周南市巣山1950

電話：0834-68-3617
FAX：0834-68-3909
URL：www.kanofarm.com
メールアドレス：ham@kanofarm.com

山口県

かのこうげんとん

鹿野高原豚

山口県産銘柄豚　鹿野高原豚
高原育ちの味自慢

飼育管理

出荷日齢：180日齢
出荷体重：約110kg
指定肥育地・牧場
：鹿野ファーム・阿武農場、三原ファーム
飼料の内容
：指定配合飼料（大麦、ライ麦入り）、国産米

商標登録・GI登録・銘柄規約について

商標登録の有無：有
登録取得年月日：2012年11月9日

GI登録：未定

銘柄規約の有無：－
規約設定年月日：－
規約改定年月日：－

農場HACCP・JGAPについて

農場HACCP：－
JGAP：－

交配様式

ハイポー

主な流通経路および販売窓口

◆主なと畜場
：福岡食肉市場

◆主な処理場
：福岡食肉販売

◆年間出荷頭数
：45,000頭

◆主要卸売企業
：－

◆輸出実績国・地域
：－

◆今後の輸出意欲
：－

販売指定店制度について

指定店制度：－
販促ツール：シール

特長

- 飼育体系は各ステージのオールイン・オールアウト方式を採用し、約110日以上の休薬期間を設けている。
- 大麦、ライ麦をふんだんに含む配合飼料を約110日以上与え、味と締まりにこだわった。

概要

管理主体：㈲鹿野ファーム
代表者：隅　明憲
所在地：周南市巣山1950

電話：0834-68-3617
FAX：0834-68-3909
URL：www.kanofarm.com
メールアドレス：ham@kanofarm.com

山口県・福岡県

かんもんぽーく
関門ポーク

飼育管理

出荷日齢：180日齢
出荷体重：110kg
指定肥育地・牧場
：山口県、福岡県
飼料の内容
：ー

商標登録・GI登録・銘柄規約について

商標登録の有無：有
登録取得年月日：ー
GI登録：ー
銘柄規約の有無：有
規約設定年月日：ー
規約改定年月日：ー

農場HACCP・JGAPについて

農場HACCP：ー
JGAP：ー

交配様式

ハイポー

主な流通経路および販売窓口

◆主なと畜場
：北九州市立食肉センター
◆主な処理場
：清川産業
◆年間出荷頭数
：36,000頭
◆主要卸売企業
：さつま屋産業
◆輸出実績国・地域
：ー
◆今後の輸出意欲
：有

販売指定店制度について

指定店制度：ー
販促ツール：シール

特長

- 関門ポークは、福岡県と山口県で衛生的・安全に生産されているハイポー豚で、品質にばらつきが無く高い均一性で保水性が高くしまりが良い。
- 肉質は、桜色で柔らかくジューシーでほんのり甘い。
- オールインオールアウト方式（数頭のグループ毎に分けて育てられ出荷まで一括管理する）により、病気になるリスクを軽減し、健康に育つ環境を整えている。

概要

管理主体：㈱清川産業
代表者：清川　正嗣
所在地：福岡県遠賀郡水巻町吉田西4-16-10
電話：093-202-2929
FAX：093-202-0888
URL：www.kiyokawa-sangyo.co.jp
メールアドレス：ー

山口県

はぎむつみぶた
萩むつみ豚

飼育管理

出荷日齢：約170日齢
出荷体重：約115kg
指定肥育地・牧場
：ー
飼料の内容
：エコフィード（パン、酒米搗精による米ぬか、ぎょうざの皮、ピーナッツ）を利用した自家配合飼料

商標登録・GI登録・銘柄規約について

商標登録の有無：有
登録取得年月日：2021年9月13日
GI登録：未定
銘柄規約の有無：ー
規約設定年月日：ー
規約改定年月日：ー

農場HACCP・JGAPについて

農場HACCP：未定
JGAP：未定

交配様式

雌　（大ヨークシャー（雌）×ランドレース（雄））
×
雄　デュロック

主な流通経路および販売窓口

◆主なと畜場
：福岡食肉市場
◆主な処理場
：同上
◆年間出荷頭数
：2,400頭
◆主要卸売企業
：小野養豚、福岡食肉販売
◆輸出実績国・地域
：ー
◆今後の輸出意欲
：有

販売指定店制度について

指定店制度：ー
販促ツール：シール・のぼり・オリジナルグッズ（ペン・クリアファイル・ハンカチ・マスキングテープ・保冷バッグ・風呂敷）

特長

- 生後55日以降の豚にエコフィード（食パン、菓子パン、酒米搗精による米ぬか、ぎょうざの皮、ピーナッツ）を15～60%利用した自家配合飼料を与えています。
- おがくず豚舎の肥育後期舎においては1.7㎡／頭のスペースを確保しているので十分な運動ができます。

概要

管理主体：㈲小野養豚
代表者：小野靖広　代表取締役
所在地：萩市吉部下4704
電話：083-886-0903
FAX：083-886-0907
URL：mutsumibuta.com/
メールアドレス：mutsumibuta@mutsumibuta.com

徳島県

あわとんとん

阿波とん豚

飼育管理

出荷日齢：約210日齢

出荷体重：125kg前後

指定肥育地・牧場
：徳島県内

飼料の内容
：動物性原料（ー）、麦類主体の専用配合飼料

商標登録・GI登録・銘柄規約について

商標登録の有無：有
登録取得年月日：2014年5月30日

G I 登 録：ー

銘柄規約の有無：有
規約設定年月日：2013年9月27日
規約改定年月日：ー

農場 HACCP・JGAP について

農場 HACCP：ー
J G A P：ー

交配様式

いのしし、大ヨークシャー、デュロックの交雑種をＤＮＡ育種によって遺伝子固定した新しい系統

主な流通経路および販売窓口

◆主なと畜場
：鳴門食肉センター（眉山食品）

◆主な処理場
：同上

◆年間出荷頭数
：約500頭

◆主要卸売企業
：ー

◆輸出実績国・地域
：ー

◆今後の輸出意欲
：ー

販売指定店制度について

指定店制度：有
販促ツール：シール、のぼり、リーフレット

特長

- イノシシ由来の肉の赤身と、高い保水性。
- 肥育後期における専用飼料の給与。
- 個体管理とＤＮＡ鑑定によるトレーサビリティシステム。
- 甘味が強く、軟らかい肉質。

概要

管理主体	徳島県阿波とん豚ブランド確立対策協議会	電話	088-634-2680
代表者	近藤　用三　会長	FAX	088-637-0009
所在地	徳島市北佐古一番町61-11	URL	awatonton.com
		メールアドレス	ー

徳島県

あわのきんときぶた

阿波の金時豚

飼育管理

出荷日齢：200日齢
出荷体重：110～120kg
指定肥育地・牧場
：板野郡上板町、阿波市吉野町
飼料の内容
：徳島県の名産「鳴門金時」を飼料として与えると同時に、その時々の豚の状態をみながら飼料米をブレンドしている

商標登録・GI登録・銘柄規約について

商標登録の有無：有
登録取得年月日：2013年9月13日

G I 登 録：ー

銘柄規約の有無：ー
規約設定年月日：ー
規約改定年月日：ー

農場 HACCP・JGAP について

農場 HACCP：ー
J G A P：ー

交配様式

雌（大ヨークシャー×ランドレース）
×
雄 デュロック

雌（ランドレース×大ヨークシャー）
×
雄 デュロック

主な流通経路および販売窓口

◆主なと畜場
：フードパッカー四国徳島工場

◆主な処理場
：ー

◆年間出荷頭数
：1,000頭（増頭中）

◆主要卸売企業
：自社販売

◆輸出実績国・地域
：ー

◆今後の輸出意欲
：ー

販売指定店制度について

指定店制度：ー
販促ツール：シール、のぼり、リーフレット

特長

- 脂が甘く、アクが出にくい。
- 肉の締まりが良い。
- 飼育からカットまで一貫して行っているため、肉の状態をみながら飼育方法を調整し、安定した肉質の維持を実現している。

概要

管理主体	㈲NOUDA	電話	088-696-2983
代表者	納田　明豊　代表取締役	FAX	同上
所在地	板野郡上板町瀬部318	URL	www.kintokibuta.co.jp/
		メールアドレス	kintokibuta@agurigarden.com

香　川　県

おりーぶとん

オリーブ豚

飼育管理

出荷日齢：ー
出荷体重：ー
指定肥育地・牧場
　：オリーブ豚指定生産者
飼料の内容
　：オリーブ豚振興会が定める方法により、出荷前に一定期間、一定量のオリーブ飼料を給与

商標登録・GI 登録・銘柄規約について

商標登録の有無：有
登録取得年月日：2021 年 2 月10日

G I 登 録：ー

銘柄規約の有無：有
規約設定年月日：2015 年 4 月20日
規約改定年月日：ー

農場 HACCP・JGAP について

農場 HACCP：無
J G A P：無

交配様式

	雌		雄
雌	（ランドレース × 大ヨークシャー）		
	×		
雄	デュロック		
雌	（大ヨークシャー × ランドレース）		
	×		
雄	デュロック		など

主な流通経路および販売窓口

◆主なと畜場
　：香川県畜産公社、香川県農業協同組合大川畜産センター
◆主な処理場
　：同上
◆年間出荷頭数
　：17,000 頭
◆主要卸売企業
　：協同食品、七星食品など
◆輸出実績国・地域
　：無
◆今後の輸出意欲
　：無

販売指定店制度について

指定店制度：有
販促ツール：ポスター、のぼり、リーフレット、シール

特長

● オリーブのしぼり果実を与えて育てた「オリーブ豚」は、うまみや甘み成分が高まり、中でもフルーティーな甘み成分である果糖（フルクトース）が高まりました。

概要

管理主体：オリーブ豚振興会
代表者：東原　寛二　会長
所在地：高松市寿町 1-3-6
（公社）香川県畜産協会内
電話：087-825-0284
FAX：087-826-1098
URL：www.sanchiku.gr.jp
メールアドレス：ー

香　川　県

おりーぶゆめぶた

オリーブ夢豚

飼育管理

出荷日齢：ー
出荷体重：ー
指定肥育地・牧場
　：オリーブ豚指定生産者
飼料の内容
　：讃岐夢豚にオリーブ豚振興会が定める方法により、出荷前に一定期間、一定量のオリーブ飼料を給与

商標登録・GI 登録・銘柄規約について

商標登録の有無：有
登録取得年月日：2016 年 5 月20日

G I 登 録：ー

銘柄規約の有無：有
規約設定年月日：2015 年 4 月20日
規約改定年月日：ー

農場 HACCP・JGAP について

農場 HACCP：無
J G A P：無

交配様式

バークシャー種の血液が50%以上

主な流通経路および販売窓口

◆主なと畜場
　：香川県畜産公社
◆主な処理場
　：同上
◆年間出荷頭数
　：3,000 頭
◆主要卸売企業
　：協同食品など
◆輸出実績国・地域
　：無
◆今後の輸出意欲
　：無

販売指定店制度について

指定店制度：有
販促ツール：ポスター、のぼり、リーフレット、シール

特長

● 讃岐夢豚にオリーブのしぼり果実を与えて育てた「オリーブ夢豚」は、うまみや甘み成分が高まり、中でもフルーティーな甘み成分である果糖（フルクトース）が高まりました。
● プレミアムなおいしさは、すべてがあなたの想像以上。

概要

管理主体：オリーブ豚振興会
代表者：東原　寛二　会長
所在地：高松市寿町 1-3-6
（公社）香川県畜産協会内
電話：087-825-0284
FAX：087-826-1098
URL：www.sanchiku.gr.jp
メールアドレス：ー

北海道
青森県
岩手県
宮城県
秋田県
山形県
福島県
茨城県
栃木県
群馬県
埼玉県
千葉県
東京都
神奈川県
山梨県
長野県
新潟県
富山県
石川県
福井県
岐阜県
静岡県
愛知県
三重県
滋賀県
京都府
大阪府
兵庫県
奈良県
鳥取県
島根県
岡山県
広島県
山口県
徳島県
香川県
愛媛県
福岡県
佐賀県
長崎県
熊本県
大分県
宮崎県
鹿児島県
沖縄県
全国

愛媛県

えひめあまとろぶた

愛媛甘とろ豚

飼育管理

出荷日齢：180日以上240日以内

出荷体重：110kg

指定肥育地・牧場
：愛媛県内の指定農場

飼料の内容
：生体重60kg～出荷まで県産はだか麦を配合した専用飼料を給与

商標登録・GI登録・銘柄規約について

商標登録の有無：有
登録取得年月日：2010年4月16日

GI登録：未定

銘柄規約の有無：有
規約設定年月日：2010年12月2日
規約改定年月日：2012年4月1日

農場HACCP・JGAPについて

農場HACCP：無
JGAP：無

交配様式

雌 （ランドレース（雌）×大ヨークシャー（雄））
×
雄 中ヨークシャー

主な流通経路および販売窓口

◆主なと畜場
：四万十市営食肉センター

◆主な処理場
：愛媛飼料産業四万十営業所

◆年間出荷頭数
：約9,000頭

◆主要卸売企業
：ビージョイ

◆輸出実績国・地域
：無

◆今後の輸出意欲
：有

販売指定店制度について

指定店制度：有
販促ツール：のぼり、チラシ、シールなど

特長

品種は愛媛県で造成した中ヨークシャーをベースとし、飼料は全国一の生産量をほこるはだか麦を給与。生産履歴も万全。肉質は、ほど良くサシが入り、肉色は濃く、ジューシーで軟らかな赤肉、脂肪は白くなめらかな口どけでくさみのないおいしさ。

概要

管理主体：愛媛甘とろ豚普及協議会
代表者：志波 豊 会長
所在地：松山市一番町4-4-2 県庁畜産課内

電話：089-912-2575
FAX：089-912-2574
URL：https://amatoro.jp
メールアドレス：－

愛媛県

はながぶた

はなが豚

飼育管理

出荷日齢：7～8カ月

出荷体重：130～150kg

指定肥育地・牧場
：自社農場（おかざき牧場）

飼料の内容
：NON-GMO穀物、抗生物質不使用

商標登録・GI登録・銘柄規約について

商標登録の有無：－
登録取得年月日：－

GI登録：－

銘柄規約の有無：－
規約設定年月日：－
規約改定年月日：－

農場HACCP・JGAPについて

農場HACCP：－
JGAP：－

交配様式

雌 （ランドレース（雌）×大ヨークシャー（雄））
×
雄 デュロック

主な流通経路および販売窓口

◆主なと畜場
：JAえひめアイパックス

◆主な処理場
：同上（精肉加工は自社）

◆年間出荷頭数
：100頭

◆主要卸売企業
：自社

◆輸出実績国・地域
：－

◆今後の輸出意欲
：－

販売指定店制度について

指定店制度：－
販促ツール：シール、パンフレット

特長

- 自社牧場で成長促進剤を使わずNON-GMO（非遺伝子組換）の餌を与えて育てたゆうぼく独自のブランド豚。
- 一般的な肥育期間より長く肥育し、精肉にして約一週間熟成させています。
- 味わいは肉のうまみと脂のもつ甘さが濃厚で、後口の軽さが特長です。

概要

管理主体：㈱ゆうぼく
代表者：岡崎 晋也
所在地：西予市宇和町坂戸673-1

電話：0894-62-5877
FAX：0894-62-5899
URL：yuboku.jp
メールアドレス：info@yuboku.jp

愛　媛　県

ふれあい・ひめぽーく
ふれ愛・媛ポーク

飼育管理

出荷日齢：－

出荷体重：－

指定肥育地・牧場
：－

飼料の内容
：みかん成分などを配合したＪＡグループ独自の飼料

商標登録・GI 登録・銘柄規約について

商標登録の有無：有
登録取得年月日：2000 年 4 月21日

ＧＩ登録：－

銘柄規約の有無：有
規約設定年月日：1999 年 4 月 1 日
規約改定年月日：－

農場 HACCP・JGAP について

農場 HACCP：一部有り
ＪＧＡＰ：一部有り

交配様式

ハイコープの三元交雑種

主な流通経路および販売窓口

◆主な と畜場
：ＪＡえひめ アイパックス

◆主な処理場
：同上

◆年間出荷頭数
：121,000 頭

◆主要卸売企業
：JA 全農ミートフーズ

◆輸出実績国・地域
：－

◆今後の輸出意欲
：－

販売指定店制度について

指定店制度：－
販促ツール：－

特長

- 種豚、飼料、環境、加工の４つの品質を追求しています（品質の安定）
- 品質チェックをトータル的に管理運営（農場から加工、販売まで）
- 安心・安全の一貫態勢。

概要

管理主体：ＪＡ愛媛養豚経営者協議会
代表者：森田　恭章　会長
所在地：松山市南堀端町 2-3
電話：089-948-5948
ＦＡＸ：089-948-5949
ＵＲＬ：www.zennoh.or.jp/eh/special/pork/about
メールアドレス：－

福　岡　県

いきさんぶた

一貴山豚

飼育管理

出荷日齢：200日齢

出荷体重：120kg

指定肥育地・牧場
　：—

飼料の内容
　：自家配合、飼料米20%

商標登録・GI登録・銘柄規約について

商標登録の有無：有
登録取得年月日：—

G　I　登　録：未定

銘柄規約の有無：—
規約設定年月日：—
規約改定年月日：—

農場 HACCP・JGAP について

農場 HACCP：—
J　G　A　P：—

交配様式

雌　（ランドレース雌 × 大ヨークシャー雄）
×
雄　デュロック

主な流通経路および販売窓口

◆主 な と 畜 場
　：九州協同食肉

◆主 な 処 理 場
　：—

◆年 間 出 荷 頭 数
　：1,800 頭

◆主 要 卸 売 企 業
　：—

◆輸出実績国・地域
　：—

◆今後の輸出意欲
　：—

販売指定店制度について

指定店制度：—
販促ツール：—

特長

- 丸粒とうもろこしを使用した自家配合飼料に飼料米を20%添加している。
- ＦＦＣ元始活水器を使った飲料水は肉豚の抗病性、抗ストレス性が高まり健康的に飼うことができる。
- 脂に上品な甘みがあり、肉質は軟らかでコクがあるのにしつこくないと評判。

概要

管理主体	㈲いきさん牧場	電話	092-325-1488
代表者	瀬戸　晶子	FAX	092-325-1703
所在地	糸島市二丈上深江 1296	URL	—
		メールアドレス	—

福　岡　県

いとしまとん

糸　島　豚

糸島豚
JA糸島　養豚部会

飼育管理

出荷日齢：180〜210日齢

出荷体重：115kg

指定肥育地・牧場
　：—

飼料の内容
　：—

商標登録・GI登録・銘柄規約について

商標登録の有無：—
登録取得年月日：—

G　I　登　録：未定

銘柄規約の有無：—
規約設定年月日：—
規約改定年月日：—

農場 HACCP・JGAP について

農場 HACCP：—
J　G　A　P：—

交配様式

雌　（ランドレース雌 × 大ヨークシャー雄）
×
雄　デュロック

ハイポーほか

主な流通経路および販売窓口

◆主 な と 畜 場
　：福岡食肉市場、九州協同食肉

◆主 な 処 理 場
　：同上

◆年 間 出 荷 頭 数
　：32,000 頭

◆主 要 卸 売 企 業
　：—

◆輸出実績国・地域
　：—

◆今後の輸出意欲
　：—

販売指定店制度について

指定店制度：—
販促ツール：シール、のぼり

特長

- 安全、新鮮、おいしい。

概要

管理主体	糸島農業協同組合	電話	092-327-3912
代表者	山﨑　重俊　代表理事組合長	FAX	092-327-4164
所在地	糸島市前原東 2-7-1	URL	—
		メールアドレス	—

福岡県

はかたすぃーとん

博多すぃ～とん

飼育管理

出荷日齢：180日齢

出荷体重：110kg

指定肥育地・牧場
：県内指定農場

飼料の内容
：飼料米を配合した専用飼料

商標登録・GI登録・銘柄規約について

商標登録の有無：—
登録取得年月日：—

G I 登 録：未定

銘柄規約の有無：—
規約設定年月日：—
規約改定年月日：—

農場HACCP・JGAPについて

農場HACCP：—
J G A P：—

交配様式

雌（ランドレース（雌）× 大ヨークシャー（雄））
×
雄 デュロック

主な流通経路および販売窓口

◆主なと畜場
：九州協同食肉

◆主な処理場
：ＪＡ全農ミートフーズ九州営業本部

◆年間出荷頭数
：3,000頭

◆主要卸売企業
：—

◆輸出実績国・地域
：—

◆今後の輸出意欲
：—

販売指定店制度について

指定店制度：—
販促ツール：シール、のぼり、パネル、リーフレット

特長

● 生産者指定、飼料米を配合した専用配合飼料による飼養管理法の統一により臭み少なく肉のキメが細かい風味豊かな豚肉に仕上げている。

概要

管理主体：ＪＡ全農ミートフーズ九州営業本部
代表者：森山　篤志　九州営業本部長
所在地：太宰府市都府楼南 5-15-2
電話：092-928-4214
FAX：092-925-6414
URL：—
メールアドレス：—

福岡県

はかたもちぶた

はかたもち豚

飼育管理

出荷日齢：175日齢

出荷体重：110kg

指定肥育地・牧場
：県内指定農場

飼料の内容
：麦類多給

商標登録・GI登録・銘柄規約について

商標登録の有無：有
登録取得年月日：—

G I 登 録：未定

銘柄規約の有無：—
規約設定年月日：—
規約改定年月日：—

農場HACCP・JGAPについて

農場HACCP：—
J G A P：—

交配様式

雌（ランドレース（雌）× 大ヨークシャー（雄））
×
雄 デュロック

主な流通経路および販売窓口

◆主なと畜場
：九州協同食肉

◆主な処理場
：ＪＡ全農ミートフーズ九州営業本部

◆年間出荷頭数
：20,000頭

◆主要卸売企業
：—

◆輸出実績国・地域
：—

◆今後の輸出意欲
：—

販売指定店制度について

指定店制度：—
販促ツール：シール

特長

● 乳酸菌や麦類の多配によりうま味が増し、臭みがない、ジューシーな豚肉。

概要

管理主体：ＪＡ全農ミートフーズ㈱九州営業本部
代表者：森山　篤志　九州営業本部長
所在地：太宰府市都府楼南 5-15-2
電話：092-928-4214
FAX：092-925-6414
URL：—
メールアドレス：—

福岡県

ふくおかけんさんこめぶた

福岡県産こめ豚

飼育管理

出荷日齢：175日齢

出荷体重：110kg

指定肥育地・牧場
：県内3農場

飼料の内容
：飼料米を配合した専用飼料

商標登録・GI登録・銘柄規約について

商標登録の有無：—
登録取得年月日：—

ＧＩ登録：未定

銘柄規約の有無：—
規約設定年月日：—
規約改定年月日：—

農場HACCP・JGAPについて

農場HACCP：—
ＪＧＡＰ：—

交配様式

雌　（ランドレース×大ヨークシャー）（雌 雄）
×
雄　デュロック

主な流通経路および販売窓口

◆主なと畜場
：九州協同食肉

◆主な処理場
：ＪＡ全農ミートフーズ九州営業本部

◆年間出荷頭数
：20,000頭

◆主要卸売企業
：ＪＡ全農ミートフーズ九州営業本部

◆輸出実績国・地域
：—

◆今後の輸出意欲
：—

販売指定店制度について

指定店制度：—
販促ツール：シールほか

特長

- 生産者指定、飼料米を配合した専用配合飼料、飼養管理法の統一により風味豊かな豚肉に仕上げている。
- JA全農ミートフーズ九州営業本部直営店「あたしの直売所　純」で販売。

概要

管理主体	JA全農ミートフーズ㈱九州営業本部	電話	092-928-4214
代表者	森山　篤志　九州営業本部長	FAX	092-925-6414
所在地	太宰府市都府楼南5-15-2	URL	—
		メールアドレス	—

福岡県

やめふくふくとん

八女ふくふく豚

飼育管理

出荷日齢：180日齢

出荷体重：125kg

指定肥育地・牧場
：耳納山ファーム

飼料の内容
：配合飼料、「八女ふくふく豚」のブランド規約に準じる

商標登録・GI登録・銘柄規約について

商標登録の有無：有
登録取得年月日：2007年12月7日

ＧＩ登録：—

銘柄規約の有無：有
規約設定年月日：2007年12月7日
規約改定年月日：2017年12月5日

農場HACCP・JGAPについて

農場HACCP：—
ＪＧＡＰ：—

交配様式

ハイポー

主な流通経路および販売窓口

◆主なと畜場
：スターゼンミートプロセッサー阿久根工場

◆主な処理場
：同上

◆年間出荷頭数
：6,000頭

◆主要卸売企業
：スターゼン

◆輸出実績国・地域
：—

◆今後の輸出意欲
：—

販売指定店制度について

指定店制度：有
販促ツール：シール、のぼり、リーフレット

特長

- 農場は八女市耳納山の山頂、標高380メートルにある、低地に比べ細菌数も少ない。
- 広大な八女の茶畑の中、豚舎に爽やかな風を通した環境で育てている。
- 抗菌作用や、食欲増進のため飼料に本場八女茶や紅花、オレガノ、カンゾーなどのハーブを配合している。

概要

管理主体	㈲耳納山ファーム	電話	0943-54-3740
代表者	仲　良平　取締役	FAX	同上
所在地	八女市上陽町上横山456-3	URL	minouzan.ocnk.net
		メールアドレス	minouzan@arion.ocn.ne.jp

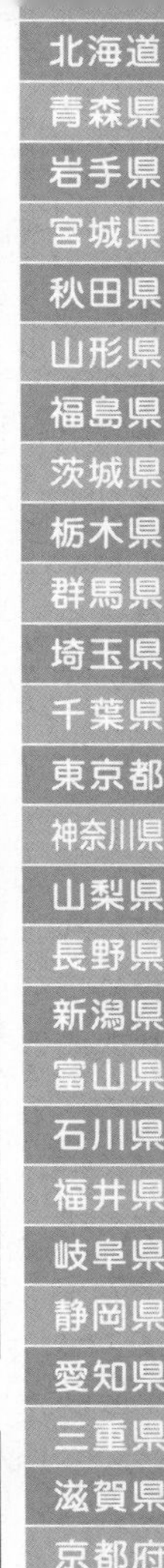

佐賀県

かいたくとん
開拓豚

飼育管理

出荷日齢：180日齢
出荷体重：110kg
指定肥育地・牧場
：―
飼料の内容
：指定配合飼料

商標登録・GI登録・銘柄規約について

商標登録の有無：―
登録取得年月日：―

GI登録：未定

銘柄規約の有無：―
規約設定年月日：―
規約改定年月日：―

農場HACCP・JGAPについて

農場HACCP：―
JGAP：―

交配様式

雌（ランドレース（雌）×大ヨークシャー（雄））
×
雄 デュロック

主な流通経路および販売窓口

◆主なと畜場
：佐賀県畜産公社
◆主な処理場
：同上
◆年間出荷頭数
：900頭
◆主要卸売企業
：―
◆輸出実績国・地域
：―
◆今後の輸出意欲
：―

販売指定店制度について

指定店制度：―
販促ツール：―

特長

- 肉はきめが繊細で、締まりが良い。
- 脂肪が良質。
- 軟らかく多汁性に優れ、肉、脂肪に甘みがある。
- 風味も良い。

概要

管理主体	佐賀県開拓畜産事業協同組合	電話	0954-68-0467
代表者	井上　富男　代表理事理事長	FAX	0954-68-0477
所在地	鹿島市浜町1397	URL	―
		メールアドレス	―

佐賀県

きんぼしさがぶた
金星佐賀豚

飼育管理

出荷日齢：180日齢
出荷体重：110kg
指定肥育地・牧場
：―
飼料の内容
：―

商標登録・GI登録・銘柄規約について

商標登録の有無：有
登録取得年月日：2006年1月6日

GI登録：

銘柄規約の有無：―
規約設定年月日：―
規約改定年月日：―

農場HACCP・JGAPについて

農場HACCP：有（2016年3月30日）
JGAP：―

交配様式

雌（大ヨークシャー（雌）×ランドレース（雄））
×
雄 デュロック

主な流通経路および販売窓口

◆主なと畜場
：福岡食肉市場、日本フードパッカー
◆主な処理場
：同上
◆年間出荷頭数
：22,000頭
◆主要卸売企業
：福岡食肉市場、日本フードパッカー
◆輸出実績国・地域
：香港、マカオ、シンガポール
◆今後の輸出意欲
：有

販売指定店制度について

指定店制度：―
販促ツール：シール、のぼり

特長

- 多良岳山系の森林に囲まれた豚舎、豊かな湧き水、澄んだ空気と吟味された飼料、そして愛情。
- 多くの恵みを受けて育った健康でおいしい豚肉。

概要

管理主体	㈲永渕ファームリンク	電話	0954-68-3667
代表者	永渕　政春　代表取締役	FAX	0954-68-2128
所在地	藤津郡太良町大字大浦己740-18	URL	www.nagafuchi.co.jp
		メールアドレス	info@nagafuchi.co.jp

北海道
青森県
岩手県
宮城県
秋田県
山形県
福島県
茨城県
栃木県
群馬県
埼玉県
千葉県
東京都
神奈川県
山梨県
長野県
新潟県
富山県
石川県
福井県
岐阜県
静岡県
愛知県
三重県
滋賀県
京都府
大阪府
兵庫県
奈良県
鳥取県
島根県
岡山県
広島県
山口県
徳島県
香川県
愛媛県
福岡県
佐賀県
長崎県
熊本県
大分県
宮崎県
鹿児島県
沖縄県
全国

佐賀県

さがてんざんこうげんとん

佐賀天山高原豚

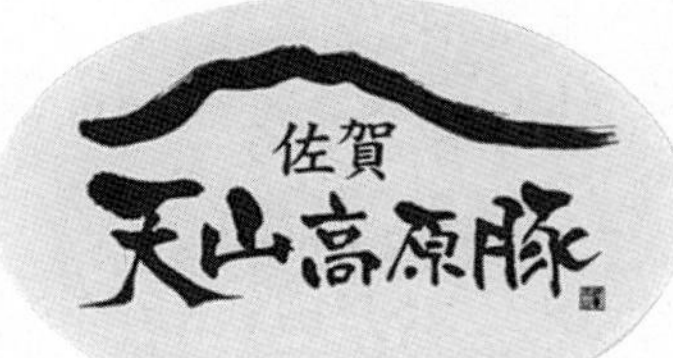

飼育管理

出荷日齢：約170日齢

出荷体重：約115kg

指定肥育地・牧場
：天山ファーム

飼料の内容
：指定配合飼料

商標登録・GI登録・銘柄規約について

商標登録の有無：－
登録取得年月日：－

ＧＩ登録：未定

銘柄規約の有無：－
規約設定年月日：－
規約改定年月日：－

農場HACCP・JGAPについて

農場HACCP：－
ＪＧＡＰ：－

交配様式

雌 （大ヨークシャー（雌）×ランドレース（雄））
×
雄 デュロック

主な流通経路および販売窓口

◆主なと畜場
：佐賀県畜産公社

◆主な処理場
：同上

◆年間出荷頭数
：約24,000頭

◆主要卸売企業
：－

◆輸出実績国・地域
：－

◆今後の輸出意欲
：－

販売指定店制度について

指定店制度：－
販促ツール：シール、のぼり、パネル

特長

● 大群豚房飼育によりストレスを軽減した健康な豚。
● 日本ＳＰＦ豚協会認定農場。

概要

管理主体：ＪＡ全農ミートフーズ㈱ 九州営業本部
代表者：森山　篤志　九州営業本部　本部長
所在地：福岡県太宰府市都府楼南5-12-2
電話：092-928-4214
ＦＡＸ：092-928-6414
ＵＲＬ：www.jazmf.co.jp
メールアドレス：－

佐賀県

ひぜんさくらぽーく

肥前さくらポーク

飼育管理

出荷日齢：190日齢

出荷体重：110～120kg

指定肥育地・牧場
：－

飼料の内容
：ＪＡさがの専用飼料

商標登録・GI登録・銘柄規約について

商標登録の有無：有
登録取得年月日：1998年8月21日

ＧＩ登録：－

銘柄規約の有無：有
規約設定年月日：2009年4月1日
規約改定年月日：－

農場HACCP・JGAPについて

農場HACCP：－
ＪＧＡＰ：－

交配様式

雌 （ランドレース（雌）×大ヨークシャー（雄））
×
雄 デュロック

主な流通経路および販売窓口

◆主なと畜場
：佐賀県畜産公社

◆主な処理場
：同上

◆年間出荷頭数
：35,000頭

◆主要卸売企業
：福留ハム、JA全農ミートフーズ、JAフーズさが

◆輸出実績国・地域
：－

◆今後の輸出意欲
：－

販売指定店制度について

指定店制度：－
販促ツール：ポスター、ミニのぼり

特長

● 限定農場から生産されるため生産地が明確。
● 豚肉独特の臭みが少ないうえ、肉のキメが細かく、ソフトな食感。
● 肉色は鮮やかなさくら色。

概要

管理主体：佐賀県農業協同組合
代表者：楠　泰誠　代表理事組合長
所在地：多久市北多久町大字小侍1951-1
電話：0952-75-2911
ＦＡＸ：0952-20-1009
ＵＲＬ：jasaga.or.jp/
メールアドレス：－

佐　賀　県

わかくすぽーく

若楠ポーク

飼育管理

出荷日齢：190日齢

出荷体重：110～120kg

指定肥育地・牧場
：武雄市若木町

飼料の内容
：指定配合飼料

商標登録・GI 登録・銘柄規約について

商標登録の有無：有
登録取得年月日：2006年10月20日

G I 登 録：ー

銘柄規約の有無：有
規約設定年月日：2004年12月1日
規約改定年月日：2023年10月1日

農場 HACCP・JGAP について

農場 HACCP：ー
J G A P：ー

交配様式

	雌	雄
雌	（ランドレース	× 大ヨークシャー）
	×	
雄	デュロック	

主な流通経路および販売窓口

◆主なと畜場
：佐賀県畜産公社

◆主な処理場
：同上

◆年間出荷頭数
：2,000頭

◆主要卸売企業
：JA フーズさが、宮地ハム

◆輸出実績国・地域
：ー

◆今後の輸出意欲
：ー

販売指定店制度について

指定店制度：ー
販促ツール：のぼり、ミニのぼり、パックシール、ポスター

特長

- 若楠ポークは、組合員の1農場で生産されている母豚を全ての組合員が導入して母豚を統一しており、四肢のしっかりした健康的な母豚から、その血を引き継いだ元気な子豚が生まれ、すくすく育っていきます。
- 健康的な体型で生まれ、若木町の自然豊かな環境と清らかな水で育った豚は、臭みが少なく、きめ細かく、柔らかいお肉です。

概要

管理主体：佐賀県農業協同組合
代表者：楠　泰誠　代表理事組合長
所在地：多久市北多久町大字小侍 1951-1
電話：0952-75-2911
FAX：0952-20-1009
URL：jasaga.or.jp
メールアドレス：chikusan05@saga-ja.jp

長　崎　県

うんぜんあかねぶた

雲仙あかね豚

飼育管理

出荷日齢：180日齢

出荷体重：110kg

指定肥育地・牧場
　：－

飼料の内容
　：自家配合飼料

商標登録・GI登録・銘柄規約について

商標登録の有無：有
登録取得年月日：－

ＧＩ登録：未定

銘柄規約の有無：有
規約設定年月日：2008年4月1日
規約改定年月日：－

農場HACCP・JGAPについて

農場HACCP：－
ＪＧＡＰ：－

交配様式

雌　（大ヨークシャー（雌）×ランドレース（雄））
×
雄　デュロック

主な流通経路および販売窓口

◆主なと畜場
　：日本フードパッカー　諫早工場

◆主な処理場
　：同上

◆年間出荷頭数
　：13,000頭

◆主要卸売企業
　：－

◆輸出実績国・地域
　：－

◆今後の輸出意欲
　：－

販売指定店制度について

指定店制度：－
販促ツール：シール

特長

● 雲仙山麓に長年かけて浸透した地下水とオリジナル飼料（新鮮なとうもろこしに飼料米をブレンド）を与え、育てることで豚肉特有の臭みのない、うまみ成分に富んだおいしい豚肉に仕上げた。
● 雲仙市より雲仙ブランドとして認定されている。

概要

管理主体：㈱柿田ファーム
代表者：竹本　茜
所在地：雲仙市吾妻町栗林名295
電話：0957-38-2747
FAX：同上
URL：tsuku2.jp/akanebuta
メールアドレス：kakida.farm2929@gmail.com

長　崎　県

うんぜんうまかとんもみじ

雲仙うまか豚「紅葉」

雲仙うまか豚
もみじ
紅葉

飼育管理

出荷日齢：180～210日齢

出荷体重：110～115kg

指定肥育地・牧場
　：長崎県島原半島開拓ながさき農協組合員2戸

飼料の内容
　：特定の強化配合飼料

商標登録・GI登録・銘柄規約について

商標登録の有無：有
登録取得年月日：2000年9月14日

ＧＩ登録：未定

銘柄規約の有無：有
規約設定年月日：1991年9月9日
規約改定年月日：－

農場HACCP・JGAPについて

農場HACCP：－
ＪＧＡＰ：－

交配様式

雌　（大ヨークシャー（雌）×ランドレース（雄））
×
雄　デュロック

主な流通経路および販売窓口

◆主なと畜場
　：島原半島地域食肉センター

◆主な処理場
　：萩原ミート

◆年間出荷頭数
　：2,200頭

◆主要卸売企業
　：－

◆輸出実績国・地域
　：－

◆今後の輸出意欲
　：－

販売指定店制度について

指定店制度：有
販促ツール：シール、のぼり

特長

● 軟らかさの中にもしっかりとした歯ごたえがある。
● コクも深い。
● 和漢生薬の素材として利用される植物成分を多く含んだ配合飼料を給与している。

概要

管理主体：開拓ながさき農業協同組合
代表者：平木　勇　代表理事組合長
所在地：諫早市中通町1672
電話：0957-28-0007
FAX：0957-28-0008
URL：－
メールアドレス：－

長崎県

うんぜんしまばらぶた

雲仙しまばら豚

飼育管理

出荷日齢：180日齢

出荷体重：110kg

指定肥育地・牧場
：－

飼料の内容
：林兼産業の専用配合飼料

商標登録・GI登録・銘柄規約について

商標登録の有無：－
登録取得年月日：－

GI登録：未定

銘柄規約の有無：有
規約設定年月日：2009年10月1日
規約改定年月日：－

農場HACCP・JGAPについて

農場HACCP：－
JGAP：－

交配様式

ニューシャム

主な流通経路および販売窓口

◆主なと畜場
：島原半島地域食肉センター

◆主な処理場
：大光食品

◆年間出荷頭数
：4,500頭

◆主要卸売企業
：－

◆輸出実績国・地域
：－

◆今後の輸出意欲
：－

販売指定店制度について

指定店制度：－
販促ツール：シール、のぼり

特長

- 肥育後期の飼料には麦類を多給し、うまみのある肉と白くて硬い脂肪に仕上げている。
- 抗生物質は無添加で、抗菌作用のあるハーブとステビアを配合した。
- 農場はオールインオールアウト方式を用い、防疫に努めている。
- 専用飼料に飼料用パン粉を混合して給与し、さらにおいしい豚肉になりました。

概要

管理主体：宮崎養豚
代表者：宮崎　博喜
所在地：雲仙市瑞穂町西郷丁71

電話：0957-77-2418
FAX：0957-77-3807
URL：shimabarakobo.com/
メールアドレス：－

長崎県

うんぜんすーぱーぽーく

雲仙スーパーポーク

飼育管理

出荷日齢：150～180日齢

出荷体重：115～120kg

指定肥育地・牧場
：－

飼料の内容
：植物性飼料に天然ミネラル、海藻、炭等を添加した自家配合飼料を給与

商標登録・GI登録・銘柄規約について

商標登録の有無：有
登録取得年月日：2007年4月20日

GI登録：未定

銘柄規約の有無：有
規約設定年月日：2007年4月20日
規約改定年月日：－

農場HACCP・JGAPについて

農場HACCP：－
JGAP：－

交配様式

雌 ケンボローアジア（メイシャン系）× 雄 ケンボロー265（デュロック×バークシャー）

主な流通経路および販売窓口

◆主なと畜場
：－

◆主な処理場
：－

◆年間出荷頭数
：3,600頭

◆主要卸売企業
：鎌倉ハム、コスモス物産

◆輸出実績国・地域
：－

◆今後の輸出意欲
：－

販売指定店制度について

指定店制度：有
販促ツール：－

特長

- 水のきれいな雲仙山麓の中腹に位置する、一貫生産農場。
- 飼料には天然ミネラルなどを給与し、ビタミンEの含有量を強化した。
- 豚肉特有の臭みがなく、肉質がキメ細やかで、アクが少ない。脂質に甘みがある。

概要

管理主体：㈲長崎ライフサービス研究所
代表者：金子　泰治
所在地：島原市有明町大三東戊1458-4

電話：0957-65-9231
FAX：0957-65-9232
URL：www.unzen-super.com/
メールアドレス：tamago@mx7.tiki.ne.jp

北海道
青森県
岩手県
宮城県
秋田県
山形県
福島県
茨城県
栃木県
群馬県
埼玉県
千葉県
東京都
神奈川県
山梨県
長野県
新潟県
富山県
石川県
福井県
岐阜県
静岡県
愛知県
三重県
滋賀県
京都府
大阪府
兵庫県
奈良県
鳥取県
島根県
岡山県
広島県
山口県
徳島県
香川県
愛媛県
福岡県
佐賀県
長崎県
熊本県
大分県
宮崎県
鹿児島県
沖縄県
全国

長　崎　県

ごとうえすぴーえふびとん

五島SPF「美豚」

飼育管理

出荷日齢：175日齢

出荷体重：105～115kg

指定肥育地・牧場
：ー

飼料の内容
：くみあい配合飼料ＳＰＦ豚専用

商標登録・GI登録・銘柄規約について

商標登録の有無：ー
登録取得年月日：ー

ＧＩ登録：未定

銘柄規約の有無：ー
規約設定年月日：ー
規約改定年月日：ー

農場 HACCP・JGAP について

農場 HACCP：ー
ＪＧＡＰ：ー

交配様式

雌　（雌 ランドレース × 雄 大ヨークシャー）
×
雄　デュロック

主な流通経路および販売窓口

◆主なと畜場
：五島食肉センター

◆主な処理場
：同上

◆年間出荷頭数
：6,000 頭

◆主要卸売企業
：ー

◆輸出実績国・地域
：ー

◆今後の輸出意欲
：ー

販売指定店制度について

指定店制度：ー
販促ツール：シール

特長

- 健康・安全・安心のイメージから「美豚」と名付けた。
- ＳＰＦ認定農場として清潔な環境のもとで、専用飼料を給与し元気に育てている。
- ストレスの少ない環境が豚本来の発育能力を充分発揮させ、軟らかく、おいしい。

概要

管理主体：ＪＡ全農ながさき五島種豚供給センター	電話：0959-86-2270
代表者：廣瀬　修	ＦＡＸ：同上
所在地：五島市富江町岳６	ＵＲＬ：ー
	メールアドレス：ー

長　崎　県

しまばらまいとん

島原舞豚

島原
舞豚
MAITON

飼育管理

出荷日齢：200日齢

出荷体重：135kg

指定肥育地・牧場
：島原市有明町 中村種豚場

飼料の内容
：配合飼料、パン粉等

商標登録・GI登録・銘柄規約について

商標登録の有無：有
登録取得年月日：2016 年 8 月 5 日

ＧＩ登録：ー

銘柄規約の有無：有
規約設定年月日：2016 年 8 月 5 日
規約改定年月日：ー

農場 HACCP・JGAP について

農場 HACCP：ー
ＪＧＡＰ：ー

交配様式

雌 デュロック × 雄 バークシャー

主な流通経路および販売窓口

◆主なと畜場
：島原半島地域食肉センター

◆主な処理場
：同上

◆年間出荷頭数
：600 頭

◆主要卸売企業
：㈱舞豚

◆輸出実績国・地域
：ー

◆今後の輸出意欲
：ー

販売指定店制度について

指定店制度：有
販促ツール：シール・のぼり・パンフレット

特長

- 当農場で改良された種豚のうち、デュロック種とバークシャー種の交配で生まれた豚のみを「舞豚」としてブランド化している。
- 肉質の向上を目的とし、肉質や脂質に特徴を持つ種豚を使用。
- 配合飼料にパン粉等を配合し独自飼料を使用又、島原半島で湧き出る名水「舞岳の水」を地下より汲み上げ、飲水として与えている。

概要

管理主体：㈱舞豚	電話：0957-63-0048
代表者：中村　臣助　代表取締役	ＦＡＸ：0957-68-0513
所在地：島原市有明町大三東戊 663-3	ＵＲＬ：www.maiton.jp
	メールアドレス：nfoods@maiton.jp

長崎県

ながさきけんおうとん

ながさき健王豚

飼育管理

出荷日齢：180日齢

出荷体重：105～115kg

指定肥育地・牧場
：－

飼料の内容
：指定配合飼料

商標登録・GI登録・銘柄規約について

商標登録の有無：－
登録取得年月日：－

GI登録：未定

銘柄規約の有無：－
規約設定年月日：－
規約改定年月日：－

農場HACCP・JGAPについて

農場HACCP：－
JGAP：－

交配様式

雌 （ランドレース（雌）×大ヨークシャー（雄））
×
雄 デュロック

主な流通経路および販売窓口

◆主なと畜場
：佐世保食肉センター

◆主な処理場
：同上

◆年間出荷頭数
：10,000頭

◆主要卸売企業
：－

◆輸出実績国・地域
：－

◆今後の輸出意欲
：－

販売指定店制度について

指定店制度：－
販促ツール：シール、のぼり、ポスター

特長

●肉質は軟らかくうまみがあり、かつ適度な歯ごたえで食感に定評がある。
●衛生プログラムに沿った衛生管理と適正な飼養管理の徹底を図り、斉一性に優れている。
●肉色は淡いピンク色を呈し、獣臭が少ない。

概要

管理主体	長崎県央農業協同組合	電話	0957-24-3006
代表者	辻田 勇次 代表理事組合長	FAX	0957-24-4764
所在地	諫早市栗面町174-1	URL	－
		メールアドレス	－

長崎県

ながさきけんじげもんぶた
いとうさんちのえすぴーえふとん

長崎県じげもん豚
伊藤さんちのSPF豚

飼育管理

出荷日齢：180日齢

出荷体重：110kg

指定肥育地・牧場
：－

飼料の内容
：伊藤忠飼料の専用配合飼料

商標登録・GI登録・銘柄規約について

商標登録の有無：有
登録取得年月日：2009年4月10日

GI登録：未定

銘柄規約の有無：有
規約設定年月日：2007年12月3日
規約改定年月日：－

農場HACCP・JGAPについて

農場HACCP：－
JGAP：－

交配様式

雌 （ランドレース（雌）×大ヨークシャー（雄））
×
雄 デュロック

主な流通経路および販売窓口

◆主なと畜場
：島原半島地域食肉センター

◆主な処理場
：大光食品

◆年間出荷頭数
：7,000頭

◆主要卸売企業
：－

◆輸出実績国・地域
：－

◆今後の輸出意欲
：－

販売指定店制度について

指定店制度：有
販促ツール：シール、のぼり、ポスター

特長

● 日本SPF協会の審査をクリアし、認定農場として指定されている。
● 子豚期以降の飼料には抗生物質無添加のものを使用。
● コプラフレーク（ヤシ粕）を配合し、ビタミンEを強化することで質の良い、やわらかな脂肪をつくっている。

概要

管理主体	㈲伊藤ファーム	電話	0957-82-4508
代表者	伊藤 暢啓 代表取締役	FAX	同上
所在地	南島原市有家町見岳1282	URL	shimabarakobo.com/
		メールアドレス	－

北海道
青森県
岩手県
宮城県
秋田県
山形県
福島県
茨城県
栃木県
群馬県
埼玉県
千葉県
東京都
神奈川県
山梨県
長野県
新潟県
富山県
石川県
福井県
岐阜県
静岡県
愛知県
三重県
滋賀県
京都府
大阪府
兵庫県
奈良県
鳥取県
島根県
岡山県
広島県
山口県
徳島県
香川県
愛媛県
福岡県
佐賀県
長崎県
熊本県
大分県
宮崎県
鹿児島県
沖縄県
全国

長　崎　県

ながさきだいさいかいえすぴーえふとん

長崎大西海SPF豚

飼育管理

出荷日齢：180日齢

出荷体重：115kg

指定肥育地・牧場
：－

飼料の内容
：指定配合飼料

商標登録・GI登録・銘柄規約について

商標登録の有無：有
登録取得年月日：1999年4月

G I 登 録：未定

銘柄規約の有無：有
規約設定年月日：1999年4月
規約改定年月日：－

農場HACCP・JGAPについて

農場HACCP：－
JGAP：－

交配様式

雌　（ランドレース（雌）×大ヨークシャー（雄））
×
雄　デュロック

主な流通経路および販売窓口

◆主なと畜場
：佐世保食肉センター

◆主な処理場
：同上

◆年間出荷頭数
：32,000頭

◆主要卸売企業
：全農ミートフーズ

◆輸出実績国・地域
：－

◆今後の輸出意欲
：－

販売指定店制度について

指定店制度：－
販促ツール：シール、のぼり、パネル

特長

●仕上げ期に麦類（大麦、小麦）と飼料米を多給し、食味の向上を図っている。
●70日齢以降は抗生物質を含まない、配合飼料を給与。
●安心安全でおいしい豚肉の生産を手掛けている。

概要

管理主体：㈲大西海ファーム
代表者：山川　重幸　代表取締役
所在地：西海市西海町横瀬郷3262
電話：0959-29-4100
FAX：0959-29-4101
URL：－
メールアドレス：sew-daisaikai@space.ocn.ne.jp

熊本県

あまくさばいにくぽーく

天草梅肉ポーク

飼育管理

出荷日齢：180日齢

出荷体重：約120kg

指定肥育地・牧場
：上天草市龍ヶ岳町大道瀬子ノ浦111-1

飼料の内容
：無薬飼料、梅肉エキス

商標登録・GI登録・銘柄規約について

商標登録の有無：有
登録取得年月日：1996年

GI登録：未定

銘柄規約の有無：—
規約設定年月日：—
規約改定年月日：—

農場 HACCP・JGAP について

農場 HACCP：—
JGAP：—

交配様式

雌（ランドレース × 大ヨークシャー）
× 雄 デュロック
＜SPF＞

主な流通経路および販売窓口

◆主な と 畜 場
：熊本畜産流通センター

◆主な処理場
：同上

◆年間出荷頭数
：2,000頭

◆主要卸売企業
：—

◆輸出実績国・地域
：—

◆今後の輸出意欲
：有

販売指定店制度について

指定店制度：—
販促ツール：シール、チラシ、のぼり

特長

- 抗生物質を使用せず、梅肉エキスで育てたポーク。
- 平成13年度農林水産大臣賞受賞。

概要

管理主体：天草梅肉ポーク㈱
代表者：浦中　一雄　代表取締役
所在地：上天草市龍ヶ岳町大道1053
電話：0969-63-0951
FAX：0969-63-0107
URL：www.bainiku-pork.com
メールアドレス：amakusabainiku@wind.ocn.ne.jp

熊本県

えころとん

えころとん

飼育管理

出荷日齢：180日齢

出荷体重：115kg

指定肥育地・牧場
：菊池郡大津町森

飼料の内容
：指定配合飼料

商標登録・GI登録・銘柄規約について

商標登録の有無：有
登録取得年月日：2007年4月27日

GI登録：未定

銘柄規約の有無：有
規約設定年月日：1999年4月2日
規約改定年月日：—

農場 HACCP・JGAP について

農場 HACCP：有（2019年9月20日）
JGAP：—

交配様式

雌（大ヨークシャー × ランドレース）
× 雄 デュロック

雌（ランドレース × 大ヨークシャー）
× 雄 デュロック

主な流通経路および販売窓口

◆主な と 畜 場
：スターゼン

◆主な処理場
：同上

◆年間出荷頭数
：3,400頭

◆主要卸売企業
：スターゼン

◆輸出実績国・地域
：—

◆今後の輸出意欲
：—

販売指定店制度について

指定店制度：有
販促ツール：シール、のぼり、ポスター、商品カタログ

特長

- 森の中の農場で、きれいな空気と地下180mから汲み上げる自然水、指定配合の新鮮な飼料で育てている。
- 臭みがなく、脂が甘いのが特徴。

概要

管理主体：㈲ファームヨシダ
代表者：吉田　実
所在地：菊池郡大津町陣内38
電話：096-293-3492
FAX：096-293-8563
URL：www.farm-yoshida.jp
メールアドレス：info@farm-yoshida.jp

熊本県

えふえーさくらぽーく

FAさくらポーク

飼育管理

出荷日齢：180日齢

出荷体重：118kg

指定肥育地・牧場
：熊本県山鹿市

飼料の内容
：とうもろこし、麦

商標登録・GI登録・銘柄規約について

商標登録の有無：—
登録取得年月日：—

G I 登 録：—

銘柄規約の有無：—
規約設定年月日：—
規約改定年月日：—

農場HACCP・JGAPについて

農場HACCP：—
J G A P：—

交配様式

ケンボロー

主な流通経路および販売窓口

◆主なと畜場
：日本フードパッカー川棚工場、南日本ハム

◆主な処理場
：同上

◆年間出荷頭数
：15,000頭

◆主要卸売企業
：—

◆輸出実績国・地域
：—

◆今後の輸出意欲
：—

販売指定店制度について

指定店制度：—
販促ツール：シール、のぼり

特長

- 抗酸化作用のあるフルボ酸培養液（FA）の水を飲ませて育てた健康な豚肉。
- FA さくらポークは山鹿市の自然の中でおいしさを最大限に引き出した小田畜産の自信作です。

概要

管理主体：㈲小田畜産
代表者：小田 優 代表取締役
所在地：山鹿市菊鹿町長 1495-63
電話：0968-48-3609
FAX：0968-36-9339
URL：www.oda-tikusan.com
メールアドレス：—

熊本県

どんぐりぶた

どんぐり豚

飼育管理

出荷日齢：180日齢

出荷体重：約115kg

指定肥育地・牧場
：熊本県阿蘇市・阿蘇品畜産

飼料の内容
：どんぐりの粉末を配合した専用配合飼料

商標登録・GI登録・銘柄規約について

商標登録の有無：有
登録取得年月日：2002年11月15日

G I 登 録：未定

銘柄規約の有無：—
規約設定年月日：—
規約改定年月日：—

農場HACCP・JGAPについて

農場HACCP：—
J G A P：—

交配様式

ハイポー

主な流通経路および販売窓口

◆主なと畜場
：熊本畜産流通センター

◆主な処理場
：同上

◆年間出荷頭数
：約6,000頭

◆主要卸売企業
：ビンショク

◆輸出実績国・地域
：—

◆今後の輸出意欲
：—

販売指定店制度について

指定店制度：—
販促ツール：シール、パネル、ミニのぼり、棚帯、CD

特長

- どんぐりの粉末を配合した専用飼料で肥育しています。
- 肉色も良く、さらっとしたうま味のある脂身が特長です。
- 食肉産業展2017年 第15回銘柄ポーク好感度コンテスト優良賞受賞。

概要

管理主体：㈱ビンショク
代表者：新田 和秋 代表取締役社長
所在地：広島県竹原市西野町 1791-1
電話：0846-29-0046
FAX：0846-29-0324
URL：www.binshoku.jp
メールアドレス：info@binshoku.jp

熊本県

ひごあそびとん
肥後あそび豚

交配様式

ー

飼育管理

出荷日齢：180日齢

出荷体重：115kg前後

指定肥育地・牧場
　：熊本県（旭志、大津、阿蘇）

飼料の内容
　：独自の自家配合飼料（米、麦も配合）

商標登録・GI登録・銘柄規約について

商標登録の有無：有
登録取得年月日：2009年11月13日

G I 登 録：未定

銘柄規約の有無：ー
規約設定年月日：ー
規約改定年月日：ー

農場 HACCP・JGAP について

農場 HACCP：ー
J G A P：ー

主な流通経路および販売窓口

◆主なと畜場
　：スターゼンミートプロセッサー阿久根工場
◆主な処理場
　：同上
◆年間出荷頭数
　：50,000頭
◆主要卸売企業
　：スターゼンミートプロセッサー
◆輸出実績国・地域
　：ー
◆今後の輸出意欲
　：有

販売指定店制度について

指定店制度：ー
販促ツール：ー

特長

- 環境に配慮したセブン式豚舎で、アニマルウェルフェア的飼養を取り組んでいる。
- 飼料は独自設計の自家配合飼料。
- オートソーティングシステムで出荷体重を均一化、データ管理で安心安全な肉。

概要

管理主体：セブンフーズ㈱
代表者：前田　佳良子　代表取締役
所在地：菊池市旭志麓迎原2105
電話：0968-37-4133
FAX：0968-37-4134
URL：seven-foods.com
メールアドレス：sevenfoods@sand.ocn.ne.jp

熊本県

ひのもとぶた
火の本豚

火の国熊本さいき農場
火の本豚
FIREPORK

交配様式

ハイブリッド

飼育管理

出荷日齢：180日齢

出荷体重：115kg

指定肥育地・牧場
　：ー

飼料の内容
　：自家配合飼料

商標登録・GI登録・銘柄規約について

商標登録の有無：有
登録取得年月日：2010年11月19日

G I 登 録：未定

銘柄規約の有無：ー
規約設定年月日：ー
規約改定年月日：ー

農場 HACCP・JGAP について

農場 HACCP：有
J G A P：ー

主な流通経路および販売窓口

◆主なと畜場
　：日本フードパッカー　川棚工場、福岡食肉市場
◆主な処理場
　：アンドサイキ
◆年間出荷頭数
　：7,200頭
◆主要卸売企業
　：ー
◆輸出実績国・地域
　：有
◆今後の輸出意欲
　：有

販売指定店制度について

指定店制度：有
販促ツール：シール、のぼり、リーフレット

特長

- 火の国「熊本」が育んだ「本物」の豚肉。
- 熊本の大自然に抱かれ、清潔な環境、新鮮な空気の中で健やかに豚を育てている。
- 飲料水には豚のストレスを低減することで有名な超微細泡の「ナノバブル水」を使用、飼料には栄養が十分に吸収されるように、粉砕したトウモロコシや「きな粉」を使った自社オリジナルを給与している。
- 注ぎ込んだ愛情とかけた手間ひまが、食通をうならせる極上のうまみをつくり出している。

概要

管理主体：㈱アンドサイキ
代表者：齊木　大和　代表取締役社長
所在地：玉名郡和水町瀬川3482
電話：0968-86-4466
FAX：同上
URL：saikifarm.jp
メールアドレス：info@saikifarm.jp

熊本県

みらいむらとん

未来村とん

豚肉を通じて、食の未来を育む 未来村とん MIRAI MURA TON

飼育管理

出荷日齢：180日齢

出荷体重：115kg前後

指定肥育地・牧場
：熊本県・山鹿牧場、実取農場、角田農場、セブンフーズ

飼料の内容
：とうもろこし、麦

商標登録・GI登録・銘柄規約について

商標登録の有無：有
登録取得年月日：2004年

GI登録：未定

銘柄規約の有無：—
規約設定年月日：—
規約改定年月日：—

農場HACCP・JGAPについて

農場HACCP：—
JGAP：—

交配様式

三元豚

主な流通経路および販売窓口

◆主なと畜場
：スターゼンミートプロセッサー阿久根工場
◆主な処理場
：同上
◆年間出荷頭数
：35,000頭
◆主要卸売企業
：スターゼンミートプロセッサー
◆輸出実績国・地域
：—
◆今後の輸出意欲
：有

販売指定店制度について

指定店制度：—
販促ツール：—

特長

● 県内4軒の生産者（山鹿牧場、角田農場、実取農場、セブンフーズ）が会を組織運営している。

概要

管理主体	くまもと未来会	電話	0968-37-2221
代表者	実取　孝祐	FAX	0968-37-2977
所在地	菊池郡大津町杉水249	URL	—
		メールアドレス	sss777works@opal.ocn.ne.jp

熊本県

やまとなでしこぽーく

やまとなでしこポーク

SPF豚 やまとなでしこポーク YAMATON FARM ASO KUMAMOTO SPF PORK NO.1161

飼育管理

出荷日齢：150日齢

出荷体重：約120kg

指定肥育地・牧場
：—

飼料の内容
：SPF豚専用飼料（加熱処理したもの）

商標登録・GI登録・銘柄規約について

商標登録の有無：—
登録取得年月日：—

GI登録：—

銘柄規約の有無：—
規約設定年月日：—
規約改定年月日：—

農場HACCP・JGAPについて

農場HACCP：—
JGAP：—

交配様式

雌　（ランドレース（雌）×大ヨークシャー（雄））
×
雄　デュロック
＜SPF＞

主な流通経路および販売窓口

◆主なと畜場
：熊本畜産流通センター
◆主な処理場
：同上
◆年間出荷頭数
：4,100頭
◆主要卸売企業
：熊本県経済農業協同組合連合会
◆輸出実績国・地域
：—
◆今後の輸出意欲
：—

販売指定店制度について

指定店制度：—
販促ツール：シール、パンフレット、リーフレット

特長

● 阿蘇高原のきれいな空気、水をまるごと吸収し育てたSPF豚。
● 肉質は軟らかく、ジューシー。
● 臭みがなく、脂身はあっさりとしている。

概要

管理主体	㈲やまとんファーム	電話	0967-32-2705
代表者	大和　洋子	FAX	同上
所在地	阿蘇市今町388	URL	—
		メールアドレス	—

大　分　県

きんうんとん
錦雲豚

飼育管理

出荷日齢：180日齢
出荷体重：約115kg
指定肥育地・牧場
：福岡県上毛町、大分県豊後高田町、大分県耶馬渓町
飼料の内容
：指定配合飼料

商標登録・GI登録・銘柄規約について

商標登録の有無：有
登録取得年月日：2002年1月11日

GI登録：未定

銘柄規約の有無：有
規約設定年月日：2009年4月1日
規約改定年月日：—

農場HACCP・JGAPについて

農場HACCP：有（2017年8月3日）
JGAP：—

交配様式

雌（ランドレース[雌]×大ヨークシャー[雄]）
×
雄 デュロック

主な流通経路および販売窓口

◆主なと畜場
：福岡食肉市場、大分県畜産公社
◆主な処理場
：同上
◆年間出荷頭数
：30,000頭
◆主要卸売企業
：—
◆輸出実績国・地域
：—
◆今後の輸出意欲
：—

販売指定店制度について

指定店制度：—
販促ツール：シール、のぼり、ポスター、リーフレット

特長

- 高水準の衛生管理（ウインドレス豚舎）のもと健康に育てた豚肉。
- 飼料にお米と焼酎かすをブレンドすることで深いうまみと、ほど良い軟らかさの高品質の肉に仕上げている。
- 獣臭さもほとんどない。
- 脂身は旨みと甘みが特徴。
- 平成29年8月に農場HACCP認証を取得している。

概要

管理主体	㈲福田農園
代表者	福田　実　代表取締役社長
所在地	中津市耶馬渓町深耶馬1523
電話	0979-23-2922（錦雲豚専門店ふくとん）
FAX	同上
URL	kinunton.com
メールアドレス	—

大　分　県

ここのえゆめぽーく
九重夢ポーク

飼育管理

出荷日齢：175日齢
出荷体重：110kg
指定肥育地・牧場
：—
飼料の内容
：—

商標登録・GI登録・銘柄規約について

商標登録の有無：—
登録取得年月日：—

GI登録：—

銘柄規約の有無：—
規約設定年月日：—
規約改定年月日：—

農場HACCP・JGAPについて

農場HACCP：有（2018年3月30日）
JGAP：—

交配様式

雌（ランドレース[雌]×大ヨークシャー[雄]）
×
雄 デュロック

主な流通経路および販売窓口

◆主なと畜場
：大分県畜産公社
◆主な処理場
：同上
◆年間出荷頭数
：20,000頭
◆主要卸売企業
：—
◆輸出実績国・地域
：—
◆今後の輸出意欲
：—

販売指定店制度について

指定店制度：—
販促ツール：—

特長

- SPF豚で健康的な環境で飼育されている。
- 麦多給飼料によりやわらかく、うまみ成分（遊離アミノ酸）が非常に豊富な豚肉。
- 飼料米を10%以上添加することで、さらにうまみ成分が増している。

概要

管理主体	㈲九重ファーム
代表者	赤嶺　辰雄
所在地	玖珠郡九重町大字管原555-1
電話	0973-78-8049
FAX	0973-78-8468
URL	—
メールアドレス	—

大分県

こめのめぐみ

米の恵み

飼育管理

出荷日齢：175～180日齢

出荷体重：110～115kg

指定肥育地・牧場
：－

飼料の内容
：給与する飼料総量に対して10%以上の米を配合した配合飼料を肥育後期（概ね60日間以上）に給与

商標登録・GI登録・銘柄規約について

商標登録の有無：有
登録取得年月日：2017年8月4日

GI登録：未定

銘柄規約の有無：有
規約設定年月日：2016年7月28日
規約改定年月日：2016年12月1日

農場HACCP・JGAPについて

農場HACCP：－
JGAP：－

交配様式

雌（ランドレース（雌）×大ヨークシャー（雄））
×
雄 デュロック

主な流通経路および販売窓口

◆主なと畜場
：大分県畜産公社

◆主な処理場
：同上

◆年間出荷頭数
：70,000頭

◆主要卸売企業
：－

◆輸出実績国・地域
：マカオ

◆今後の輸出意欲
：有

販売指定店制度について

指定店制度：－
販促ツール：シール、のぼり、ミニのぼり、ポスター、リーフレット

特長

- 大分米ポークブランド普及促進協議会が定めた基準を満たした大分県産豚の統一ブランド。
- 米を給与しているため、脂肪中のオレイン酸含有率が高く、極上のうまみとなめらかな舌触り、クセのない香りが特徴となっている。
- 大分県内の個別銘柄豚についても、基準を満たすものは「米の恵み」として認証している。

概要

管理主体：大分米ポークブランド普及促進協議会
代表者：広瀬　和成　会長
所在地：豊後大野市犬飼町田原158029
電話：097-578-0290
FAX：－
URL：oitakomebuta.com
メールアドレス：－

大分県

さくらおう

桜王

飼育管理

出荷日齢：180日齢

出荷体重：約110kg

指定肥育地・牧場
：国東市安岐町・安岐農場

飼料の内容
：くみあい配合飼料。70日齢以降、無薬

商標登録・GI登録・銘柄規約について

商標登録の有無：有
登録取得年月日：2006年7月21日

GI登録：未定

銘柄規約の有無：－
規約設定年月日：－
規約改定年月日：－

農場HACCP・JGAPについて

農場HACCP：－
JGAP：－

交配様式

雌（ランドレース（雌）×大ヨークシャー（雄））
×
雄 デュロック

主な流通経路および販売窓口

◆主なと畜場
：大分県畜産公社

◆主な処理場
：同上

◆年間出荷頭数
：15,000頭

◆主要卸売企業
：全農大分県本部、全農ミートフーズ

◆輸出実績国・地域
：－

◆今後の輸出意欲
：－

販売指定店制度について

指定店制度：－
販促ツール：シール、のぼり、リーフレット

特長

- 大麦多給型の飼料で風味豊かな味わいに仕上げた。
- ＳＰＦ農場で徹底した衛生管理による健康飼育を手掛けている。

概要

管理主体：ＪＡ北九州ファーム㈱安岐農場
代表者：坂爪　義弘　代表取締役社長
所在地：国東市安岐町吉松3457-92
電話：0978-66-7416
FAX：0978-66-7417
URL：kk-jachikusan.co.jp
メールアドレス：sewakif3457@delux.ocn.ne.jp

大　分　県

とびうめぶた
とびうめ豚

飼育管理

出荷日齢：210日以内

出荷体重：115～120kg

指定肥育地・牧場
：まるは産業

飼料の内容
：マイロ、パン粉、とうもろこし、小麦、大豆、焼酎かす、米を配合

商標登録・GI登録・銘柄規約について

商標登録の有無：有
登録取得年月日：1960年12月10日

GI登録：—

銘柄規約の有無：有
規約設定年月日：—
規約改定年月日：—

農場HACCP・JGAPについて

農場HACCP：—
JGAP：—

交配様式

雌（大ヨークシャー雌×ランドレース雄）
×
雄 デュロック

主な流通経路および販売窓口

◆主なと畜場
：福岡食肉市場

◆主な処理場
：同上

◆年間出荷頭数
：2,000～3,000頭

◆主要卸売企業
：日本食品

◆輸出実績国・地域
：—

◆今後の輸出意欲
：有

販売指定店制度について

指定店制度：有
販促ツール：シール、のぼり

特長

- 第49回、第50回西日本地区豚枝肉共進会・金賞連続受賞

概要

管理主体	日本食品㈱	電話	092-942-6100
代表者	柿本　憲治	FAX	092-942-6107
所在地	福岡県古賀市青柳3272-6	URL	—
		メールアドレス	nisshoku-webstore@nisshoku-co.co.jp

大　分　県

やばけいげんきむらのくろぶたくん
耶馬渓元気村の黒豚くん

飼育管理

出荷日齢：240日齢

出荷体重：110kg

指定肥育地・牧場
：—

飼料の内容
：配合飼料、地養素

商標登録・GI登録・銘柄規約について

商標登録の有無：—
登録取得年月日：—

GI登録：—

銘柄規約の有無：—
規約設定年月日：—
規約改定年月日：—

農場HACCP・JGAPについて

農場HACCP：—
JGAP：—

交配様式

イギリス系バークシャー

主な流通経路および販売窓口

◆主なと畜場
：日本フードパッカー川棚工場、大分県畜産公社

◆主な処理場
：同上

◆年間出荷頭数
：2,000頭

◆主要卸売企業
：日本フードパッカー

◆輸出実績国・地域
：—

◆今後の輸出意欲
：—

販売指定店制度について

指定店制度：—
販促ツール：—

特長

- 地下530mから汲み上げたミネラル水を与え、緑豊かな大自然の中で飼育している。
- 地養素を配合飼料に添加することで、肉の日もちが良く、ドリップが出ない。
- しゃぶしゃぶ料理の時もアクがでない。

概要

管理主体	㈲おおいた黒豚牧場	電話	0979-56-3006
代表者	髙崎　文広　代表取締役	FAX	同上
所在地	中津市耶馬渓町金吉5196-31	URL	—
		メールアドレス	—

大　分　県

麗宝（れいほう）

飼育管理

出荷日齢：180日齢

出荷体重：120kg

指定肥育地・牧場
　：豊後高田市香々地蛭石2134-1

飼料の内容
　：肥育農場子肉用飼料(無薬)米10%以上使用

商標登録・GI登録・銘柄規約について

商標登録の有無：ー
登録取得年月日：ー

G　I　登　録：ー

銘柄規約の有無：ー
規約設定年月日：ー
規約改定年月日：ー

農場HACCP・JGAPについて

農場 HACCP：ー
J　G　A　P：ー

交配様式

雌　（ランドレース（雌）× 大ヨークシャー（雄））
×
雄　デュロック

主な流通経路および販売窓口

◆主な と 畜 場
　：大分県畜産公社

◆主な処理場
　：同上

◆年間出荷頭数
　：12,000頭

◆主要卸売企業
　：ー

◆輸出実績国・地域
　：ー

◆今後の輸出意欲
　：ー

販売指定店制度について

指定店制度：ー
販促ツール：パンフレット、シール、ポスター(作成中)、のぼり(作成中)など

特長

- 繁殖・肥育農場の２サイト農場であり、肥育農場では HACCP 認証を取得。
- 肥育農場は完全無薬農場として運営しており、体重 50kg 以上の豚は抗菌性物質を使用しておりません。
- 飼料は完全指定配飼料で、
  ①米 10%以上でオレイン酸数値を増やし、豚肉のうまみ・香りなど肉質の向上
  ②木酢酸・海藻粉末を添加する事で健康に良い豚肉
- 肉がおいしくなる系統の豚を厳選した三元交雑種です。

概要

管理主体：㈲中川スワインファーム
代表者：中川　厚
所在地：豊後高田市佐野 35-1
電話：0978-22-3848
FAX：同上
URL：ー
メールアドレス：ー

宮崎県

いもこ豚（いもこぶた）

飼育管理

出荷日齢：185日齢
出荷体重：115kg
指定肥育地・牧場
：－
飼料の内容
：指定配合飼料

商標登録・GI登録・銘柄規約について

商標登録の有無：有
登録取得年月日：2018年12月28日

ＧＩ登録：－

銘柄規約の有無：－
規約設定年月日：－
規約改定年月日：－

農場HACCP・JGAPについて

農場HACCP：有（2021年9月22日）
ＪＧＡＰ：申請中

交配様式

雌（ランドレース[雌]×大ヨークシャー[雄]）
×
雄 デュロック

主な流通経路および販売窓口

◆主なと畜場
：都城市食肉センター
◆主な処理場
：ジャパンミート
◆年間出荷頭数
：28,000頭
◆主要卸売企業
：－
◆輸出実績国・地域
：－
◆今後の輸出意欲
：－

販売指定店制度について

指定店制度：－
販促ツール：－

特長

● 宮崎県えびの市をはじめとする「飼料用米」と「焼酎粕」をブレンドした専用配合飼料を食べて育った肉質は軟らかく甘みのあるさっぱりとした脂身が特長。

概要

管理主体：㈲レクスト
代表者：長友　浩人
所在地：えびの市大字坂元1666-123
電話：0984-33-1814
FAX：0984-33-1918
URL：www.rekusuto.com/
メールアドレス：rekusuto@carol.ocn.ne.jp

宮崎県

おいも豚（おいもとん）

飼育管理

出荷日齢：195日齢
出荷体重：110～118kg
指定肥育地・牧場
：－
飼料の内容
：指定配合飼料（系統）

商標登録・GI登録・銘柄規約について

商標登録の有無：有
登録取得年月日：2010年4月30日

ＧＩ登録：未定

銘柄規約の有無：－
規約設定年月日：－
規約改定年月日：－

農場HACCP・JGAPについて

農場HACCP：－
ＪＧＡＰ：－

交配様式

雌（ランドレース[雌]×大ヨークシャー[雄]）
×
雄 デュロック

雌（大ヨークシャー×ランドレース）
×
雄 デュロック

主な流通経路および販売窓口

◆主なと畜場
：ミヤチク高崎工場、同都農工場
◆主な処理場
：同上
◆年間出荷頭数
：13,580頭
◆主要卸売企業
：－
◆輸出実績国・地域
：中国、香港
◆今後の輸出意欲
：有

販売指定店制度について

指定店制度：有
販促ツール：シール、ポスター、リーフレット

特長

● おいも、大麦をバランスよく添加した飼料を給与。
● 肉のやわらかさと、脂の口溶けが特徴です。

概要

管理主体：ＪＡ宮崎経済連
代表者：坂下　栄次
所在地：宮崎市霧島1-1-1
電話：0985-31-2134
FAX：0985-31-5711
URL：www.m-pork.com/
メールアドレス：－

北海道
青森県
岩手県
宮城県
秋田県
山形県
福島県
茨城県
栃木県
群馬県
埼玉県
千葉県
東京都
神奈川県
山梨県
長野県
新潟県
富山県
石川県
福井県
岐阜県
静岡県
愛知県
三重県
滋賀県
京都府
大阪府
兵庫県
奈良県
鳥取県
島根県
岡山県
広島県
山口県
徳島県
香川県
愛媛県
福岡県
佐賀県
長崎県
熊本県
大分県
宮崎県
鹿児島県
沖縄県
全　国

宮　崎　県

尾鈴豚（おすずとん）

飼育管理

出荷日齢：170日齢以上

出荷体重：115～120kg

指定肥育地・牧場
：ー

飼料の内容
：指定配合飼料

商標登録・GI登録・銘柄規約について

商標登録の有無：有
登録取得年月日：2007年10月30日

GＩ登録：ー

銘柄規約の有無：有
規約設定年月日：1983年10月
規約改定年月日：ー

農場HACCP・JGAPについて

農場HACCP：ー
ＪＧＡＰ：ー

交配様式

雌（ランドレース雌×大ヨークシャー雄）
×
雄 デュロック

主な流通経路および販売窓口

◆主なと畜場
：ミヤチク

◆主な処理場
：同上

◆年間出荷頭数
：20,000頭

◆主要卸売企業
：ー

◆輸出実績国・地域
：ー

◆今後の輸出意欲
：有

販売指定店制度について

指定店制度：有
販促ツール：シール、のぼり、パンフレット

特長

● ミネラル、カルシウムの強化。
● 肉の臭みが少なく、軟らかい。

概要

管理主体	農事組合法人尾鈴豚友会	電話	0983-27-3749
代表者	田畑　收一　代表理事	FAX	0983-27-3748
所在地	児湯郡川南町大字川南 18261-6	URL	ー
		メールアドレス	ー

宮　崎　県

尾鈴ポーク（おすずぽーく）

飼育管理

出荷日齢：185日齢

出荷体重：115kg

指定肥育地・牧場
：川南町、都農町

飼料の内容
：トウモロコシ、麦類

商標登録・GI登録・銘柄規約について

商標登録の有無：ー
登録取得年月日：ー

GＩ登録：未定

銘柄規約の有無：ー
規約設定年月日：ー
規約改定年月日：ー

農場HACCP・JGAPについて

農場HACCP：未定
ＪＧＡＰ：未定

交配様式

雌（ランドレース雌×大ヨークシャー雄）
×
雄 デュロック

主な流通経路および販売窓口

◆主なと畜場
：ミヤチク都農工場

◆主な処理場
：同上

◆年間出荷頭数
：600頭

◆主要卸売企業
：ー

◆輸出実績国・地域
：ー

◆今後の輸出意欲
：ー

販売指定店制度について

指定店制度：有
販促ツール：シール

特長

● 尾鈴山の麓、海と山に囲まれた自然豊かな地で、経済連指定農場より出荷されています。
● 衛生的な飼養管理の中ですくすくと健康に育った豚肉です。

概要

管理主体	ＪＡ宮崎経済連　養豚実証農場	電話	0985-31-2134
代表者	坂下　栄次	FAX	0985-31-5711
所在地	宮崎市霧島 1-1-1	URL	www.m-pork.com/
		メールアドレス	m-pork@kei.mz-ja.or.jp

宮崎県

おとめぶた

おとめ豚

飼育管理

出荷日齢：185日齢

出荷体重：115kg

指定肥育地・牧場
：－

飼料の内容
：指定配合飼料

商標登録・GI登録・銘柄規約について

商標登録の有無：有
登録取得年月日：－

ＧＩ登録：－

銘柄規約の有無：－
規約設定年月日：－
規約改定年月日：－

農場HACCP・JGAPについて

農場HACCP：有（2021年9月22日）
ＪＧＡＰ：申請中

交配様式

雌（ランドレース（雌）×大ヨークシャー（雄））
×
雄 デュロック
<ＳＰＦ>

主な流通経路および販売窓口

◆主 な と 畜 場
：都城市食肉センター

◆主 な 処 理 場
：ジャパンミート

◆年 間 出 荷 頭 数
：28,000頭

◆主 要 卸 売 企 業
：－

◆輸出実績国・地域
：－

◆今後の輸出意欲
：－

販売指定店制度について

指定店制度：－
販促ツール：－

特長

●肉質の軟らかい「雌」のみを出荷、脂質はしっとりとした舌触りに特徴がある。

概要

管理主体	㈲レクスト	電話	0984-33-1814
代表者	長友　浩人	ＦＡＸ	0984-33-1918
所在地	えびの市大字坂元1666-123	ＵＲＬ	rekusuto.com
		メールアドレス	rekusuro@carol.ocn.jp

宮崎県

からいもどん

からいもどん

飼育管理

出荷日齢：260日齢

出荷体重：120kg

指定肥育地・牧場
：生駒高原牧場

飼料の内容
：－

商標登録・GI登録・銘柄規約について

商標登録の有無：有
登録取得年月日：2000年3月17日

ＧＩ登録：－

銘柄規約の有無：－
規約設定年月日：－
規約改定年月日：－

農場HACCP・JGAPについて

農場HACCP：－
ＪＧＡＰ：－

交配様式

バークシャー

主な流通経路および販売窓口

◆主 な と 畜 場
：小林市食肉センター

◆主 な 処 理 場
：桑水流畜産

◆年 間 出 荷 頭 数
：6,000頭

◆主 要 卸 売 企 業
：－

◆輸出実績国・地域
：－

◆今後の輸出意欲
：有

販売指定店制度について

指定店制度：有
販促ツール：シール、のぼり

特長

● 肉質はきめが細かく、軟らかい。
● さらりとした味わいと深いうまみを持ち、脂身の甘さが特徴である。
● 霧島連山の麓、自社農場の湧き水を飲み、厳選された飼料と適宜な運動でストレスをためないようにのびのび育てることを心掛けている。

概要

管理主体	㈲桑水流畜産	電話	0984-22-8686
代表者	桑水流　浩蔵	ＦＡＸ	0984-25-1129
所在地	小林市東方3941-2	ＵＲＬ	kuwazuru.net/
		メールアドレス	info@kuwazuru.shop

[QR code]

宮崎県・鹿児島県

きりしまおりーぶあかぶた

霧島オリーブ赤豚

霧島オリーブ赤豚
KIRISHIMA OLIVE RED PORK

飼育管理

出荷日齢：約180日齢

出荷体重：115～120kg

指定肥育地・牧場
：高崎ファーム、佐多ファーム

飼料の内容
：仕上げ期に専用飼料（オリーブ粕、海藻含む）

商標登録・GI 登録・銘柄規約について

商標登録の有無：有
登録取得年月日：2023 年 8 月 2 日

G I 登 録：ー

銘柄規約の有無：ー
規約設定年月日：ー
規約改定年月日：ー

農場 HACCP・JGAP について

農場 HACCP：ー
J G A P：ー

交配様式

デュロック

主な流通経路および販売窓口

◆主 な と 畜 場
：ミヤチク高崎工場、協同組合南州高山ミートセンター

◆主 な 処 理 場
：同上

◆年 間 出 荷 頭 数
：約 4,000 頭

◆主 要 卸 売 企 業
：ー

◆輸出実績国・地域
：ー

◆今後の輸出意欲
：有

販売指定店制度について

指定店制度：ー
販促ツール：ー

特長

- デュロック純粋豚であり、他の品種と比べ筋肉内脂肪量が多く、サシ（霜降り）が入りやすいのが特徴。
- 飼料にはオリーブ粕とミネラル豊富な海藻を添加させることにより、旨味成分が増し柔らかい肉質を実現。
- 肥育環境にもこだわり、広々としたオリジナルの床敷（バイオベット）を使用し、ストレスのない環境で伸び伸び走り回りながら肥育している。

概要

管 理 主 体：霧島オリーブ合同会社
代 表 者：吉原 広徳
所 在 地：宮崎県都城市前田町 7 街区 20

電 話：0986-24-5111
F A X：0986-24-5554
U R L：nsc-j.com/kirishimaolive/
メールアドレス：ー

宮 崎 県

きりしまくろぶた

霧島黒豚

飼育管理

出荷日齢：230～240日齢

出荷体重：110kg前後

指定肥育地・牧場
：安久農場、御池農場

飼料の内容
：発育段階ごとの特性にあった専用飼料

商標登録・GI 登録・銘柄規約について

商標登録の有無：有
登録取得年月日：2003 年 9 月 5 日

G I 登 録：ー

銘柄規約の有無：ー
規約設定年月日：ー
規約改定年月日：ー

農場 HACCP・JGAP について

農場 HACCP：ー
J G A P：ー

交配様式

バークシャー

主な流通経路および販売窓口

◆主 な と 畜 場
：都城ウェルネスミート

◆主 な 処 理 場
：林兼産業 都城工場

◆年 間 出 荷 頭 数
：50,000 頭

◆主 要 卸 売 企 業
：林兼産業 食品事業部

◆輸出実績国・地域
：香港

◆今後の輸出意欲
：有

販売指定店制度について

指定店制度：ー
販促ツール：ー

特長

- 林兼グループの長年にわたる飼料の研究、開発、飼育技術により各発育段階ごとの特性にあった専用飼料を給与している。
- 健康でキメ細かな肉質とうま味に優れた均一性の高い黒豚である。
- 定期的に肉質調査を実施し、品質の向上と維持を図っている。

概要

管理主体：キリシマドリームファーム㈱
代 表 者：新島 博隆
所 在 地：都城市安久町 3512 番地

電 話：0986-39-5000
F A X：0986-39-5031
U R L：www.hayashikane.co.jp/kurobuta/index.html
メールアドレス：ー

宮　崎　県

きりしまさんげんとん

霧島三元豚

飼育管理

出荷日齢：185日齢

出荷体重：114kg

指定肥育地・牧場
　：宮崎県内

飼料の内容
　：トウモロコシ、麦類

商標登録・GI 登録・銘柄規約について

商標登録の有無：ー
登録取得年月日：ー

G　I　登　録：未定

銘柄規約の有無：ー
規約設定年月日：ー
規約改定年月日：ー

農場 HACCP・JGAP について

農場 HACCP：未定
J　G　A　P：未定

交配様式

雌　（ランドレース（雌）× 大ヨークシャー（雄））
×
雄　デュロック

主な流通経路および販売窓口

◆主 な と 畜 場
　：ミヤチク高崎工場

◆主 な 処 理 場
　：同上

◆年 間 出 荷 頭 数
　：6,400 頭（販売頭数ベース）

◆主 要 卸 売 企 業
　：小川ミート

◆輸出実績国・地域
　：ー

◆今後の輸出意欲
　：ー

販売指定店制度について

指定店制度：有
販促ツール：シール

特長

● JA 宮崎経済連指定農場より出荷され、品種・配合飼料・飼養管理が統一され安定供給が出来る安全・安心な品質の豚肉です。

概要

管　理　主　体　：ＪＡ宮崎経済連　養豚実証農場
代　表　者　：坂下　栄次
所　在　地　：宮崎市霧島 1-1-1

電　話　：0985-31-2134
F　A　X　：0985-31-5711
U　R　L　：www.m-pork.com/
メールアドレス　：m-pork@kei.mz-ja.or.jp

宮　崎　県

さくらさくぽーく

さくら咲くポーク

飼育管理

出荷日齢：185日齢

出荷体重：114kg

指定肥育地・牧場
　：宮崎県内

飼料の内容
　：トウモロコシ、麦類

商標登録・GI 登録・銘柄規約について

商標登録の有無：ー
登録取得年月日：ー

G　I　登　録：未定

銘柄規約の有無：ー
規約設定年月日：ー
規約改定年月日：ー

農場 HACCP・JGAP について

農場 HACCP：未定
J　G　A　P：未定

交配様式

雌　（ランドレース（雌）× 大ヨークシャー（雄））
×
雄　デュロック

主な流通経路および販売窓口

◆主 な と 畜 場
　：ミヤチク都農工場

◆主 な 処 理 場
　：同上

◆年 間 出 荷 頭 数
　：6,800 頭（販売頭数ベース）

◆主 要 卸 売 企 業
　：福岡食肉販売

◆輸出実績国・地域
　：ー

◆今後の輸出意欲
　：ー

販売指定店制度について

指定店制度：有
販促ツール：シール

特長

● JA 宮崎経済連養豚実証農場より出荷され、品種・配合飼料・飼養管理が統一されています。
● さくら色のような豚肉で、口に入れた瞬間ふわっとうまみが咲く様な感じから「さくら咲くポーク」というブランド名が出来ました。

概要

管　理　主　体　：ＪＡ宮崎経済連　養豚実証農場
代　表　者　：坂下　栄次
所　在　地　：宮崎市霧島 1-1-1

電　話　：0985-31-2134
F　A　X　：0985-31-5711
U　R　L　：www.m-pork.com/
メールアドレス　：m-pork@kei.mz-ja.or.jp

北海道
青森県
岩手県
宮城県
秋田県
山形県
福島県
茨城県
栃木県
群馬県
埼玉県
千葉県
東京都
神奈川県
山梨県
長野県
新潟県
富山県
石川県
福井県
岐阜県
静岡県
愛知県
三重県
滋賀県
京都府
大阪府
兵庫県
奈良県
鳥取県
島根県
岡山県
広島県
山口県
徳島県
香川県
愛媛県
福岡県
佐賀県
長崎県
熊本県
大分県
宮崎県
鹿児島県
沖縄県
全国

宮崎県

さんしゅうやおすすめのおいしいぶたにく

三周家おすすめのおいしい豚肉

飼育管理

出荷日齢：185日齢

出荷体重：114kg

指定肥育地・牧場
：宮崎県内

飼料の内容
：トウモロコシ、麦類

商標登録・GI登録・銘柄規約について

商標登録の有無：－
登録取得年月日：－

G I 登 録：未定

銘柄規約の有無：－
規約設定年月日：－
規約改定年月日：－

農場HACCP・JGAPについて

農場HACCP：未定
J G A P：未定

交配様式

雌 （ランドレース（雌）× 大ヨークシャー（雄））
×
雄 デュロック

主な流通経路および販売窓口

◆主なと畜場
：ミヤチク高崎工場

◆主な処理場
：同上

◆年間出荷頭数
：2,100頭（販売頭数ベース）

◆主要卸売企業
：エル三和

◆輸出実績国・地域
：－

◆今後の輸出意欲
：－

販売指定店制度について

指定店制度：有
販促ツール：シール・チラシ・パネル

特長

● JA宮崎経済連指定農場より出荷され、品種・配合飼料・飼養管理が統一され安定供給が出来る安全・安心な品質の豚肉です。
● お肉の三周家スタッフが実際に食べて厳選した豚肉です。

概要

管理主体：JA宮崎経済連 養豚実証農場
代表者：坂下 栄次
所在地：宮崎市霧島1-1-1
電話：0985-31-2134
FAX：0985-31-5711
URL：www.m-pork.com/
メールアドレス：m-pork@kei.mz-ja.or.jp

宮崎県

たかじょうのさと

高城の里®

飼育管理

出荷日齢：平均200日齢

出荷体重：110～115kg前後

指定肥育地・牧場
：高城

飼料の内容
：植物性主体で焼酎かす入り

商標登録・GI登録・銘柄規約について

商標登録の有無：有
登録取得年月日：2010年8月27日

G I 登 録：－

銘柄規約の有無：有
規約設定年月日：2010年4月1日
規約改定年月日：－

農場HACCP・JGAPについて

農場HACCP：－
J G A P：－

交配様式

雌 ハイポー
×
雄 ハイポーデュロック

主な流通経路および販売窓口

◆主なと畜場
：日本フードパッカー川棚

◆主な処理場
：同上

◆年間出荷頭数
：12,960頭

◆主要卸売企業
：－

◆輸出実績国・地域
：－

◆今後の輸出意欲
：－

販売指定店制度について

指定店制度：－
販促ツール：－

特長

● 指定農場で育てた植物性飼料で仕上げた豚肉です。

概要

管理主体：日本クリーンファーム㈱九州事業所
代表者：吉原 洋明 代表取締役社長
所在地：都城市高城町桜木228-8
電話：0986-53-1577
FAX：0986-53-1424
URL：－
メールアドレス：－

宮崎県・鹿児島県

どんぐりのめぐみ
どんぐりの恵み

飼育管理

出荷日齢：180日齢
出荷体重：73kg
指定肥育地・牧場
：宮崎県都城市、鹿児島県鹿屋市

飼料の内容
：どんぐり粉、コプラフレーク、イムノビオス、カルスポリン、麦類10%以上

商標登録・GI登録・銘柄規約について

商標登録の有無：有
登録取得年月日：2013年11月8日

GI登録：未定

銘柄規約の有無：有
規約設定年月日：2014年11月
規約改定年月日：—

農場HACCP・JGAPについて

農場HACCP：—
JGAP：—

交配様式

雌 (ランドレース(雌)×大ヨークシャー(雄))
×
雄 デュロック

主な流通経路および販売窓口

◆主なと畜場
：都城ウェルネスミート

◆主な処理場
：ジャパンミート

◆年間出荷頭数
：8,500頭

◆主要卸売企業
：伊藤忠飼料

◆輸出実績国・地域
：—

◆今後の輸出意欲
：有

販売指定店制度について

指定店制度：有
販促ツール：シール、ポップ、パンフレット

特長

● コクがあるのにさっぱりとした味わい
● 脂にシャキシャキ感があり、ほど良い歯ざわりがある食感。

概要

管理主体	ジャパンミート㈱	電話	0986-23-3200
代表者	郡司　大介	FAX	0986-23-3312
所在地	都城市平江町37-8	URL	—
		メールアドレス	—

宮崎県

にちなんもちぶた
日南もち豚

飼育管理

出荷日齢：200日前後
出荷体重：110kg前後
指定肥育地・牧場
：ナンチクファーム、守山北郷農場、守山細田農場（宮崎県日南市）
飼料の内容
：肥育期の飼料にコプラフレーク、カルスポリンを配合した専用飼料を給与

商標登録・GI登録・銘柄規約について

商標登録の有無：有
登録取得年月日：2006年9月22日

GI登録：未定

銘柄規約の有無：有
規約設定年月日：—
規約改定年月日：—

農場HACCP・JGAPについて

農場HACCP：—
JGAP：—

交配様式

雌 (ランドレース(雌)×大ヨークシャー(雄))
×
雄 デュロック

主な流通経路および販売窓口

◆主なと畜場
：ナンチク

◆主な処理場
：同上

◆年間出荷頭数
：20,000頭

◆主要卸売企業
：関西ハニューフーズ

◆輸出実績国・地域
：—

◆今後の輸出意欲
：—

販売指定店制度について

指定店制度：—
販促ツール：シール、パネル

特長

● クリーンな環境で元気に育ったSPF豚
● こだわりの飼料を与え、肉質はキメ細かくコクが有り、まろやかで豚特有の臭みもなく後味はさっぱりしていて冷めても軟らかい。
● 特殊枝肉分割（肋骨5/6間で分割）で一般的なカタロースより長く、歩留まりが良いので使いやすい。
● 指定農場、指定飼料、等級「中」以上

概要

管理主体	関西ハニューフーズ㈱	電話	072-250-4488
代表者	高橋　茂樹	FAX	072-250-5566
所在地	大阪府堺市東区八下町1-122	URL	hanewfoods.com
		メールアドレス	—

宮崎県

のべおかよっとん

延岡よっとん

飼育管理

出荷日齢：220日齢

出荷体重：115kg

指定肥育地・牧場
：－

飼料の内容
：完全無薬（哺乳～仕上げ期の間、抗生物質オールフリー）。ＥＭ菌

商標登録・GI登録・銘柄規約について

商標登録の有無：有
登録取得年月日：2007年7月6日

ＧＩ登録：未定

銘柄規約の有無：－
規約設定年月日：－
規約改定年月日：－

農場HACCP・JGAPについて

農場HACCP：－
ＪＧＡＰ：－

交配様式

雌 （ランドレース × 大ヨークシャー）
×
雄 デュロック

雌 （大ヨークシャー × ランドレース）
×
雄 デュロック

主な流通経路および販売窓口

◆主なと畜場
：ナンチク

◆主な処理場
：同上

◆年間出荷頭数
：1,000頭

◆主要卸売企業
：－

◆輸出実績国・地域
：－

◆今後の輸出意欲
：有

販売指定店制度について

指定店制度：有
販促ツール：シール、のぼり

特長

●薬に頼らず、飼育された安心安全の豚肉。
●ＥＭ菌には抗酸化作用があるので鮮度が長持ちする。
●オレイン酸の含有量が豊富で、嫌な臭いがなく、軟らかくてジューシー。

概要

管理主体：㈱吉玉畜産
代表者：吉玉　勇作　代表取締役
所在地：延岡市柚木町738
電話：0982-33-1087
ＦＡＸ：0982-20-2982
ＵＲＬ：yotton.net
メールアドレス：－

宮崎県

はざまのきなこぶた

はざまのきなこ豚

飼育管理

出荷日齢：180日齢

出荷体重：114kg

指定肥育地・牧場
：－

飼料の内容
：指定配合飼料

商標登録・GI登録・銘柄規約について

商標登録の有無：有
登録取得年月日：1975年7月1日

ＧＩ登録：取得済

銘柄規約の有無：有
規約設定年月日：1975年7月1日
規約改定年月日：－

農場HACCP・JGAPについて

農場HACCP：－
ＪＧＡＰ：－

交配様式

雌 （ランドレース × 大ヨークシャー）
×
雄 デュロック

ハイポー

主な流通経路および販売窓口

◆主なと畜場
：ミヤチク、スターゼンミートプロセッサー加世田工場など

◆主な処理場
：同上

◆年間出荷頭数
：120,000頭

◆主要卸売企業
：ミヤチク、スターゼン

◆輸出実績国・地域
：－

◆今後の輸出意欲
：有

販売指定店制度について

指定店制度：－
販促ツール：のぼり（大・小）、シール

特長

●健康で安全な豚肉を生産するため厳選された「きなこ」を使用する。
●指定配合飼料を与えた豚はまろやかで、甘みある肉質を特長としている。

概要

管理主体：㈱はざま牧場
代表者：間　健二朗　代表取締役社長
所在地：都城市野々美谷町1936-1
電話：0986-36-0083
ＦＡＸ：0986-36-0798
ＵＲＬ：www.f-hazama.co.jp
メールアドレス：shop@f-hazama.co.jp

宮崎県

ひむかおさつぽーく

日向おさつポーク

飼育管理

出荷日齢：170～210日齢

出荷体重：115kg

指定肥育地・牧場
：－

飼料の内容
：指定配合飼料、甘しょを60日以上給与

商標登録・GI登録・銘柄規約について

商標登録の有無：有
登録取得年月日：2009年6月12日

GI登録：未定

銘柄規約の有無：有
規約設定年月日：－
規約改定年月日：－

農場HACCP・JGAPについて

農場HACCP：－
JGAP：－

交配様式

雌（ランドレース（雌）×大ヨークシャー（雄））
×
雄 デュロック

雌（大ヨークシャー×ランドレース）
×
雄 デュロック

主な流通経路および販売窓口

◆主なと畜場
：ミヤチク高崎工場

◆主な処理場
：同上

◆年間出荷頭数
：7,200頭

◆主要卸売企業
：－

◆輸出実績国・地域
：－

◆今後の輸出意欲
：－

販売指定店制度について

指定店制度：－
販促ツール：シール、パンフレット

特長

- 肥育仕上げ期に甘しょを10%配合し、給与している。
- 臭みがなく肉に独特の甘みがある。

概要

管理主体	南国興産㈱	電話	0986-53-1041
代表者	弓削　昭男	FAX	0986-53-1850
所在地	都城市高城町有水1941	URL	nangokunet.co.jp
		メールアドレス	－

宮崎県

ひゅうがへべすとん

日向へべす豚

飼育管理

出荷日齢：170日齢

出荷体重：115kg

指定肥育地・牧場
：－

飼料の内容
：日向市特産の柑橘"へべす"の搾りかすを乾燥、粉砕して飼料に添加。

商標登録・GI登録・銘柄規約について

商標登録の有無：－
登録取得年月日：－

GI登録：未定

銘柄規約の有無：－
規約設定年月日：－
規約改定年月日：－

農場HACCP・JGAPについて

農場HACCP：未定
JGAP：未定

交配様式

雌（ランドレース（雌）×大ヨークシャー（雄））
×
雄 デュロック

主な流通経路および販売窓口

◆主なと畜場
：南日本ハム

◆主な処理場
：同上

◆年間出荷頭数
：現在休止中

◆主要卸売企業
：－

◆輸出実績国・地域
：－

◆今後の輸出意欲
：－

販売指定店制度について

指定店制度：－
販促ツール：－

特長

- 日向市特産の「へべす」を飼料に加えています。
- 脂の口溶けと、さっぱりとした肉の味わいが特徴です。

概要

管理主体	㈱日向ファーム	電話	0982-52-9390
代表者	黒木　章夫	FAX	0982-52-9761
所在地	日向市大字塩見奥野6433-1	URL	www.m-pork.com/
		メールアドレス	m-pork@kei.mz-ja.or.jp

北海道 青森県 岩手県 宮城県 秋田県 山形県 福島県 茨城県 栃木県 群馬県 埼玉県 千葉県 東京都 神奈川県 山梨県 長野県 新潟県 富山県 石川県 福井県 岐阜県 静岡県 愛知県 三重県 滋賀県 京都府 大阪府 兵庫県 奈良県 鳥取県 島根県 岡山県 広島県 山口県 徳島県 香川県 愛媛県 福岡県 佐賀県 長崎県 熊本県 大分県 宮崎県 鹿児島県 沖縄県 全国

宮　崎　県

みさきとん
美咲豚

飼育管理

出荷日齢：180日齢

出荷体重：120kg前後

指定肥育地・牧場
：串間市

飼料の内容
：配合飼料、生菌剤

商標登録・GI登録・銘柄規約について

商標登録の有無：ー
登録取得年月日：ー

ＧＩ登録：未定

銘柄規約の有無：ー
規約設定年月日：ー
規約改定年月日：ー

農場HACCP・JGAPについて

農場HACCP：未定
ＪＧＡＰ：未定

交配様式

雌（ランドレース(雌)×大ヨークシャー(雄)）
×
雄 デュロック

主な流通経路および販売窓口

◆主なと畜場
：ナンチク

◆主な処理場
：同上

◆年間出荷頭数
：現在休止中

◆主要卸売企業
：ナンチク

◆輸出実績国・地域
：ー

◆今後の輸出意欲
：ー

販売指定店制度について

指定店制度：有
販促ツール：シール

特長

● 肉の旨味を引き出すために数種類の生菌剤を飼料に添加し、旨み成分やコラーゲンを多く含んだ、いつ食べてもおいしい豚肉をお届けしています。

概要

管理主体：山崎　一博・河野　義成
代表者：山崎　一博・河野　義成
所在地：串間市大字串間 610

電話：090-5721-1527
FAX：0987-72-0533
URL：www.m-pork.com/
メールアドレス：m-pork@kei.mz-ja.or.jp

宮　崎　県

みやざきにちなんひまわりぽーく
宮崎日南ひまわりポーク

飼育管理

出荷日齢：180日齢

出荷体重：120kg

指定肥育地・牧場
：日南農場

飼料の内容
：小麦10%以上配合。動物質性飼料を使用せず、純植物質性原料のみを使用。

商標登録・GI登録・銘柄規約について

商標登録の有無：ー
登録取得年月日：ー

ＧＩ登録：ー

銘柄規約の有無：有
規約設定年月日：2023年5月1日
規約改定年月日：ー

農場HACCP・JGAPについて

農場HACCP：ー
ＪＧＡＰ：ー

交配様式

雌（ランドレース(雌)×大ヨークシャー(雄)）
×
雄 デュロック

主な流通経路および販売窓口

◆主なと畜場
：林兼産業都城工場

◆主な処理場
：同上

◆年間出荷頭数
：13,200頭

◆主要卸売企業
：エスフーズ

◆輸出実績国・地域
：ー

◆今後の輸出意欲
：有

販売指定店制度について

指定店制度：無
販促ツール：ポスター、シールなど

特長

● 小麦10%以上配合。
● 動物質性飼料を使用せず、純植物質性原料のみを使用。
● 腸内環境を整え、健康な豚を育てるため麹菌飼料を配合。

概要

管理主体：㈱P.A.C鹿児島
代表者：原田　幸二　代表取締役
所在地：鹿屋市古前城町 6-5

電話：0994-45-5010
FAX：0994-45-4010
URL：ー
メールアドレス：pac-harada@po4.synapse.ne.jp

宮崎県

みやざきぶらんどぽーく

宮崎ブランドポーク

飼育管理

出荷日齢：190日齢

出荷体重：115kg

指定肥育地・牧場
：ー

飼料の内容
：ー

商標登録・GI 登録・銘柄規約について

商標登録の有無：有
登録取得年月日：2015 年 8 月 7 日

G I 登 録：未定

銘柄規約の有無：有
規約設定年月日：2013 年10月 1 日
規約改定年月日：ー

農場 HACCP・JGAP について

農場 HACCP：ー
J G A P：ー

交配様式

	雌	雄
雌	（ランドレース×大ヨークシャー）	
	×	
雄	デュロック	
雌	（大ヨークシャー×ランドレース）	
	×	
雄	デュロック	

主な流通経路および販売窓口

◆主 な と 畜 場
：ミヤチク高崎工場、同都農工場

◆主 な 処 理 場
：同上

◆年 間 出 荷 頭 数
：278,000 頭

◆主 要 卸 売 企 業
：ミヤチク

◆輸出実績国・地域
：ー

◆今後の輸出意欲
：有

販売指定店制度について

指定店制度：有
販促ツール：シール、のぼり、リーフレット、ポスター、はっぴ

特長

- 協議会の指定する食肉処理場で処理された豚肉。
- 協議会の指定する産地、生産者が出荷する豚肉。
- 生産性向上の取り組みを行った上で、生産者情報（飼養頭数、給与飼料）を開示できる。

概要

管理主体	ＪＡ宮崎経済連	電話	0985-31-2134
代表者	坂下 栄次	FAX	0985-31-5711
所在地	宮崎市霧島 1-1-1	URL	www.m-pork.com/
		メールアドレス	ー

宮崎県

みやざきべいじゅぽーく

宮崎米寿ポーク

飼育管理

出荷日齢：180～190日齢

出荷体重：110～118kg

指定肥育地・牧場
：ー

飼料の内容
：指定配合飼料（系統）。県内産飼料米の米粉10%を配合飼料に添加

商標登録・GI 登録・銘柄規約について

商標登録の有無：有
登録取得年月日：2012 年 6 月 1 日

G I 登 録：未定

銘柄規約の有無：ー
規約設定年月日：ー
規約改定年月日：ー

農場 HACCP・JGAP について

農場 HACCP：ー
J G A P：ー

交配様式

	雌	雄
雌	（ランドレース×大ヨークシャー）	
	×	
雄	デュロック	
雌	（大ヨークシャー×ランドレース）	
	×	
雄	デュロック	

主な流通経路および販売窓口

◆主 な と 畜 場
：ミヤチク高崎工場、同都農工場

◆主 な 処 理 場
：同上

◆年 間 出 荷 頭 数
：5,000 頭

◆主 要 卸 売 企 業
：ー

◆輸出実績国・地域
：ー

◆今後の輸出意欲
：ー

販売指定店制度について

指定店制度：有
販促ツール：シール、ポスター、リーフレット

特長

- 宮崎県産の飼料用玄米を粉にして、飼料に配合しています。
- 肉の甘い風味と、飲み込んだ後に残る肉の味わいが特徴です。

概要

管理主体	ＪＡ宮崎経済連	電話	0985-31-2134
代表者	坂下 栄次	FAX	0985-31-5711
所在地	宮崎市霧島 1-1-1	URL	www.m-pork.com/
		メールアドレス	ー

北海道 青森県 岩手県 宮城県 秋田県 山形県 福島県 茨城県 栃木県 群馬県 埼玉県 千葉県 東京都 神奈川県 山梨県 長野県 新潟県 富山県 石川県 福井県 岐阜県 静岡県 愛知県 三重県 滋賀県 京都府 大阪府 兵庫県 奈良県 鳥取県 島根県 岡山県 広島県 山口県 徳島県 香川県 愛媛県 福岡県 佐賀県 長崎県 熊本県 大分県 宮崎県 鹿児島県 沖縄県 全国

北海道
青森県
岩手県
宮城県
秋田県
山形県
福島県
茨城県
栃木県
群馬県
埼玉県
千葉県
東京都
神奈川県
山梨県
長野県
新潟県
富山県
石川県
福井県
岐阜県
静岡県
愛知県
三重県
滋賀県
京都府
大阪府
兵庫県
奈良県
鳥取県
島根県
岡山県
広島県
山口県
徳島県
香川県
愛媛県
福岡県
佐賀県
長崎県
熊本県
大分県
宮崎県
鹿児島県
沖縄県
全　国

宮　崎　県

みやざきろっこくとん
みやざき六穀豚

飼育管理

出荷日齢：180～190日齢
出荷体重：110～115kg
指定肥育地・牧場
：宮崎県、ジャパンファーム直営農場、預託農場
飼料の内容
：6種の穀物をバランス良く配合した指定配合飼料

商標登録・GI登録・銘柄規約について

商標登録の有無：ー
登録取得年月日：ー

G　I　登　録：未定

銘柄規約の有無：ー
規約設定年月日：ー
規約改定年月日：ー

農場HACCP・JGAPについて

農場 HACCP：ー
J　G　A　P：ー

交配様式

三種間交配種

主な流通経路および販売窓口

◆主なと畜場
：サンキョーミート
◆主な処理場
：同上
◆年間出荷頭数
：10,000頭
◆主要卸売企業
：伊藤ハム米久ホールディングス
◆輸出実績国・地域
：ー
◆今後の輸出意欲
：ー

販売指定店制度について

指定店制度：ー
販促ツール：シール、ボード、POP各種

特長

- 6種類の穀物をメインにオリジナル配合飼料を与えて育てました。
- でんぷん質が高い小麦、大麦、米と栄養価の高いとうもろこし、マイロ（こうりゃん）、大豆をバランス良く飼料に配合。
- 肉のうまみ、まろやかなこくを作り出すとともに、しまりのある肉質、淡い肉色、きれいな白上がりの脂肪色にもこだわりました。

概要

管理主体：伊藤ハム米久ホールディングス㈱
代表者：繁竹　輝之
所在地：東京都目黒区三田1-7-13 ヒューリック目黒三田
電話：055-929-2807（沼津事務所）
FAX：055-926-1502（同　上）
URL：www.yonekyu.co.jp/rokkokuton/
メールアドレス：ー

宮　崎　県

みらいとん
美　麗　豚

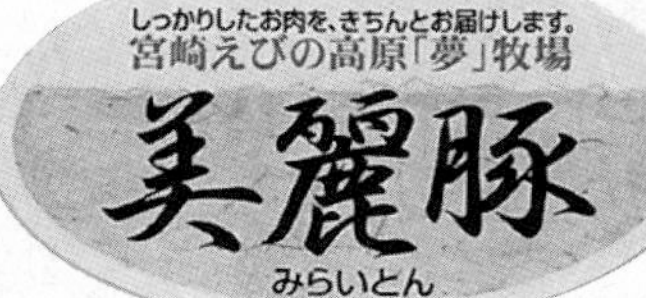

飼育管理

出荷日齢：185日齢
出荷体重：115kg
指定肥育地・牧場
：ー
飼料の内容
：指定配合飼料

商標登録・GI登録・銘柄規約について

商標登録の有無：ー
登録取得年月日：ー

G　I　登　録：未定

銘柄規約の有無：ー
規約設定年月日：ー
規約改定年月日：ー

農場HACCP・JGAPについて

農場 HACCP：有（2021年9月22日）
J　G　A　P：申請中

交配様式

雌　（ランドレース（雌）× 大ヨークシャー（雄））
×
雄　デュロック

主な流通経路および販売窓口

◆主なと畜場
：都城市食肉センター
◆主な処理場
：ジャパンミート
◆年間出荷頭数
：28,000頭
◆主要卸売企業
：ー
◆輸出実績国・地域
：ー
◆今後の輸出意欲
：有

販売指定店制度について

指定店制度：ー
販促ツール：シール

特長

- 宮崎えびの高原「夢」牧場。
- しっかりしたお肉をきちんと届けます。

概要

管理主体：㈲レクスト
代表者：長友　浩人
所在地：えびの市大字坂元1666-123
電話：0984-33-1814
FAX：0984-33-1918
URL：rekusuto.com
メールアドレス：rekusuto@carol.ocn.ne.jp

宮崎県

むぎほ
麦穂

飼育管理

出荷日齢：180～210日齢
出荷体重：110～115kg
指定肥育地・牧場
：加藤ファーム、たくみピッグファーム
飼料の内容
：麦類を配合した飼料

商標登録・GI 登録・銘柄規約について

商標登録の有無：有
登録取得年月日：2005 年 9 月30日

G I 登 録：－

銘柄規約の有無：有
規約設定年月日：2004 年10月 1 日
規約改定年月日：－

農場 HACCP・JGAP について

農場 HACCP：－
J G A P：－

交配様式

雌	ハイポー
	×
雄	デュロック

主な流通経路および販売窓口

◆主なと畜場
：南日本ハム
◆主な処理場
：同上
◆年間出荷頭数
：9,000 頭
◆主要卸売企業
：－
◆輸出実績国・地域
：－
◆今後の輸出意欲
：－

販売指定店制度について

指定店制度：－
販促ツール：－

特長

● 豚の嫌な臭いが少ない。
● 脂肪は白色で光沢があり、軟らかくて味が良い。

概要

管理主体	南日本ハム㈱
代表者	中川　準　代表取締役
所在地	日向市財光寺 1193
電話	0982-54-4186
FAX	0982-54-4187
URL	www.minami-nipponham.co.jp/
メールアドレス	－

宮崎県・鹿児島県

ゆずぽーく
ゆずポーク

Fresh YUZU Pork
ゆずポーク
爽やかな柚子でおいしさ引き立つ
フレッシュなゆずポーク

飼育管理

出荷日齢：180日齢
出荷体重：115kg
指定肥育地・牧場
：宮崎県都城市（段農場）、鹿児島県志布志市（園屋農場）、曽於市（田方農場）
飼料の内容
：出荷前２カ月間にゆずを配合した専用飼料を給餌

商標登録・GI 登録・銘柄規約について

商標登録の有無：有
登録取得年月日：2018 年 6 月15日

G I 登 録：－

銘柄規約の有無：－
規約設定年月日：－
規約改定年月日：－

農場 HACCP・JGAP について

農場 HACCP：－
J G A P：－

交配様式

雌	（雌 ランドレース × 雄 大ヨークシャー）
	×
雄	デュロック

主な流通経路および販売窓口

◆主なと畜場
：ナンチク
◆主な処理場
：同上
◆年間出荷頭数
：7,500 頭
◆主要卸売企業
：－
◆輸出実績国・地域
：有
◆今後の輸出意欲
：有

販売指定店制度について

指定店制度：－
販促ツール：リーフレット、シール

特長

● 肉質向上のために自社オリジナルの配合飼料に柚子（曽於市特産）を添加した餌を与えている。
● 抗酸化作用の高い飽和脂肪酸（ステアリン酸）が多く含まれる。
● 煮汁のアクが少ない。

概要

管理主体	㈱ナンチク
代表者	狩長　嘉博
所在地	鹿児島県曽於市末吉町二之方 1828
電話	0986-76-1200
FAX	0986-76-1216
URL	www.nanchiku.co.jp/
メールアドレス	－

宮崎県・鹿児島県

わとんあじさい
和豚味彩

飼育管理

出荷日齢：180日齢

出荷体重：113kg

指定肥育地・牧場
：宮崎、鹿児島

飼料の内容
：指定配合飼料。コプラフレーク、麦類10%以上

商標登録・GI登録・銘柄規約について

商標登録の有無：ー
登録取得年月日：ー

G　I　登　録：未定

銘柄規約の有無：有
規約設定年月日：ー
規約改定年月日：ー

農場 HACCP・JGAP について

農場 HACCP：ー
J　G　A　P：ー

交配様式

雌　（ランドレース（雌）× 大ヨークシャー（雄））
×
雄　デュロック

主な流通経路および販売窓口

◆主 な と 畜 場
：都城ウェルネスミート

◆主 な 処 理 場
：ジャパンミート

◆年 間 出 荷 頭 数
：60,000 頭

◆主 要 卸 売 企 業
：ー

◆輸出実績国・地域
：ー

◆今後の輸出意欲
：有

販売指定店制度について

指定店制度：ー
販促ツール：シール、のぼり、パンフレット

特長

- 一番しぼりのやし油（コプラフレーク）、麦類 10%以上が入った専用飼料の効果で、脂肪は白く、締まりの良い豚肉ができる。
- あっさりとした後味と深いコク、うまみが特徴。

概要

管 理 主 体：ジャパンミート㈱
代 表 者：郡司　大介
所 在 地：都城市平江町 37－8
電　話：0986-23-3200
F A X：0986-23-3312
U R L：ー
メールアドレス：ー

鹿児島県

かごしまおーえっくす
鹿児島OX

飼育管理

出荷日齢：175日齢

出荷体重：120kg

指定肥育地・牧場
：－

飼料の内容
：米、マイロ、小麦

商標登録・GI登録・銘柄規約について

商標登録の有無：無
登録取得年月日：－

GI登録：未定

銘柄規約の有無：有
規約設定年月日：1999年11月11日
規約改定年月日：－

農場HACCP・JGAPについて

農場HACCP：無
JGAP：無

交配様式

雌 ケンボロー35
×
雄 PIC265
（雌 バークシャー × 雄 デュロック）

主な流通経路および販売窓口

◆主なと畜場
：加世田食肉センター

◆主な処理場
：コワダヤ

◆年間出荷頭数
：10,000頭

◆主要卸売企業
：プリマハムほか

◆輸出実績国・地域
：無

◆今後の輸出意欲
：無

販売指定店制度について

指定店制度：無
販促ツール：－

特長

- 優良血統を掛け合わせたハイブリッド。
- 飼料は麦、いも、マイロに竹酢液を添加、とうもろこしは一切使わず純植物性飼料で育てている。

概要

管理主体：大迫ファーム㈱
代表者：大迫　尚至
所在地：薩摩郡さつま町宮之城屋地2771
電話：0996-53-0563
FAX：0996-52-3736
URL：www.asahi-farm.jp
メールアドレス：asahifarmjimu@gmail.com

鹿児島県

かごしまくろぶた
かごしま黒豚

飼育管理

出荷日齢：おおむね230～270日齢

出荷体重：約110kg

指定肥育地・牧場
：協議会会員農場

飼料の内容
：肥育後期に甘しょを10～20%添加した飼料を60日以上給与。

商標登録・GI登録・銘柄規約について

商標登録の有無：有
登録取得年月日：1999年4月2日

GI登録：未定

銘柄規約の有無：有
規約設定年月日：1990年10月18日
規約改定年月日：2007年7月24日

農場HACCP・JGAPについて

農場HACCP：－
JGAP：－

交配様式

バークシャー
（アメリカバークシャー種除く）

主な流通経路および販売窓口

◆主なと畜場
：県下複数の施設

◆主な処理場
：同上

◆年間出荷頭数
：171,000頭

◆主要卸売企業
：－

◆輸出実績国・地域
：シンガポール、香港、タイ、マカオ

◆今後の輸出意欲
：有

販売指定店制度について

指定店制度：有
販促ツール：のぼり、ポスター

特長

- 県黒豚生産者協議会会員が県内で生産、肥育、出荷したバークシャー種（アメリカバークシャー除く）の黒豚。
- 出荷前の60日以上、甘しょを10～20%含む飼料を給与し、約230～270日齢で出荷する。
- 肉は繊維が細く、光沢と弾力に富み、よく締まっている。脂肪のとける温度が高く、べとつかずさっぱりしている。
- うまみを引きだすアミノ酸の含有量が多い。

概要

管理主体：鹿児島県黒豚生産者協議会
代表者：川﨑　高義
所在地：鹿児島市鴨池新町10-1
電話：099-286-3226
FAX：099-286-5599
URL：www.k-kurobuta.com
メールアドレス：contact@k-kurobuta.com

北海道
青森県
岩手県
宮城県
秋田県
山形県
福島県
茨城県
栃木県
群馬県
埼玉県
千葉県
東京都
神奈川県
山梨県
長野県
新潟県
富山県
石川県
福井県
岐阜県
静岡県
愛知県
三重県
滋賀県
京都府
大阪府
兵庫県
奈良県
鳥取県
島根県
岡山県
広島県
山口県
徳島県
香川県
愛媛県
福岡県
佐賀県
長崎県
熊本県
大分県
宮崎県
鹿児島県
沖縄県
全国

鹿児島県

かごしまだぶるえっくす

鹿児島XX

飼育管理

出荷日齢：175日齢

出荷体重：120kg

指定肥育地・牧場
：ー

飼料の内容
：仕上げ期にマイロ、麦、イモ類、竹酢液、米

商標登録・GI登録・銘柄規約について

商標登録の有無：有
登録取得年月日：2008年4月18日

G I 登 録：ー

銘柄規約の有無：有
規約設定年月日：2008年12月1日
規約改定年月日：ー

農場HACCP・JGAPについて

農場HACCP：無
JGAP：無

交配様式

雌 ケンボロー35 × 雄 ケンボロー265

主な流通経路および販売窓口

◆主なと畜場
：鹿児島食肉センター

◆主な処理場
：鹿児島ミート販売

◆年間出荷頭数
：10,000頭

◆主要卸売企業
：鹿児島ミート販売

◆輸出実績国・地域
：無

◆今後の輸出意欲
：無

販売指定店制度について

指定店制度：有
販促ツール：ー

特長

- 優れた血統を掛け合わせたハイブリッド豚。
- 仕上げ期にはマイロ、麦、いも類に竹酢液を配合、肉質はナチュラルで味わい深い。

概要

管理主体	大迫ファーム㈱
代表者	大迫　尚至
所在地	薩摩郡さつま町宮之城屋地2771
電話	0996-53-0563
FAX	0996-52-3736
URL	ー
メールアドレス	asahifarmjimu@gmail.com

鹿児島県

かごしまもちぶた

鹿児島もち豚

飼育管理

出荷日齢：190〜210日齢

出荷体重：110〜120kg

指定肥育地・牧場
：鹿児島県

飼料の内容
：仕上げ期に麦類を10%添加した飼料を給餌

商標登録・GI登録・銘柄規約について

商標登録の有無：ー
登録取得年月日：ー

G I 登 録：未定

銘柄規約の有無：ー
規約設定年月日：ー
規約改定年月日：ー

農場HACCP・JGAPについて

農場HACCP：未定
JGAP：未定

交配様式

雌 （大ヨークシャー × ランドレース）
×
雄 デュロック

雌 （ランドレース × 大ヨークシャー）
×
雄 デュロック

主な流通経路および販売窓口

◆主なと畜場
：西日本ベストパッカー

◆主な処理場
：同上

◆年間出荷頭数
：42,000頭

◆主要卸売企業
：プリマハム

◆輸出実績国・地域
：ー

◆今後の輸出意欲
：有

販売指定店制度について

指定店制度：ー
販促ツール：シール

特長

- 繁殖、育成と肥育を分けたツーサイトシステムを採用。

概要

管理主体	㈲肉質研究牧場
代表者	松本　哲明
所在地	曽於郡大崎町野方5950
電話	099-478-8010
FAX	099-478-8030
URL	ー
メールアドレス	ー

鹿児島県

かごしまろっこくとん
かごしま六穀豚

飼育管理

出荷日齢：180〜190日齢
出荷体重：110〜115kg
指定肥育地・牧場
　：鹿児島県、ジャパンファーム直営農場、預託農場
飼料の内容
　：６種の穀物をバランス良く配合した指定配合飼料

商標登録・GI 登録・銘柄規約について

商標登録の有無：ー
登録取得年月日：ー

ＧＩ登録：未定

銘柄規約の有無：ー
規約設定年月日：ー
規約改定年月日：ー

農場 HACCP・JGAP について

農場 HACCP：ー
ＪＧＡＰ：ー

交配様式

三種間交配種

主な流通経路および販売窓口

◆主なと畜場
　：サンキョーミート
◆主な処理場
　：同上
◆年間出荷頭数
　：60,000 頭
◆主要卸売企業
　：伊藤ハム米久ホールディングス
◆輸出実績国・地域
　：ー
◆今後の輸出意欲
　：ー

販売指定店制度について

指定店制度：ー
販促ツール：シール、ボード、POP 各種

特長

- ６種類の穀物をメインにオリジナル配合飼料を与えて育てました。
- でんぷん質が高い小麦、大麦、米と栄養価の高いとうもろこし、マイロ（こうりゃん）、大豆をバランス良く飼料に配合。
- 肉のうまみ、まろやかなこくを作り出すとともに、しまりのある肉質、淡い肉色、きれいな白上がりの脂肪色にもこだわりました。

概要

管理主体：伊藤ハム米久ホールディングス㈱
代表者：繁竹　輝之
所在地：東京都目黒区三田 1-7-13 ヒューリック目黒三田
電話：055-929-2807（沼津事務所）
ＦＡＸ：055-926-1502（同上）
ＵＲＬ：www.yonekyu.co.jp/rokkokuton/
メールアドレス：ー

鹿児島県・宮崎県

かんじゅくぶた　なんごくすいーと
甘熟豚 南国スイート

飼育管理

出荷日齢：約210日齢
出荷体重：約125kg
指定肥育地・牧場
　：鹿屋市、志布志市、都城市
飼料の内容
　：肉豚後期飼料（自家配合）

商標登録・GI 登録・銘柄規約について

商標登録の有無：有
登録取得年月日：2014 年 9 月 5 日

ＧＩ登録：ー

銘柄規約の有無：ー
規約設定年月日：ー
規約改定年月日：ー

農場 HACCP・JGAP について

農場 HACCP：ー
ＪＧＡＰ：ー

交配様式

雌（ランドレース[雌]×ラージホワイト[雄]）
×
雄 デュロック

主な流通経路および販売窓口

◆主なと畜場
　：鹿児島食肉センター
◆主な処理場
　：クオリティミート
◆年間出荷頭数
　：9,600 頭
◆主要卸売企業
　：カミチク
◆輸出実績国・地域
　：香港、ベトナム
◆今後の輸出意欲
　：有

販売指定店制度について

指定店制度：ー
販促ツール：ポスター、のぼり、シール、棚帯、パネルなど

特長

- 餌にパイン粕を加えることで肉に甘みを出している。肥育期間を普通の豚よりも１〜２カ月伸ばすことで、肉のうまみが熟成される。
- 仕上げ期に大麦をふんだんに与えることで、脂のドリップが抑制される。
- 国産豚や輸入豚に比べ、雑味が少なくうまみを感じやすいという数値結果が出ている（2017 年 8 月㈱味香り戦略研究所の分析結果）

概要

管理主体：㈱クオリティミート
代表者：上村　昌志　代表取締役
所在地：鹿児島市下福元町 7852 鹿児島食肉センター内
電話：099-262-5729
ＦＡＸ：099-262-5731
ＵＲＬ：ー
メールアドレス：ー

鹿児島県

きゅうしゅうもちぶた

九州もち豚

飼育管理

出荷日齢：190～210日齢

出荷体重：110～120kg

指定肥育地・牧場
：鹿児島県

飼料の内容
：ー

商標登録・GI登録・銘柄規約について

商標登録の有無：ー
登録取得年月日：ー

G I 登 録：未定

銘柄規約の有無：ー
規約設定年月日：ー
規約改定年月日：ー

農場HACCP・JGAPについて

農場HACCP：未定
J G A P：未定

交配様式

	雌		雄
雌	（大ヨークシャー	×	ランドレース）
		×	（ベース）
雄		バークシャー	

主な流通経路および販売窓口

◆主なと畜場
：西日本ベストパッカー

◆主な処理場
：同上

◆年間出荷頭数
：18,000頭

◆主要卸売企業
：プリマハム

◆輸出実績国・地域
：ー

◆今後の輸出意欲
：ー

販売指定店制度について

指定店制度：ー
販促ツール：ー

特長

- 繁殖、育成と肥育を分けたツーサイトシステムを採用。
- ランドレース、大ヨークシャーをベースにした雌に、雄バークシャーを掛け合わせた。

概要

管理主体	㈲肉質研究牧場	電話	099-478-8010
代表者	松本　哲明	FAX	099-478-8030
所在地	曽於郡大崎町野方5950	URL	ー
		メールアドレス	ー

鹿児島県

さくらじまびゆうとん

桜島美湯豚

飼育管理

出荷日齢：180～200日齢

出荷体重：110kg前後

指定肥育地・牧場
：大隅養豚生産組合

飼料の内容
：オリジナル全植物性タンパク飼料、カルスポリン、コプラフレーク

商標登録・GI登録・銘柄規約について

商標登録の有無：有
登録取得年月日：2002年8月9日

G I 登 録：ー

銘柄規約の有無：有
規約設定年月日：2001年4月1日
規約改定年月日：ー

農場HACCP・JGAPについて

農場HACCP：ー
J G A P：ー

交配様式

	雌		雄
雌	（ランドレース	×	大ヨークシャー）
		×	
雄		バークシャー	

主な流通経路および販売窓口

◆主なと畜場
：大隅ミート食肉センター

◆主な処理場
：大隅ミート産業

◆年間出荷頭数
：50,000頭

◆主要卸売企業
：プリマハム、ニチレイ、JA全農、日本ハムグループ

◆輸出実績国・地域
：ー

◆今後の輸出意欲
：有

販売指定店制度について

指定店制度：ー
販促ツール：シール、のぼり、パネル

特長

- 桜島に隣接する垂水市の標高約550mの高原農場にてオリジナルの全植物性タンパク飼料と地下約1,300mよりわき出たミネラル分の豊富な温泉水を飲んで健やかに育てた。
- 品種はシムコSPFの雌豚（LW）に系統純粋黒豚（B）の雄を交配して生まれた高品種の豚。
- 肉質は光沢よく、脂は白く締まりも良好でキメ細やか。
- 味は食感良く、獣臭も少ない。
- ジューシーでまろやか、ほのかに甘みを感じる小味のきいたおいしさ。

概要

管理主体	大隅ミート産業㈱	電話	0994-32-6111
代表者	小森　浩一　代表取締役	FAX	0994-32-0097
所在地	垂水市本城3914	URL	www.b-post.com/oosumimeat/
		メールアドレス	biyuton@dolphin.ocn.ne.jp

鹿　児　島　県

さつまびとん

薩摩美豚

飼育管理

出荷日齢：200～210日齢

出荷体重：約115kg

指定肥育地・牧場
：県内のみ

飼料の内容
：指定配合飼料、有機酸

商標登録・GI登録・銘柄規約について

商標登録の有無：有
登録取得年月日：1995年8月31日

G　I　登　録：ー

銘柄規約の有無：ー
規約設定年月日：ー
規約改定年月日：ー

農場HACCP・JGAPについて

農場HACCP：ー
JGAP：ー

交配様式

雌（ランドレース×大ヨークシャー）× 雄 デュロック

雌（大ヨークシャー×ランドレース）× 雄 デュロック

ハイブリッド種など

主な流通経路および販売窓口

◆主な と 畜 場
：ナンチク

◆主な処理場
：ナンチク

◆年間出荷頭数
：6,000頭

◆主要卸売企業
：ナンチクファクトリー

◆輸出実績国・地域
：ー

◆今後の輸出意欲
：ー

販売指定店制度について

指定店制度：ー
販促ツール：ー

特長

- 産地は鹿児島県産のみ。
- 農場では土着菌を豚舎の敷料に用いることで豚のストレスを緩和している。
- 有機酸を添加した独自飼料を給与することで、より高品質な豚肉に仕上げた。
- キメ細やかで軟らかな肉質、うま味、ほのかな甘み、豊かな風味が自慢。

概要

管理主体：㈱ナンチクファクトリー	電話：099-261-2944
代表者：八重倉　剛	FAX：099-262-0492
所在地：鹿児島市七ッ島1-2-11	URL：ー
	メールアドレス：ー

鹿　児　島　県

さつまろっこくとん

さつま六穀豚

飼育管理

出荷日齢：約180～190日齢

出荷体重：約110～115kg

指定肥育地・牧場
：鹿児島県内の協力農場

飼料の内容
：6種類の穀物をメインとした飼料に甘薯（さつまいも）をバランスよく配合した指定配合飼料

商標登録・GI登録・銘柄規約について

商標登録の有無：ー
登録取得年月日：ー

G　I　登　録：未定

銘柄規約の有無：ー
規約設定年月日：ー
規約改定年月日：ー

農場HACCP・JGAPについて

農場HACCP：ー
JGAP：ー

交配様式

雌（雌 ランドレース×雄 大ヨークシャー）× 雄 デュロック

主な流通経路および販売窓口

◆主な と 畜 場
：加世田食肉センター

◆主な処理場
：コワダヤ

◆年間出荷頭数
：5,000頭

◆主要卸売企業
：伊藤ハム米久ホールディングス

◆輸出実績国・地域
：ー

◆今後の輸出意欲
：ー

販売指定店制度について

指定店制度：ー
販促ツール：シール、ポスター、ボード、POP各種

特長

- 6種類の穀物をメインにオリジナル配合飼料を与えて育てました。
- でんぷん質が高い小麦、大麦、米と栄養価の高いとうもろこし、マイロ（こうりゃん）、大豆をメインとした飼料にさつまいもをバランス良く飼料に配合。
- 肉のうまみ、まろやかなこくを作り出すとともに、しまりのある肉質、淡い肉色、きれいな白上がりの脂肪色にもこだわりました。

概要

管理主体：伊藤ハム米久ホールディングス㈱	電話：055-929-2807（沼津事務所）
代表者：繁竹　輝之	FAX：055-926-1502（同上）
所在地：東京都目黒区三田1-7-13 ヒューリック目黒三田	URL：www.yonekyu.co.jp/rokkokuton/
	メールアドレス：ー

鹿児島県

さんみとん

三味豚

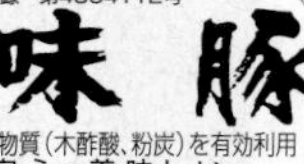

飼育管理

出荷日齢：185日齢
出荷体重：約115kg
指定肥育地・牧場
：第一農場・鹿屋市下堀町3391-3
第二農場・鹿屋市田渕町678
第三農場・鹿屋市吾平町上名1692
飼料の内容
：肥育仕上げの脂の締まりを良くするために小麦を10%入れる

商標登録・GI登録・銘柄規約について

商標登録の有無：有
登録取得年月日：2002年4月26日

ＧＩ登録：未定

銘柄規約の有無：－
規約設定年月日：－
規約改定年月日：－

農場HACCP・JGAPについて

農場HACCP：－
ＪＧＡＰ：－

交配様式

雌 （ハイポーD×ハイポーC）
×
雄 ハイポーSUPER・D（デュロック）

主な流通経路および販売窓口

◆主なと畜場
：鹿児島食肉センター

◆主な処理場
：鹿児島ミート販売

◆年間出荷頭数
：15,000頭

◆主要卸売企業
：タケダハム

◆輸出実績国・地域
：－

◆今後の輸出意欲
：－

販売指定店制度について

指定店制度：－
販促ツール：シール

特長

- 農場は３サイト方式による一貫経営、平成23年4月より管理獣医師の指導のもと農場ＨＡＣＣＰの導入にも取り組んでいる。
- 肥育後期の飼料に麹菌入りの発酵飼料とビタミンEを強化することで肉豚の健康状態や肉の酸化防止効果を高めてドリップロスの少ない肉となる。
- 肥育仕上げの飼料で小麦を10%入れることで脂身がより白く、枝肉の締まりがあり、食べた時にジューシーで甘くしっかりとした歯ごたえになる。

概要

管理主体：木下養豚㈲
代表者：木下　高志
所在地：鹿屋市下堀町3391-3
電話：0994-43-5030
ＦＡＸ：0994-43-5583
ＵＲＬ：www.kishita-youton.co.jp
メールアドレス：info@kishita-youton.co.jp

鹿児島県

ちゃーみーとん

茶美豚

飼育管理

出荷日齢：180～190日齢
出荷体重：110～120kg
指定肥育地・牧場
：県内契約生産農場
飼料の内容
：専用配合飼料

商標登録・GI登録・銘柄規約について

商標登録の有無：有
登録取得年月日：－

ＧＩ登録：未定

銘柄規約の有無：有
規約設定年月日：1999年4月1日
規約改定年月日：－

農場HACCP・JGAPについて

農場HACCP：－
ＪＧＡＰ：－

交配様式

雌 （ランドレース×大ヨークシャー）
×
雄 デュロック

雌 （大ヨークシャー×ランドレース）
×
雄 デュロック

主な流通経路および販売窓口

◆主なと畜場
：ＪＡ食肉かごしま

◆主な処理場
：同上

◆年間出荷頭数
：240,000頭

◆主要卸売企業
：－

◆輸出実績国・地域
：－

◆今後の輸出意欲
：－

販売指定店制度について

指定店制度：－
販促ツール：シール、のぼり、ミニのぼり、リーフレット

特長

- お茶の成分が入った飼料を与えて育てた。
- 茶成分の「カテキン」効果により、一般豚と比べうまみ成分（イノシン酸）やビタミンE、さらにはコレステロールの低下作用を持つリノール酸、リノレン酸を多く含んでいる。

概要

管理主体：鹿児島県経済農業協同組合連合会
代表者：柚木　弘文　経営管理委員会会長
所在地：鹿児島市鴨池新町15
電話：099-258-5415
ＦＡＸ：099-257-4197
ＵＲＬ：www.karen-ja.or.jp
メールアドレス：－

鹿児島県

てんけいびとん
天恵美豚

飼育管理

出荷日齢：200～210日齢

出荷体重：115kg前後

指定肥育地・牧場
：鹿児島県、宮崎県

飼料の内容
：有機酸

商標登録・GI登録・銘柄規約について

商標登録の有無：有
登録取得年月日：2001年3月16日

GI登録：未定

銘柄規約の有無：ー
規約設定年月日：ー
規約改定年月日：ー

農場HACCP・JGAPについて

農場HACCP：ー
JGAP：ー

交配様式

	雌	雄
雌	（ランドレース × 大ヨークシャー）	
	×	
雄	デュロック	
雌	（大ヨークシャー × ランドレース）	
	×	
雄	デュロック	

ハイブリッド種など

主な流通経路および販売窓口

◆主な畜場
：ナンチク

◆主な処理場
：同上

◆年間出荷頭数
：90,000頭

◆主要卸売企業
：ナンチク

◆輸出実績国・地域
：シンガポール、香港

◆今後の輸出意欲
：有

販売指定店制度について

指定店制度：ー
販促ツール：シール、のぼり、ポスター

特長

- 産地は宮崎、鹿児島の両県にまたがる。
- 有機酸を添加した独自飼料を給与することで、より高品質な豚肉に仕上げた。
- キメ細やかで軟らかな肉質、うま味、ほのかな甘み、豊かな風味が自慢。

概要

管理主体：㈱ナンチク
代表者：狩長 嘉博 代表取締役
所在地：曽於市末吉町二之方1828
電話：0986-76-1200
FAX：0986-76-1216
URL：www.nanchiku.co.jp/
メールアドレス：ー

鹿児島県

どんぐりくろぶた
どんぐり黒豚

飼育管理

出荷日齢：240～270日齢

出荷体重：約110kg

指定肥育地・牧場
：鹿児島県内の契約農場

飼料の内容
：ドングリの粉末を給与。また、穀類を多く配合したオリジナル配合の飼料。

商標登録・GI登録・銘柄規約について

商標登録の有無：有
登録取得年月日：2009年12月18日

GI登録：未定

銘柄規約の有無：ー
規約設定年月日：ー
規約改定年月日：ー

農場HACCP・JGAPについて

農場HACCP：ー
JGAP：ー

交配様式

バークシャー

主な流通経路および販売窓口

◆主な畜場
：都城市食肉センター

◆主な処理場
：林兼産業・都城工場

◆年間出荷頭数
：約1500頭

◆主要卸売企業
：ビンショク

◆輸出実績国・地域
：ー

◆今後の輸出意欲
：ー

販売指定店制度について

指定店制度：ー
販促ツール：シール、パネル、棚帯、CD

特長

- 肥育期間の長さと餌へのこだわりにより、肉のきめ、しまりが良い。
- 獣臭もほとんどなく、脂身がさっぱりとしつこくないうま味のある豚肉です。

概要

管理主体：㈱ビンショク
代表者：新田 和秋 代表取締役社長
所在地：広島県竹原市西野町1791-1
電話：0846-29-0046
FAX：0846-29-0324
URL：www.binshoku.jp
メールアドレス：info@binshoku.jp

鹿児島県

なんしゅうくろぶた

南州黒豚

飼育管理

出荷日齢：概ね230日齢

出荷体重：110kg

指定肥育地・牧場
：大隅地方

飼料の内容
：甘しょを10%以上添加した飼料

商標登録・GI登録・銘柄規約について

商標登録の有無：ー
登録取得年月日：ー

G I 登 録：ー

銘柄規約の有無：ー
規約設定年月日：ー
規約改定年月日：ー

農場HACCP・JGAPについて

農場HACCP：有（2015年3月31日）
JGAP：有（2018年12月27日）

交配様式

バークシャー

主な流通経路および販売窓口

◆主なと畜場
：協同組合南州高山ミートセンター

◆主な処理場
：同上

◆年間出荷頭数
：15,000頭

◆主要卸売企業
：南州農場

◆輸出実績国・地域
：香港、マカオ、シンガポール、タイ

◆今後の輸出意欲
：有

販売指定店制度について

指定店制度：有
販促ツール：シール、のぼり、ポスター、パネル

特長

- 臭みがなくジューシーで甘みが強く、おいしい食味を有する。
- 登記・登録した鹿児島の種豚を飼養している。

概要

管理主体	南州農場㈱	電話	0994-24-3971
代表者	本田　玲子　社長	FAX	0994-24-3955
所在地	肝属郡南大隅町根占横別府2843	URL	www.nanshunojo.or.jp
		メールアドレス	info@nanshunojo.or.jp

鹿児島県

なんしゅうなちゅらるぽーく

南州ナチュラルポーク

飼育管理

出荷日齢：190日齢

出荷体重：110kg

指定肥育地・牧場
：肝属郡南大隅町

飼料の内容
：純植物性専用飼料

商標登録・GI登録・銘柄規約について

商標登録の有無：ー
登録取得年月日：ー

G I 登 録：ー

銘柄規約の有無：ー
規約設定年月日：ー
規約改定年月日：ー

農場HACCP・JGAPについて

農場HACCP：有（2015年3月31日）
JGAP：有（2018年12月27日）

交配様式

雌（ランドレース（雌）×大ヨークシャー（雄））
×
雄　デュロック

主な流通経路および販売窓口

◆主なと畜場
：協同組合南州高山ミートセンター

◆主な処理場
：同上

◆年間出荷頭数
：65,000頭

◆主要卸売企業
：南州農場

◆輸出実績国・地域
：香港、マカオ、シンガポール、タイ

◆今後の輸出意欲
：有

販売指定店制度について

指定店制度：ー
販促ツール：シール、パネル

特長

- 純植物性飼料のため、できた豚肉は豚本来の味わいで、あっさりと獣臭さがなく、アクが少なく、日持ちするおいしい豚肉。
- 仕上げ期にはとうもろこしは不使用。

概要

管理主体	南州農場㈱	電話	0994-24-3971
代表者	本田　玲子　社長	FAX	0994-24-3955
所在地	肝属郡南大隅町根占横別府2843	URL	www.nanshunojo.or.jp
		メールアドレス	info@nanshunojo.or.jp

鹿　児　島　県

ひこちゃんぼくじょうたからぶた
ひこちゃん牧場たから豚

飼育管理

出荷日齢：180日齢
出荷体重：110～120kg
指定肥育地・牧場
：－
飼料の内容
：指定配合飼料

商標登録・GI登録・銘柄規約について

商標登録の有無：有
登録取得年月日：2003年5月29日

GI登録：－

銘柄規約の有無：－
規約設定年月日：－
規約改定年月日：－

農場HACCP・JGAPについて

農場HACCP：－
JGAP：－

交配様式

ハイポー

主な流通経路および販売窓口

◆主なと畜場
：－
◆主な処理場
：－
◆年間出荷頭数
：25,000頭
◆主要卸売企業
：－
◆輸出実績国・地域
：－
◆今後の輸出意欲
：－

販売指定店制度について

指定店制度：－
販促ツール：シール、パネル

特長

● 脂肪の質が良く、軟らかい肉質と甘み、コクのある味わいが特徴。安心安全を重視した飼育管理を徹底している

概要

管理主体：㈲ひこちゃん牧場
代表者：吉田　勘太
所在地：曽於市財部町大字北俣8533-1
電話：0986-28-5515
FAX：0986-28-5516
URL：www.hikochan.co.jp
メールアドレス：－

鹿　児　島　県

みなみさつまとん　なすか
南さつま豚　南州華

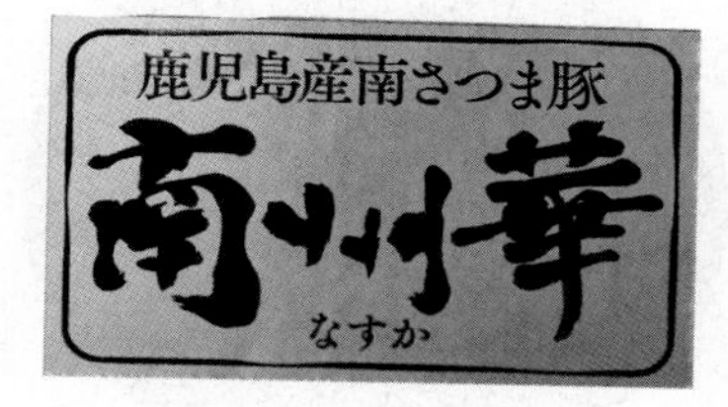

飼育管理

出荷日齢：180日
出荷体重：115kg
指定肥育地・牧場
：鹿児島県
飼料の内容
：とうもろこし、小麦、マイロ、大麦、米、大豆、甘しょ

商標登録・GI登録・銘柄規約について

商標登録の有無：－
登録取得年月日：－

GI登録：未定

銘柄規約の有無：－
規約設定年月日：－
規約改定年月日：－

農場HACCP・JGAPについて

農場HACCP：－
JGAP：－

交配様式

雌ハイポー×雄デュロック

主な流通経路および販売窓口

◆主なと畜場
：加世田食肉センター
◆主な処理場
：コワダヤ
◆年間出荷頭数
：12,000頭
◆主要卸売企業
：コワダヤ
◆輸出実績国・地域
：－
◆今後の輸出意欲
：－

販売指定店制度について

指定店制度：－
販促ツール：－

特長

● 肥育後期に大麦、小麦、とうもろこし、マイロ、大豆、米、さつまいもを配合した飼料で育てています。肉質は軟らかく、脂肪は白く、甘みがある。

概要

管理主体：窪ファーム㈱
代表者：吉田　誠　代表取締役
所在地：南さつま市加世田内山田80
電話：0993-53-2661
FAX：0993-52-7255
URL：－
メールアドレス：－

海道 森県 手県 城県 田県 形県 島県 城県 木県 馬県 玉県 葉県 東京都 神奈川県 山梨県 長野県 新潟県 富山県 石川県 福井県 岐阜県 静岡県 愛知県 三重県 滋賀県 京都府 大阪府 兵庫県 奈良県 鳥取県 島根県 岡山県 広島県 山口県 徳島県 香川県 愛媛県 福岡県 佐賀県 長崎県 熊本県 大分県 宮崎県 鹿児島県 沖縄県 全国

鹿児島県

めぐみのくろぶた

恵味の黒豚

飼育管理

出荷日齢：約210～240日

出荷体重：約110～120kg

指定肥育地・牧場
：鹿児島県

飼料の内容
：仕上げに甘藷を配合した飼料を給餌

商標登録・GI登録・銘柄規約について

商標登録の有無：有
登録取得年月日：ー

GI登録：未定

銘柄規約の有無：ー
規約設定年月日：ー
規約改定年月日：ー

農場HACCP・JGAPについて

農場HACCP：未定
JGAP：未定

交配様式

バークシャー

主な流通経路および販売窓口

◆主なと畜場
：西日本ベストパッカー

◆主な処理場
：同上

◆年間出荷頭数
：23,000頭

◆主要卸売企業
：プリマハム

◆輸出実績国・地域
：ー

◆今後の輸出意欲
：有

販売指定店制度について

指定店制度：ー
販促ツール：シール

特長

● 繁殖、育成と肥育を分けたツーサイトシステムを採用。

概要

管理主体：㈲肉質研究牧場
代表者：松本　哲明
所在地：曽於郡大崎町野方5950

電話：099-478-8010
FAX：099-478-8030
URL：ー
メールアドレス：ー

鹿児島県

やごろうどん

やごろう豚

飼育管理

出荷日齢：190～210日齢

出荷体重：115kg前後

指定肥育地・牧場
：本場農場、串良農場

飼料の内容
：オリジナル指定配合飼料

商標登録・GI登録・銘柄規約について

商標登録の有無：有
登録取得年月日：2003年12月12日

GI登録：ー

銘柄規約の有無：ー
規約設定年月日：ー
規約改定年月日：ー

農場HACCP・JGAPについて

農場HACCP：有（2022年5月24日）
JGAP：ー

交配様式

バークシャー

主な流通経路および販売窓口

◆主なと畜場
：サンキョーミート、ジャパンミート、大隅ミート、コワダヤ

◆主な処理場
：同上

◆年間出荷頭数
：10,000頭

◆主要卸売企業
：サンキョーミート、ジャパンミート、大隅ミート、コワダヤ

◆輸出実績国・地域
：ー

◆今後の輸出意欲
：ー

販売指定店制度について

指定店制度：ー
販促ツール：ー

特長

● 脂質に優れた品種を選抜し、生産と肥育を分離した2サイト方式で消費者に安心安全な豚肉を供給する体制を確立している。
● 飼料にはマイロ、小麦、飼料米などを主体とした独自の配合飼料を与えている。

概要

管理主体：㈲大成畜産
代表者：大成　英雄
所在地：曽於市大隅町大谷5066-6

電話：099-482-4338
FAX：099-482-0375
URL：oonari-chikusan.com
メールアドレス：ー

鹿児島県

やごろうどんおーえっくす

やごろう豚OX

飼育管理

出荷日齢：170～190日齢

出荷体重：115kg前後

指定肥育地・牧場
：月野農場、本田農場、本場農場

飼料の内容
：オリジナル指定配合飼料

商標登録・GI登録・銘柄規約について

商標登録の有無：－
登録取得年月日：－

G I 登 録：－

銘柄規約の有無：－
規約設定年月日：－
規約改定年月日：－

農場HACCP・JGAPについて

農場HACCP：有（2022年5月24日）
J G A P：－

交配様式

デュロック

雌 バークシャー × 雄 デュロック

主な流通経路および販売窓口

◆主な畜場
：サンキョーミート、ジャパンミート、大隅ミート、コワダヤ

◆主な処理場
：同上

◆年間出荷頭数
：35,000頭

◆主要卸売企業
：サンキョーミート、ジャパンミート、大隅ミート、コワダヤ

◆輸出実績国・地域
：－

◆今後の輸出意欲
：－

販売指定店制度について

指定店制度：－
販促ツール：－

特長

- 脂質に優れた品種を選抜した独自の高品種豚。
- 農場では生産と肥育を分離した2サイト方式で消費者に安心安全な豚肉を供給する体制を確立している。
- 飼料にはマイロ、小麦、飼料米などを主体とした独自の配合飼料を与えている。

概要

管理主体：㈲大成畜産
代表者：大成　英雄
所在地：曽於市大隅町大谷5066-6
電話：099-482-4338
FAX：099-482-0375
URL：oonari-chikusan.com
メールアドレス：－

沖縄県

あぐー
あぐー

（商標登録：ＪＡおきなわ銘柄豚推進協議会）

飼育管理

出荷日齢：240日齢

出荷体重：110kg前後

指定肥育地・牧場
：協議会各会員の銘柄を参照

飼料の内容
：協議会各会員の銘柄を参照

商標登録・GI登録・銘柄規約について

商標登録の有無：有
登録取得年月日：1996年12月25日

G I 登 録：未定

銘柄規約の有無：有
規約設定年月日：2007年6月4日
規約改定年月日：ー

農場 HACCP・JGAP について

農場 HACCP：ー
J G A P：ー

交配様式

協議会各会員の銘柄を参照

主な流通経路および販売窓口

◆主な と 畜 場
：沖縄県食肉センター、名護市食肉センター

◆主 な 処 理 場
：協議会各会員の銘柄を参照

◆年間出荷頭数
：30,000頭

◆主要卸売企業
：協議会各会員の銘柄を参照

◆輸出実績国・地域
：ー

◆今後の輸出意欲
：ー

販売指定店制度について

指定店制度：有
販促ツール：シール、のぼり

特長

●「JAおきなわ銘柄豚推進協議会」は県内外の消費者に対して、安全安心な沖縄ブランド豚肉「あぐー」を提供する豚肉の生産者や販売者が適正に定められた一定のルールの下で、品質の高い「あぐー」の生産販売をするようブランドを管理する組織である。（会員企業は令和3年9月末時点で沖縄県食肉センター、我那覇畜産、那覇ミート、がんじゅう、琉球飼料、カネマサミート、マグナ製薬の8社。各ブランドの詳細は協議会各会員の欄を参照）

概要

管理主体：JAおきなわ銘柄豚推進協議会
代表者：JAおきなわ
所在地：那覇市壺川2-9-1
電話：098-831-5170
FAX：098-853-9385
URL：ー
メールアドレス：ー

沖縄県

おきなわあぐー
沖縄あぐ～

（商標登録：ＪＡおきなわ銘柄豚推進協議会）

飼育管理

出荷日齢：240日齢

出荷体重：110kg前後

指定肥育地・牧場
：沖縄県食肉センター指定農場

飼料の内容
：あぐー豚専用飼料

商標登録・GI登録・銘柄規約について

商標登録の有無：ー
登録取得年月日：ー

G I 登 録：未定

銘柄規約の有無：有
（ＪＡおきなわ銘柄豚推進協議会会員）
規約設定年月日：2007年6月4日
（協議会規約）
規約改定年月日：ー

農場 HACCP・JGAP について

農場 HACCP：有（2018年3月30日）
J G A P：ー

交配様式

雌 雄
ランドレース×アグー

雌 （大ヨークシャー×ランドレース）
×
雄 アグー

主な流通経路および販売窓口

◆主な と 畜 場
：沖縄県食肉センター

◆主 な 処 理 場
：同上

◆年間出荷頭数
：17,000頭

◆主要卸売企業
：ー

◆輸出実績国・地域
：香港

◆今後の輸出意欲
：有

販売指定店制度について

指定店制度：有
販促ツール：シール、のぼり、ポスター

特長

● 琉球在来豚「アグー」は通常豚に比べ霜降りが多く甘みやうまみが多く含まれている。
● 肉質は軟らかく、おいしい。
● 脂肪融点が低い。
● 肉の色沢がよい。
● 臭みがなく、通常豚肉比べあくが少ない。

概要

管理主体：㈱沖縄県食肉センター
代表者：外間 勉
所在地：南城市大里字大城1927
電話：098-945-3029
FAX：098-945-3742
URL：www.pig-osc.jp
メールアドレス：ー

沖縄県

べにあぐー

紅あぐー

（商標登録：ＪＡおきなわ銘柄豚推進協議会）

飼育管理

出荷日齢：240日齢

出荷体重：110kg

指定肥育地・牧場
：宜野座畜産

飼料の内容
：指定配合飼料

商標登録・GI登録・銘柄規約について

商標登録の有無：有
登録取得年月日：－

ＧＩ登録：未定

銘柄規約の有無：－
規約設定年月日：－
規約改定年月日：－

農場 HACCP・JGAP について

農場 HACCP：－
ＪＧＡＰ：－

交配様式

雌 × 雄
アグー×ランドレース

主な流通経路および販売窓口

◆主なと畜場
：名護市食肉センター

◆主な処理場
：がんじゅう

◆年間出荷頭数
：500頭

◆主要卸売企業
：琉球ミート

◆輸出実績国・地域
：－

◆今後の輸出意欲
：－

販売指定店制度について

指定店制度：有
販促ツール：シール、のぼり、リーフレット

特長

- トレーサビリティシステムを導入し、生産から販売まで一貫して管理している。
- 給与飼料は乳酸菌を主体としたオリジナルで琉球在来種の「アグー」を飼育。コクとうまみのある赤身、甘みのある脂身の絶妙なバランスが特徴である。

概要

管理主体：㈱がんじゅう
代表者：桃原　清一郎
所在地：中頭郡読谷村字伊良皆 225
電話：098-957-2929
FAX：098-957-2986
URL：www.benibuta.co.jp
メールアドレス：info@benibuta.co.jp

沖縄県

べにぶた

紅豚

飼育管理

出荷日齢：210日齢

出荷体重：110kg

指定肥育地・牧場
：宜野座畜産、安次富畜産

飼料の内容
：指定配合飼料

商標登録・GI登録・銘柄規約について

商標登録の有無：有
登録取得年月日：－

ＧＩ登録：未定

銘柄規約の有無：－
規約設定年月日：－
規約改定年月日：－

農場 HACCP・JGAP について

農場 HACCP：－
ＪＧＡＰ：－

交配様式

雌（ランドレース×大ヨークシャー）
×
雄 デュロック

主な流通経路および販売窓口

◆主なと畜場
：名護市食肉センター

◆主な処理場
：がんじゅう

◆年間出荷頭数
：3,500頭

◆主要卸売企業
：－

◆輸出実績国・地域
：－

◆今後の輸出意欲
：－

販売指定店制度について

指定店制度：有
販促ツール：シール、のぼり、リーフレット

特長

- トレーサビリティシステム採用、農場から食卓まで責任を持って安心安全を届ける。
- オリジナルの配合飼料、こだわりの自然環境のもと最高品質を誇る豚肉。
- 豚特有の臭みがなくジューシーで軟らかな肉質とさっぱりとした脂身が特徴である。

概要

管理主体：㈱がんじゅう
代表者：桃原　清一郎
所在地：中頭郡読谷村字伊良皆 225
電話：098-957-2929
FAX：098-957-2986
URL：www.benibuta.co.jp
メールアドレス：info@benibuta.co.jp

沖縄県

やんばるあぐー

やんばるあぐー

（商標登録：ＪＡおきなわ銘柄豚推進協議会）

交配様式

雌　　雄
ケンボローＡ×アグー

飼育管理

出荷日齢：240日齢
出荷体重：110〜120kg前後
指定肥育地・牧場
：ー
飼料の内容
：指定配合飼料

商標登録・GI登録・銘柄規約について

商標登録の有無：有
登録取得年月日：ー
ＧＩ登録：ー
銘柄規約の有無：有
（ＪＡおきなわ銘柄豚推進協議会会員）
規約設定年月日：2007年6月4日
（協議会規約）
規約改定年月日：ー

農場HACCP・JGAPについて

農場HACCP：ー
ＪＧＡＰ：ー

主な流通経路および販売窓口

◆主なと畜場
：名護市食肉センター
◆主な処理場
：同上
◆年間出荷頭数
：4,200頭
◆主要卸売企業
：ー
◆輸出実績国・地域
：香港
◆今後の輸出意欲
：有

販売指定店制度について

指定店制度：ー
販促ツール：シール、のぼり、パンフレット、証明書

特長

- ケンボローＡに雄の琉球在来種アグーを交配することで肉質、脂質が優れた豚肉に仕上がった。
- 飼料は麦を主体に与那国島原産の化石サンゴ（天然カルシウム、ミネラルが豊富）、泡盛の酒かす、海藻、よもぎ、ビール酵母、糖みつなどをブレンドした飼料を給与している

概要

管理主体：農業生産法人(有)我那覇畜産
代表者：我那覇　崇
所在地：名護市字大川69番地
電話：0980-55-8822
FAX：0980-55-8285
URL：www.shimakuru.jp/
メールアドレス：ganaha69@kushibb.jp

沖縄県

やんばるしまぶたあぐー

やんばる島豚あぐ〜

（商標登録：ＪＡおきなわ銘柄豚推進協議会）

交配様式

雌（デュロック×バークシャー）×雄 アグー

雌（バークシャー×デュロック）×雄 アグー

飼育管理

出荷日齢：240日齢
出荷体重：120kg前後
指定肥育地・牧場
：ー
飼料の内容
：指定配合飼料

商標登録・GI登録・銘柄規約について

商標登録の有無：有
登録取得年月日：2002年12月6日
ＧＩ登録：ー
銘柄規約の有無：有
（ＪＡおきなわ銘柄豚推進協議会会員）
規約設定年月日：2007年6月4日
（協議会規約）
規約改定年月日：ー

農場HACCP・JGAPについて

農場HACCP：ー
ＪＧＡＰ：ー

主な流通経路および販売窓口

◆主なと畜場
：名護市食肉センター
◆主な処理場
：同上
◆年間出荷頭数
：3,600頭
◆主要卸売企業
：ー
◆輸出実績国・地域
：香港
◆今後の輸出意欲
：有

販売指定店制度について

指定店制度：ー
販促ツール：シール、のぼり、パンフレット、証明書

特長

- 琉球在来種アグーを交配することで肉質、脂質が優れた豚肉に仕上がった。
- 飼料は麦を主体に与那国島原産の化石サンゴ（天然カルシウム、ミネラルが豊富）、泡盛の酒かす、海藻、よもぎ、ビール酵母、糖みつなどをブレンドした飼料を給与している。

概要

管理主体：農業生産法人(有)我那覇畜産
代表者：我那覇　崇
所在地：名護市字大川69番地
電話：0980-55-8822
FAX：0980-55-8285
URL：www.shimakuru.jp/
メールアドレス：ganaha69@kushibb.jp

沖　縄　県

やんばるとん
山原豚

飼育管理

出荷日齢：210日齢
出荷体重：110〜120kg
指定肥育地・牧場
：ー
飼料の内容
：指定配合飼料

商標登録・GI登録・銘柄規約について

商標登録の有無：有
登録取得年月日：ー

G I 登 録：ー

銘柄規約の有無：ー
規約設定年月日：ー
規約改定年月日：ー

農場HACCP・JGAPについて

農場 HACCP：ー
J G A P：ー

交配様式

雌　雄
ケンボローA × PIC365

ケンボローA × デュロック

主な流通経路および販売窓口

◆主なと畜場
：名護市食肉センター

◆主な処理場
：同上

◆年間出荷頭数
：6,600頭

◆主要卸売企業
：ー

◆輸出実績国・地域
：香港

◆今後の輸出意欲
：有

販売指定店制度について

指定店制度：ー
販促ツール：シール、のぼり、パンフレット、証明書

特長

- 飼料は麦を主体に与那国島原産の化石サンゴ（天然カルシウム、ミネラルが豊富）、泡盛の酒かす、海藻、よもぎ、ビール酵母、糖みつなどをブレンドした飼料を給与。
- 農場には豚の体内外の環境を整えるためEM菌（有用微生物群）を散布している。

概要

管理主体：農業生産法人㈲我那覇畜産
代表者：我那覇　崇
所在地：名護市字大川69
電話：0980-55-8822
FAX：0980-55-8285
URL：www.shimakuru.jp/
メールアドレス：ganaha69@kushibb.jp

沖　縄　県

りゅうきゅうろいやるぽーく
琉球ロイヤルポーク

飼育管理

出荷日齢：180日齢以上
出荷体重：105〜115kg
指定肥育地・牧場
：自社直営農場および契約農場
飼料の内容
：専用飼料を出荷前60日間150kg以上給与する

商標登録・GI登録・銘柄規約について

商標登録の有無：有
登録取得年月日：2015年9月18日

G I 登 録：未定

銘柄規約の有無：有
規約設定年月日：2006年4月
規約改定年月日：ー

農場HACCP・JGAPについて

農場 HACCP：ー
J G A P：ー

交配様式

雌（ランドレース × 大ヨークシャー）
×
雄　デュロック
など三元豚（指定農場のみ）

主な流通経路および販売窓口

◆主なと畜場
：名護市食肉センター

◆主な処理場
：やんばるミートプラザ

◆年間出荷頭数
：19,000頭

◆主要卸売企業
：ー

◆輸出実績国・地域
：ー

◆今後の輸出意欲
：有

販売指定店制度について

指定店制度：ー
販促ツール：シール

特長

- 飼料には麦、甘しょ、木酢酸などを配合し与えた。
- 肉は獣臭がなく甘みとコクがある

概要

管理主体：琉球協同飼料㈱（やんばるミートプラザ）
代表者：上門　恒夫
所在地：名護市世冨慶755番地
電話：0980-53-7053
FAX：0980-53-7043
URL：ー
メールアドレス：yanbalmeatplaza@rkf.jp

北海道
青森県
岩手県
宮城県
秋田県
山形県
福島県
茨城県
栃木県
群馬県
埼玉県
千葉県
東京都
神奈川県
山梨県
長野県
新潟県
富山県
石川県
福井県
岐阜県
静岡県
愛知県
三重県
滋賀県
京都府
大阪府
兵庫県
奈良県
鳥取県
島根県
岡山県
広島県
山口県
徳島県
香川県
愛媛県
福岡県
佐賀県
長崎県
熊本県
大分県
宮崎県
鹿児島県
沖縄県
全　国

全　国

こくさんこだわりぽーく

国産こだわりポーク

飼育管理

出荷日齢：180日齢

出荷体重：115kg

指定肥育地・牧場
：青森県、岩手県、北海道

飼料の内容
：専用飼料

商標登録・GI登録・銘柄規約について

商標登録の有無：ー
登録取得年月日：ー

G　I　登　録：ー

銘柄規約の有無：ー
規約設定年月日：ー
規約改定年月日：ー

農場HACCP・JGAPについて

農場HACCP：ー
J　G　A　P：ー

交配様式

三元豚

主な流通経路および販売窓口

◆主 な と 畜 場
：三沢市食肉処理センター、道央食肉センター

◆主 な 処 理 場
：スターゼンミートプロセッサー青森工場、石狩工場

◆年 間 出 荷 頭 数
：約168,000頭

◆主 要 卸 売 企 業
：スターゼン

◆輸出実績国・地域
：ー

◆今後の輸出意欲
：有

販売指定店制度について

指定店制度：ー
販促ツール：シール、パネル

特長

- にんにく成分を添加した飼料を与えることで、ビタミンB1含有量が通常豚の約2倍。
- 肉のしまりが良く脂肪が白上がりであっさりとした味わいの豚肉。
- 一貫生産のため移動が少なく、安定した品質をお届けできる。
- また、産地別販促物も取り揃え、産地フェアやイベントにも対応可能。

概要

管理主体：スターゼン㈱
代表者：横田　和彦　代表取締役社長
所在地：東京都港区港南2-4-13
スターゼン品川ビル
電話：03-3471-5734
FAX：03-3471-8825
URL：ー
メールアドレス：ー

全　国

こくさんびみとん

国産美味豚

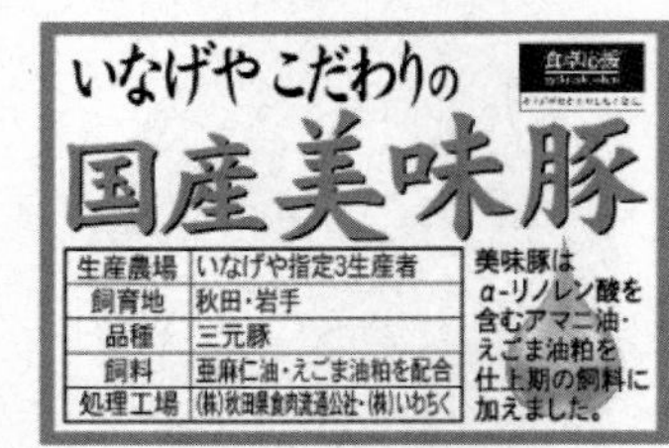

生産農場	いなげや指定3生産者
飼育地	秋田・岩手
品種	三元豚
飼料	亜麻仁油・えごま油粕を配合
処理工場	㈱秋田県食肉流通公社・㈱いわちく

飼育管理

出荷日齢：170～190日齢

出荷体重：110～120kg

指定肥育地・牧場
：秋田県、岩手県

飼料の内容
：いなげや指定配合飼料
亜麻仁油、えごま油粕を添加

商標登録・GI登録・銘柄規約について

商標登録の有無：ー
登録取得年月日：ー

G　I　登　録：未定

銘柄規約の有無：ー
規約設定年月日：ー
規約改定年月日：ー

農場HACCP・JGAPについて

農場HACCP：ー
J　G　A　P：ー

交配様式

雌 (大ヨークシャー×ランドレース) × 雄 デュロック

雌 (ランドレース×大ヨークシャー) × 雄 デュロック

主な流通経路および販売窓口

◆主 な と 畜 場
：秋田県食肉流通公社、いわちく

◆主 な 処 理 場
：同上

◆年 間 出 荷 頭 数
：25,000頭

◆主 要 卸 売 企 業
：JA全農ミートフーズ

◆輸出実績国・地域
：ー

◆今後の輸出意欲
：ー

販売指定店制度について

指定店制度：有
販促ツール：シール、のぼり、ポスターなど

特長

- 仕上げ飼料に亜麻仁油やえごま油粕を配合し給与することにより、必須脂肪酸のひとつであるα-リノレン酸が多く含まれている脂肪酸バランスに配慮した健康追求型の豚肉となっている。

概要

管理主体：JA全農ミートフーズ㈱
代表者：中村　哲也　代表取締役社長
所在地：東京都港区港南2-12-33
電話：ー
FAX：ー
URL：ー
メールアドレス：ー

全国

はーぶとん
ハーブ豚

飼育管理

出荷日齢：平均180日齢
出荷体重：平均110-120kg
指定肥育地・牧場
：日清丸紅飼料指定農場
飼料の内容
：日清丸紅飼料専用飼料（ハーブ豚用）

商標登録・GI 登録・銘柄規約について

商標登録の有無：有
登録取得年月日：2014 年 3 月14日

G I 登 録：未定

銘柄規約の有無：有
規約設定年月日：1997 年
規約改定年月日：2016 年12月 1 日

農場 HACCP・JGAP について

農場 HACCP：－
J G A P：－

交配様式

雌 （ランドレース雌 × 大ヨークシャー雄）
×
雄 デュロック

ほか

主な流通経路および販売窓口

◆主 な と 畜 場
：宮城県食肉流通公社、県北食肉センター、阿久根食肉流通センターほか
◆主 な 処 理 場
：－
◆年 間 出 荷 頭 数
：約 80,000 頭
◆主 要 卸 売 企 業
：伊藤ハム、スターゼングループ
◆輸出実績国・地域
：－
◆今 後 の 輸 出 意 欲
：－

販売指定店制度について

指定店制度：－
販促ツール：リーフレット、シール、ミニのぼり

特長

● 4 種のハーブ（ジンジャー・シナモン・ナツメグ・オレガノ）配合の専用飼料を給与、ドリップが少なく、じわっとした甘みのある脂身が特長。
●年 1 回、生産農場に肉質検査を含む 10 項目の検査を義務付けている。

概要

管理主体：日清丸紅飼料㈱
代表者：宮内　和広　代表取締役社長
所在地：東京都中央区日本橋室町 4-5-1 さくら室町ビル 4F
電話：03-5201-3230
FAX：03-5201-1324
URL：www.mn-feed.com（会社 web サイト）
メールアドレス：－

全国

みずほのいもぶた
瑞穂のいも豚

飼育管理

出荷日齢：180日齢
出荷体重：110～115kg
指定肥育地・牧場
：－
飼料の内容
：瑞穂のいも豚専用飼料

商標登録・GI 登録・銘柄規約について

商標登録の有無：有
登録取得年月日：2005 年 4 月22日

G I 登 録：未定

銘柄規約の有無：有
規約設定年月日：2006 年 3 月 2 日
規約改定年月日：2010 年 4 月19日

農場 HACCP・JGAP について

農場 HACCP：－
J G A P：－

交配様式

雌 （ランドレース雌 × 大ヨークシャー雄）
×
雄 デュロック

主な流通経路および販売窓口

◆主 な と 畜 場
：東京都食肉市場、茨城県食肉市場
◆主 な 処 理 場
：－
◆年 間 出 荷 頭 数
：25,000 頭
◆主 要 卸 売 企 業
：石橋ミート、伸越商事、日南、茨城畜産商事
◆輸出実績国・地域
：－
◆今 後 の 輸 出 意 欲
：有

販売指定店制度について

指定店制度：有
販促ツール：シール、POP、のれん、のぼり、小旗、料理レシピ

特長

●加熱保水性（加熱処理後の肉中水分量）が高い。
●ビタミンEの含有が高く、保水性を維持する。
●獣臭が少ない。
●違いの分かる軟らかな肉質。

概要

管理主体：フィード・ワン㈱
代表者：高島　祐一　事務局責任者
所在地：茨城県神栖市東深芝 4-2
電話：0299-91-1818
FAX：0299-91-1822
URL：－
メールアドレス：－

北海道
青森県
岩手県
宮城県
秋田県
山形県
福島県
茨城県
栃木県
群馬県
埼玉県
千葉県
東京都
神奈川県
山梨県
長野県
新潟県
富山県
石川県
福井県
岐阜県
静岡県
愛知県
三重県
滋賀県
京都府
大阪府
兵庫県
奈良県
鳥取県
島根県
岡山県
広島県
山口県
徳島県
香川県
愛媛県
福岡県
佐賀県
長崎県
熊本県
大分県
宮崎県
鹿児島県
沖縄県
全　国

全　国

むぎこまち

麦小町®

飼育管理

出荷日齢：183日齢前後
出荷体重：113kg前後
指定肥育地・牧場
：自社農場：北海道、青森県、秋田県、宮崎県。預託生産農場：北海道、佐賀県、長崎県、熊本県、宮崎県、鹿児島県、福岡県
飼料の内容
：仕上期に麦類15％以上、ビタミンE添加、ハーブ抽出物添加の指定配合飼料

商標登録・GI登録・銘柄規約について

商標登録の有無：有
登録取得年月日：2015年5月15日

ＧＩ登録：ー

銘柄規約の有無：有
規約設定年月日：2015年
規約改定年月日：ー

農場 HACCP・JGAP について

農場 HACCP：ー
ＪＧＡＰ：ー

交配様式

雌	雄
大ヨークシャー	×ランドレース

大ヨークシャー、ハイポー、ケンボロー

主な流通経路および販売窓口

◆主なと畜場
：SQF 認証取得工場（日本フードパッカー５工場）

◆主な処理場
：同上

◆年間出荷頭数
：240,000頭

◆主要卸売企業
：ー

◆輸出実績国・地域
：ー

◆今後の輸出意欲
：ー

販売指定店制度について

指定店制度：ー
販促ツール：ー

特長

● 生産から処理・加工、販売までを一貫してニッポンハムグループで管理しています。仕上期にハーブ抽出物を添加した植物性主体の飼料を与えています。
● SQF認証を受けた工場で、徹底した品質管理体制のもと処理されています。
● うまみ成分の一種であるグルタミン酸が一般の豚肉に比べて約1.6倍あります。
※麦小町ロース肉と日本栄養・食糧学会遊離アミノ酸データベース大型種豚肉ロース比較。

概要

管理主体：日本クリーンファーム㈱
代表者：吉原　洋明　代表取締役社長
所在地：青森県上北郡おいらせ町松原1-73-1020
電話：0178-52-4182
ＦＡＸ：0178-52-4187
ＵＲＬ：www.nipponham.co.jp/products/mugikomachi/
メールアドレス：ー

銘柄豚肉取り扱い

企業・団体紹介

石川屋・小栗ピッグファーム

愛知県半田市奥町3-33

「ちた健康豚」を生産、養豚事業の新会社設立

愛知県内に12店舗、ミャンマーに1店舗の食肉専門店を展開する㈱石川屋（石川大介社長）はことし、「ちた健康豚」（三元豚、LWD）を生産する小栗畜産から養豚事業を譲受し、新会社となる株式会社小栗ピッグファームを設立した。

「小栗ピッグファーム」ロゴ

知多半島で店舗を展開する石川屋

同社では「今後は知多半島の地域ブランドとして認知していただける豚肉生産を目ざし、特徴を生かした商品開発や高付加価値化を目ざして農業・畜産業の発展にまい進してまいりたい」としている。

余すことなく豚の全部位を商品化

飼料は大麦を多く与え、肉質、うまみを最大限引き出す完全配合飼料。出荷日齢は180日前後。出荷体重は115㌔前後。出荷目標は年間1,500頭。良質なタンパク質を有し、獣医師免許を有することを強みに、豚の健康を第一においしさを追求する。

新会社では精肉販売だけでなく、余すことなく豚の全部位を商品化し、食肉市場と連携していく。

具体的には

①豚皮を加工し輸出を目ざす。

②地元の名産品に選ばれるようなメニュー開発、試食会の実施。展示会への出展。生ハムの委託製造・販売。

③SDGsの観点から循環型農業の構築を目ざし、飼料、資源の活用を最大限生かした生産を目ざす。

すでに内臓類は石川屋各店舗で販売。ちた健康豚の「知多ホルモン」の販売などに取り組む。

ちた健康豚の「知多ホルモン」

「6次化」を視野に事業を展開

同社では地域ニーズに合った商品供給を心掛けており、「6次化」を視野に事業を展開。処理を行う半田食肉市場では骨付きカット商品なども導入していく。外国人比率の高い地域でもあり、豚皮などにもニーズがあると分析。オリジナル商品の開発を進め、輸出だけでなく、地域での拡販にも注力する。

有限会社オインク

愛知県西尾市一色町千間松木島宮東184

20年ぶりにロゴ一新、環境への配慮にも注力

愛知県で養豚業を営む㈲オインク（渡邉勝行代表）が生産する銘柄豚「三河おいんく豚」。ことし21期を迎えた同社。20年ぶりに会社のロゴを一新し、商標登録も行った。

安全・安心にこだわった取り組みで飼養された
「三河おいんく豚」

高いレベルの衛生的な施設で飼養

60年前に先代が母豚数頭で始めた養豚場は現在の場所に移転し、40年が経過。現在は静岡県の春野種豚場から導入する大ヨークシャーの雌とランドレースの雄を掛け合わせた豚を母豚に、デュロックの雄を交配させた肉豚を肥育している。年間出荷頭数は約1万頭。

“人間が食べても問題ない”飼料と水を給餌し、安全・安心にこだわった取り組みで飼養された三河おいんく豚の肉質は、キメ細やかで発色も良くビタミンが豊富。脂肪は甘味があり、風味の良さはもちろん、軟らかな食感とジューシーさが特長で、地域内外から高い支持を得ている。

「われわれのような農場は地域との調和、消費者とのつながりをつねに念頭に入れる必要がある」と渡邉代表。改修を行った豚舎では、三河おいんく豚がハード面においても高いレベルの衛生的な施設で飼養されていることを近隣住民だけでなく、卸・小売企業に向けてアピールしている。

ことしは夏場の電気料金が高騰したこともあり、天井の一部にはソーラーパネルを設置し施設内の電源を賄う取り組みも。エアコンで豚舎内の気温を一定に保つことも検討している。再生可能エネルギーを積極的に利用することで環境への配慮にも力を入れる。

品質・栄養を維持しながらもコスト圧縮

課題は昨年に続き飼料価格の高値安定が想定される中、原価をいかに抑えていくかということ。渡邉代表の飼料へのこだわりは強く、豚への給餌に動物由来の飼料原料や食品残さは使用しない。そのため、現在、飼料メーカーと協力しながら配合を緻密に微調整していくことで品質・栄養を維持しながらもコスト圧縮を進めている。

また、現在盛んに提唱されるDX化などにおいては「多くのデータの記帳などはあっても、それを簡潔に整理・分析し、現場の人が生かせるものにしていく必要がある」と、ソフト面の課題を指摘する。

小売や総菜販売などの分野への進出も視野に

今後の事業展開として小売や総菜販売など川下の分野への進出も視野に入れる。消費者や卸売企業へのPRにも努めつつ、自動販売機で加工品を中心に販売するなど、新たな挑戦も考えている。

「三河おいんく豚カレー」

JAあいち経済連

愛知県豊橋市西幸町笠松111

健康をテーマに開発、新ブランド「ぶたミン」

愛知県経済農業協同組合連合会(JAあいち経済連、田中徹代表理事理事長)は誕生から30年以上を誇る旗艦ブランド「みかわポーク」と昨年10月に発売を開始した「ぶたミン」の販売に力を入れている。

旗艦ブランド「みかわポーク」

みかわポークは長年、同経済連の旗艦ブランドとして愛知県内の指定農場で生産され続けている豚肉。肉のおいしさを追求するため、飼料に6種類の穀物を含むほか、品質や食料自給率を向上させることを目的に飼料用米も配合している。

年間出荷頭数は約2万頭。出荷日齢は約180日齢、出荷体重は約110㌔。一頭ずつロースカットして肉質を確認し、認定基準を満たした肉豚のみ認定される。

「みかわポーク」のロゴ

昨秋販売開始。新ブランド豚「ぶたミン」

また、昨秋から愛知県産の新ブランド豚「ぶたミン」の販売を開始した。「消費者の豊かな食生活に貢献したい」という思いから健康をテーマに開発されたもの。現在、同経済連の直営精肉店などで販売しており、今後も販売店舗を拡大する。

抗酸化作用やコレステロールの低下に効果がある栄養素「セサミン」や、豚肉にもともと含まれる「ビタミン」に着目。ごま油かすや脱脂米ぬかをブレンドした専用飼料を豚に給餌することで通常よりも多くの栄養成分を含んだ豚肉に仕上げている。

新ブランド豚「ぶたミン」のロゴ

現在は愛知県内6軒の養豚農家で生産しており、年間出荷頭数を1万5千頭と見込む。出荷日齢は約180日齢。出荷体重は約110㌔。供給面の安定を図るため、今後も協力農場を開拓するなど拡大を図る。

販売面についても直営精肉店での販売以外に量販店での販売、直営外食店での新メニュー開発などで露出を高めていく意向。流通事業者へのPRに注力するとともに、消費者への訴求も強化するため、SNSやイベントも積極的に活用するほか、「ぶたミン専用ホームページ」の開設も検討している。

昨年、名古屋市場で開催されたまつりでは試食を実施

杉本食肉産業株式会社

愛知県名古屋市昭和区緑町2-20

出店加速し、自社グループの販売比率高める。

小売、卸、外食、ギフトなど食肉に関して幅広く事業を展開する杉本食肉産業㈱は量販店やホテル・レストランなどさまざまな販路を有する。近年は国内外での出店に積極的で自社グループの販売比率を高めてきた。

安全・安心が確立された市場でと畜、解体

地産地消にも注力する同社では、地元の生産者によって育てられた豚を、オンレール加工体制が敷かれ、安全・安心が確立された市場でと畜、解体された商品として供給できることを最大の強みとしている。豚肉については国産と輸入を取り扱っており、輸入物は北米や欧州などの産地から仕入れ、主に業務用に仕向ける。

昨年は取扱数量が予算比120％で推移したほか、相場が堅調だったこともあって金額ベースでは前期比110％と好調。中元ギフトに関しては、加工品に一服感がみられたものの、精肉が伸長した。

国産については約8割をオリジナルブランドで占め、「愛知みかわ豚」、名古屋食肉三水会協同組合で扱う「知多三元豚」のほか、同社の高島屋および松坂屋の店舗で販売する「尾州豚」などを品ぞろえ。

また、同じくグループの「杉本ミートチェン」の店舗で取り扱う「三河おいんく豚」、家庭用総菜材料販売などを手掛ける㈱ショクブンのPB「尾張豚」、愛知県美浜町の農場から出荷されるSPF豚「恋美豚」などを販売する。このほか、飼料にごま油かすを給与することでセサミンを摂取できる新ブランドの立ち上げを視野に入れている。愛知みかわ豚、尾州豚、尾張豚については商標登録済み。

ブランドを活用した加工品群も高い人気

これらのブランドを活用した加工品群も高い人気を誇る。ハム・ソーセージだけでなく、HACCP対応の総菜専門工場「スギモトデリカファクトリー」では総菜類や調理食品などを積極的に開発。ここで製造される総菜商品・加工品を「百年の匠」シリーズとしてNB展開しており、オリジナル性を高めている。

ギフトは百貨店、量販店、商社、カタログギフト、プレゼントキャンペーンなど幅広いチャネルで供給されており、123周年イベントも積極的に実施。また、近年はプロを含む地域のスポーツチーム支援にも取り組んでおり、地域密着型企業として消費者に近い場面でのPRに注力している。

「スギモト本店」

総菜専門工場「スギモトデリカファクトリー」

「手づくり骨付きハム」

「百年の匠」シリーズをNB展開

豊橋飼料株式会社

愛知県豊橋市明海町5-9

新銘柄「麗宝」を提案、調理食品開発にも注力

豊橋飼料㈱は飼料事業、畜産事業、環境事業、食品販売事業を展開。食品販売事業として取り扱う「秀麗豚（しゅうれいとん）」「味麗（みらい）」「愛豚（まなぶた）」などのブランドが高い評価を得ている。商品はメーカーなどを通じて量販店、外食店などへ流通。近年は主原料を活用した調理食品の販売にも力を入れている。

調理加工食品の開発にも注力

同社が直接販売する頭数は約9万頭。銘柄別の取扱頭数は「秀麗豚」3万頭、「味麗」3万頭など。これに加え、九州で年間出荷1万2千～1万3千頭ほどを見込める「麗宝」を新ブランドとして提案する。一般豚は3万頭。

「秀麗豚」は自社造成の種雌豚「サーティー」（LWまたはWL）にデュロック種の雄を交配したLWD。中部、関東の指定農場で生産され、部分肉の形で中部、関東、関西で販売している。出荷前に80日を目安とした休薬期間を設け、木酢液と海藻粉末を添加した混合飼料「秀麗」入りの配合飼料で肥育する。

「味麗」は、品種は「秀麗豚」と同じだが小麦を主原料とした専用飼料で生産される。ほかに天然鉱石トルマリン水の給与やポリフェノールとハーブを添加するなどで肉質の違いを打ち出す。茨城県の指定農場から年間3万頭が出荷され、ほぼすべてを関東営業部が直接販売している。

「麗宝」は大分県で生産されるLWD。繁殖・肥育農場の2サイト農場で、肥育農場ではHACCP認証を取得。完全無農薬で運営しており、体重50㌔以上の豚は抗菌性物質を使用しない。飼料は米を10％以上給与しオレイン酸数値を増加。豚肉のうまみや香りを高め、肉質向上に努めている。また、木酢酸、海藻粉末を添付することで健康的な豚肉をつくっている。

素材以外では調理加工食品の開発にも注力。同社のギフト事業のラインアップも充実。「秀麗豚カレー」と「名古屋コーチン カレー」セットは、肉本来のおいしさが味わえる人気商品。また「秀麗豚ハンバーグ」は、秀麗豚をふんだんに使用して、デミグラスソース仕立のふわっと軟らかな逸品として通販で販売されている。

「秀麗豚 焼売」

素材以外では調理加工食品の開発にも注力

将来を見据えてSPF化に取り組み中

また、種豚の分野では、原種豚農場「豊橋飼料種豚センター」で将来を見据えてSPF化に取り組み中。AIセンターと種豚供給基地を分けて使用していく。種雌豚では、種雌豚「サーティー」を全国の養豚農家に年間5千頭以上販売してきた。現在、欧州の多産系の遺伝子を導入する研究が進行中。また、種雄豚「デュロック」も脂肪交雑が入りやすいよう改良を加えて提供している。

株式会社ミートプラザタカノ

大阪府大阪市住之江区
南港南5-2-48

卸売市場から高品質な豚肉を全国に供給

大阪市の豚肉・豚内臓肉卸の㈱ミートプラザタカノは、大阪市中央卸売市場南港市場内に営業本部を構えており、南港市場の豚枝肉せりでの購買のほか、九州など全国からセット・パーツで豚肉を仕入れている。骨付きロースや皮付き豚などの扱いもあり、卸先は大阪府内を中心に、関西圏のみならず全国各地にわたる。

顧客の細かな要望に応じた品物を提供

同社の最大の強みは、高品質な豚肉の提供へのこだわり。国産のみを取り扱い、各産地から厳選した豚肉を仕入れているほか、南港市場での買い入れにおいては、1頭1頭を吟味して仕入れるため、サシの入り具合、脂の乗り、バラの厚み、重量、色味、体形などを品定めし、顧客の細かな要望に応じた品物を提供できる。

卸先は各地の仲卸業者や食肉専門店、量販店のほか、飲食店への販売も増えている。セット販売、パーツ販売に加えて、小分けカットした小ロットでの販売も実施。とくにこの小ロット販売が飲食店向けとして高いニーズにつながっている。加えて豚内臓肉が居酒屋や焼きとん店といった飲食店向けとして高い人気を獲得しており、今後はこうした飲食店を中心とする小口の注文への対応を強化していきたい方針で、引き続き加工度の高い商品づくりに力を入れていく。

産地振興にも尽力、ブランド豚肉も多数取り扱う

取り扱いブランドは、南港市場出荷豚のうち、とくに厳選された豚肉が認定される「大阪南港プレミアムポーク」、脂の甘さが特長である大阪府泉佐野市のブランド豚「川上さん家の犬鳴豚(犬鳴ポーク)」、「兵庫県食品認証」を得た豚肉ブランド「ひょうご雪姫ポーク」、奈良県産「郷ポーク」、鹿児島県が誇る「かごしま黒豚」など。また、南港市場に出荷されているブランド豚はせり落とすことができるため、出荷状況に応じて対応が可能。同社は豚肉産業の活性化のため、産地ブランド豚の開拓や産地振興にも尽力しており、さらに業界を盛り上げるべく今後も力を尽くしていく方針だ。

「大阪南港プレミアムポーク」

「川上さん家の犬鳴豚」

「ひょうご雪姫ポーク」

「郷ポーク」

広告索引

銘柄豚肉ガイドブック2024

令和6年3月31日発行

発行所　株式会社食肉通信社

発行人　西村　久

大阪本社　〒550-0005　大阪市西区西本町3-1-48　西本町ビル2F
TEL.06-6538-5505　FAX.06-6538-5510

東京支社　〒103-0001　東京都中央区日本橋小伝馬町18-1　ハニー小伝馬町ビル
TEL.03-3663-2011　FAX.03-3663-2015

九州支局　〒812-0029　福岡県福岡市博多区古門戸町3-12　やま利ビル
TEL.092-271-7816　FAX.092-291-2995

定価　2,200円（本体価格2,000円＋税）

URL　https://www.shokuniku.co.jp　ISBN978-4-87988-158-8

印刷所　㈱ＩＴＰ